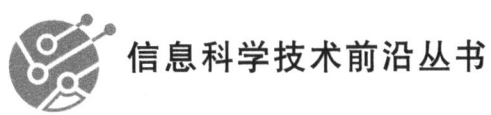

信息科学技术前沿丛书

弱标签光学遥感图像目标检测研究

吴 鑫 徐元元 贾丽娟 王 越 著

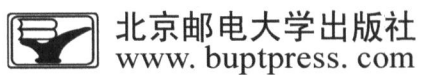

北京邮电大学出版社
www.buptpress.com

内 容 简 介

由于光学遥感影像的成像特性,影像中的目标常常面临视角特殊性、背景复杂性以及尺度和方向多样性等问题,这使得标签标注的复杂度大幅增加。因此,本书聚焦于光学遥感图像中的目标检测技术,深入分析图像中目标的特征及其对应的标签问题,并归纳出三种常见的标签情况,即标签错误、标签单一和标签缺失,进而引出弱标签的概念,并对每种标签问题的现有解决方案及其局限性进行详细探讨。基于此,本书进一步提出了针对不同标签问题的创新方法,并展示了相关实验结果。此外,部分方法还在嵌入式设备上得到了验证,这证明了本书在模型轻量化部署方面的适配性,具有重要的实际应用价值。本书旨在为遥感图像目标检测领域提供系统的理论支持。

图书在版编目(CIP)数据

弱标签光学遥感图像目标检测研究 / 吴鑫等著.

北京:北京邮电大学出版社,2025. -- ISBN 978-7-5635-7588-6

Ⅰ. TP751

中国国家版本馆 CIP 数据核字第 2025S8P868 号

| 策划编辑:陶 恒 | 责任编辑:耿 欢 | 责任校对:张会良 | 封面设计:七星博纳 |

出版发行:北京邮电大学出版社
社　　址:北京市海淀区西土城路 10 号
邮政编码:100876
发 行 部:电话:010-62282185　传真:010-62283578
E-mail:publish@bupt.edu.cn
经　　销:各地新华书店
印　　刷:保定市中画美凯印刷有限公司
开　　本:720 mm×1 000 mm　1/16
印　　张:12.75
字　　数:243 千字
版　　次:2025 年 7 月第 1 版
印　　次:2025 年 7 月第 1 次印刷

ISBN 978-7-5635-7588-6　　　　　　　　　　　　　　　　　　定　价:78.00 元

・如有印装质量问题,请与北京邮电大学出版社发行部联系・

前　言

　　遥感图像目标检测作为遥感对地观测的重要研究方向之一,已被广泛地应用到各种民用领域和军事任务中,如环境监测、地质灾害监测、土地利用和土地覆盖、地理信息系统更新、精准农业、应急救灾等。其目的是确定给定的航空或卫星图像是否包含感兴趣类别的一个或多个物体并且定位每个预测物体在图像中的位置。近年来,随着航空航天领域以及传感器的发展,光学遥感图像在数量和质量上呈现爆炸性的增长,使得基于数据驱动的智能方法成为光学遥感图像目标检测的主流框架。需要强调的是,该框架的检测性能在极大程度上取决于图像中样本标签的准确性和完备性,但光学遥感图像的成像机制使得图像中的目标往往存在视角特殊性、背景复杂性、尺度和方向多样性等问题,这大幅增加了人工标记样本标签的复杂度。

　　为此,本书以光学遥感图像中的飞机、车辆、舰船等典型人造地物目标为主要研究对象,围绕数据中样本的标签错误、标签单一以及标签缺失三种标签问题展开研究,有针对性地设计鲁棒的光学遥感图像目标检测方法,有效地提高光学遥感图像目标检测的性能。

　　全书分为 8 章,分别如下。

　　第 1 章首先给出了光学遥感图像目标检测研究的背景及意义;其次阐述了光学遥感图像目标检测的研究现状,并详细介绍了光学遥感图像目标检测方法的分类;再次给出了本书的研究内容;最后给出了本书章节安排。第 2 章首先介绍了光学遥感图像的发展及其图像中目标的特点;其次通过对光学遥感图像中人工标注目标标签的分析,归纳出了三种标签情况,进而引出了弱标签的概念;最后针对每种标签情况详细讨论了它们各自的现有解决方法及其局限性。第 3 章针对人工标注的遥感图像因遥感图像专业知识的限制产生的错误标注样本,提出基于伽马混合模型的端对端目标清洗模型及目标检测方法。第 4 章针对"俯视视角"拍摄的光学遥感图像带来的尺度和方向多样性问题,提出基于空频联合的光学遥感图像目标鲁棒特征设计和检测,通过人工设计旋转不变描述子和快速特征尺度化表征,提升遥感图像尺度方向多样目标的检测精度。第5章和第6章分别提出基于多粒度角度表示方法的遥感图像旋转目标检测算法和基于任务解耦知识蒸馏的遥感图像目标检测算法,致力于进一步解决主流数据驱动深度学习方法中的目标方向多样性问题,通过设计多粒度角度表示方法的旋转框表征策略和角度距离-纵横比查找表,有效提升遥感图像方向多样目标的检测精度并降低检测速度。此外,在嵌入式设备上验证的所提方法可适配模型轻量化部署,具有实际应用价值。第7章针对海量光学遥感图像数据通常只有少量的标签数据可用于训练,影响深度学习方法的检测性能等问题,提出多源主动微调网络的光学遥感图像目标自动标注和检测方法,通过级联迁移学习、基于多源数据的地面物体与地面的分离以及主动深度分类网络,有效解决了标签缺失问题,作为目标自动标注和检测的一个探索性工作,可为之后的工作提供一个可行的方向。第8章对全书的工作进行了简要总结,并针对需要进一步研究的问题提出了初步的想法和建议。

本书汇聚了作者近年来在遥感图像目标检测方向上的研究成果,深入地探讨和研究了弱标签条件下光学遥感图像的目标检测方法。通过对相关主流方法的系统分析,本书有针对性地提出了创新的技术路线,并通过实验验证了方法的有效性,部分内容已以学术论文的形式发表在国外期刊上。本书旨在为遥感图像解译领域的科研人员、工程技术人员提供理论基础和实践指导,进一步为推动遥感图像智能化处理技术的发展做出贡献。同时,作者也期待本书能够激发更多学者和从业人员在这一领域中开展更深入的研究与探索。

本书的出版得到了北京邮电大学出版社的大力支持,很多老师和学生在遥感图像目标检测方面做了大量有意义的工作,对本书的完成和出版起到了重要作用,特别是王昊、王澳、高振瑜等,作者在此表示诚挚的谢意。由于作者水平有限,书中难免有不足之处,殷切地欢迎广大读者批评、指正。

本书作者

2024年12月21日于北京

目　　录

第1章　绪论 ·· 1

1.1　研究的背景和意义 ··· 1
1.2　光学遥感图像目标检测的研究现状 ································· 3
 1.2.1　基于模型驱动的传统光学遥感图像目标检测 ··············· 3
 1.2.2　基于数据驱动的机器学习光学遥感图像目标检测 ··········· 9
 1.2.3　已公开的光学遥感图像目标检测数据集 ··················· 22
 1.2.4　光学遥感图像目标检测评估指标 ·························· 25
1.3　本书研究内容 ·· 28
1.4　本书章节安排 ·· 30

第2章　光学遥感图像目标检测标签问题分析 ······················· 33

2.1　光学遥感图像的发展 ·· 33
2.2　光学遥感图像目标的特点 ··· 35
2.3　光学遥感图像目标的标签问题分析 ······························ 37
 2.3.1　弱标签的定义 ·· 37
 2.3.2　标签错误问题分析 ·· 37
 2.3.3　标签单一问题分析 ·· 40
 2.3.4　标签缺失问题分析 ·· 50
本章小结 ·· 52

第3章　基于伽马混合模型的光学遥感图像目标清洗和检测 ····· 53

3.1　引言 ··· 53
3.2　基于伽马混合模型的目标清洗模型 ······························ 54
 3.2.1　伽马混合模型参数估计 ····································· 55
 3.2.2　隐藏变量参数估计 ·· 56
 3.2.3　伽马子分布参数估计 ······································· 57

3.2.4　标签错误样本的后验概率估计 ·· 58
3.3　伽马混合目标清洗模型在不同数据上的例证 ·· 58
　　3.3.1　伽马混合目标清洗模型在二维数据上的例证 ······························ 58
　　3.3.2　伽马混合目标清洗模型在光学遥感图像目标检测上的例证 ·········· 59
3.4　实验数据与设置 ·· 64
　　3.4.1　实验数据集 ·· 64
　　3.4.2　数据预处理与实验环境 ··· 66
　　3.4.3　实验设置 ··· 66
3.5　实验结果与性能分析 ·· 70
　　3.5.1　对比方法描述 ··· 70
　　3.5.2　NWPU VHR 数据集性能分析 ·· 71
　　3.5.3　TAS 航摄车辆数据集的性能分析 ··· 74
　　3.5.4　敏感性分析 ·· 76
本章小结 ··· 77

第4章　基于空频联合的光学遥感图像目标鲁棒特征设计和检测 ············ 78

4.1　引言 ·· 78
4.2　光学遥感图像目标检测子 ·· 79
　　4.2.1　空频域通道特征 ·· 80
　　4.2.2　特征学习与精炼 ·· 84
　　4.2.3　分类器设计 ·· 85
　　4.2.4　快速特征尺度化检测 ··· 86
4.3　实验数据与设置 ··· 86
　　4.3.1　实验数据集 ·· 86
　　4.3.2　数据预处理与实验环境 ··· 87
　　4.3.3　实验设置 ··· 87
4.4　实验结果与性能分析 ·· 89
　　4.4.1　分类器的选择 ··· 89
　　4.4.2　性能分析 ··· 90
　　4.4.3　敏感性分析 ·· 92
本章小结 ··· 96

第5章　基于多粒度角度表示方法的遥感图像旋转目标检测 ···················· 98

5.1　引言 ·· 98

5.2 基于锚框思想的单阶段旋转目标检测框架 ·············· 98
5.3 基于多粒度角度表示方法的旋转框表征 ················ 100
　　5.3.1 粗粒度角度分类编码分析 ···················· 101
　　5.3.2 细粒度角度回归编码分析 ···················· 102
　　5.3.3 损失函数 ································ 103
5.4 实验数据与设置 ································ 104
　　5.4.1 实验数据集 ······························ 104
　　5.4.2 实验预处理与实验环境 ····················· 106
5.5 实验结果与性能分析 ···························· 107
　　5.5.1 消融分析 ································ 107
　　5.5.2 对比实验与分析 ·························· 112
本章小结 ··· 119

第6章 基于任务解耦知识蒸馏的遥感图像目标检测 ············ 120

6.1 引言 ··· 120
6.2 无锚范式的遥感图像方向多样性目标基准框架 ·········· 121
6.3 任务解耦知识蒸馏约束的方向多样性目标检测 ·········· 123
　　6.3.1 检测头解耦蒸馏 ·························· 124
　　6.3.2 角度-纵横比实例离散量化权重 ··············· 127
　　6.3.3 标签分配蒸馏 ··························· 131
　　6.3.4 损失函数 ······························· 132
6.4 实验数据与设置 ································ 133
　　6.4.1 实验数据集 ······························ 133
　　6.4.2 数据预处理与实验环境 ····················· 134
6.5 实验结果与性能分析 ···························· 135
　　6.5.1 消融分析 ································ 135
　　6.5.2 对比实验与分析 ·························· 138
　　6.5.3 多源图像扩展实验与分析 ···················· 141
本章小结 ··· 146

第7章 多源主动微调网络光学遥感图像目标自动标注和检测 ······ 147

7.1 引言 ··· 147
7.2 多源主动微调网络 ······························ 148
　　7.2.1 车辆样本的迁移学习 ······················· 150

    7.2.2 基于多源数据的地面物体与地面的分离 ………………… 151
    7.2.3 主动深度车辆分类 ………………………………………… 154
  7.3 实验数据与设置 …………………………………………………… 155
    7.3.1 实验数据集 ………………………………………………… 155
    7.3.2 数据预处理与实验环境 …………………………………… 157
    7.3.3 实验设置 …………………………………………………… 157
  7.4 实验结果与性能分析 ……………………………………………… 159
    7.4.1 ISPRS Vaihingen 数据集性能分析 ……………………… 162
    7.4.2 ISPRS Potsdam 数据集性能分析 ………………………… 163
    7.4.3 SAI-LCS 数据集性能分析 ………………………………… 164
    7.4.4 消融分析 …………………………………………………… 165
    7.4.5 分辨率分析 ………………………………………………… 166
  本章小结 ………………………………………………………………… 167

第 8 章 总结及展望 ………………………………………………… 169
  8.1 总结 ……………………………………………………………… 169
  8.2 展望 ……………………………………………………………… 171

参考文献 ……………………………………………………………… 172

第 1 章

绪　论

1.1　研究的背景和意义

遥感,以其宏观、快速、实时和空间连续等独特优势,已逐步成为地理学、国土科学、生态学等众多领域的基本工具。遥感技术主要是通过人造卫星、飞机或其他飞行器等平台,对远距离目标所辐射和反射的电磁波信息,包括微波(波长为 1 mm~30 cm)、可见光(波长为 0.38~0.76 μm)、红外线(波长为 0.76~1 000 μm)以及高光谱(波长为 400 nm~12 μm)等,进行收集和成像,从而实现目标探测和识别的一种综合技术。相比其他波段的遥感图像,可见光波段的遥感图像是传统空天摄影侦察和测绘中最常用的图像,不但能够直观反映地面物体的真实颜色,而且符合人眼的观察习惯。红外波段虽缺乏光谱和细节纹理信息,但它具备空间探测力强、亮度不敏感、可穿透性强的优势。

从飞行高度来区分,遥感技术可分为约 1 000 千米的极地轨道卫星的航天遥感和几十千米以下的航空遥感。中国遥感卫星研发和制造能力的提升,使得航天遥感的分辨率大幅度降低,新一代商用卫星影像的对地分辨率已经低于 1 m,可用来制作 1∶10 000 甚至更大比例的基础地形图。航空影像也逐步发展为低空无人机、飞艇、气球等多种飞行平台,全色黑白、红外黑白、感蓝片、真彩色、彩色红外等多种感光材料,多比例尺、多波段、多传感器(航空摄影、航空多光谱遥感、机载成像光谱遥感等)的观测图。遥感技术的不断创新,使得获取的遥感数据规模大、图像分辨率差异大、数据多元、目标类型多样,这不可避免地增加了图像解译的成本和复杂度,其现状可描述为"data rich but analysis poor",即"大数据,小知识"。因此,如何有效利用遥感数据,准确获取所需要的信息,实现从图像数据到目标知识的转化是目前亟待解决的问题,其背后的关键技术与理论瓶颈"遥感影像解译"一直是国内外遥感领域共同面临的开放性科学问题。

  遥感影像解译是为了从图像中提取定性和定量的信息。它涉及识别地面或空中的各种物体,这些物体可能是自然存在或者人工合成的,由点、线或多边形组成。对应于人类认知遥感影像时的思考方式,可以将遥感图像解译分为像素级、目标级和场景级三种层次的理解。从流程上看,可大致概括为五个步骤:目标检测;目标分类;目标识别;语义判读;测绘、制图与量化分析。相比其他阶段,目标检测是图像解译的关键步骤。其任务就是确定给定的航摄或卫星图像中是否包含属于感兴趣类的一个或多个目标并且定位每个预测目标在图像中的位置。它贯穿于遥感图像的采集、处理、存储、分析、解译等各个阶段,在军用和民用方面都有着广泛的应用。

  在军用方面,军事遥感以确保国家安全为目标,能够获取世界任何地方特定感兴趣区域的实际和准确的地形信息,体现了国家遥感技术领域的最高水平。乌克兰以及中东地区和亚太地区的最新危机都表明,军事行动的成功越来越依赖于信息的可用性和基础设施的可靠性,而地理信息是其中必不可少的一部分。一方面,它是指挥和控制的基础;另一方面,它可以服务于需要特定信息数据的个别武器系统的运作。2022 年 2 月 27 日,我国商业卫星"海丝一号"获取了乌克兰文尼察空军基地图片,经解译分析研判后,发现文尼察空军基地的跑道遭受火力打击。该基地原跑道全长 2 500 m,在遭受火力打击后跑道的有效长度变为 1 600 m 左右。

  随着民用光学遥感分辨率的不断提高,军事遥感和民用商业遥感之间的技术差异越来越小,边界变得越来越模糊。目前,美国、日本等国家都采用军用民用模式。民用方面以商业遥感为主,一些高分辨商业遥感卫星图像的清晰度和信息丰富程度甚至优于一些军用侦察卫星,它追求利润最大化,是地理信息产业的重要组成部分,例如美国卫星 IKONOS、Quickbird 和 Worldview 的分辨率均高于 1 m,超过了许多国家和地区军用侦察卫星 1~2 m 的分辨率,广泛应用于舰船检测、溢油检测、城市规划等领域。

  综上所述,研究光学遥感图像目标检测具有重要的理论和实际意义。随着航空航天领域以及传感器的发展,光学遥感图像向着更高空间分辨率和光谱分辨率发展,在数量和质量上呈现爆炸性增长,亚米级光学遥感图像纹理清晰、层次分明、信息丰富。在当今"大数据"时代,基于数据驱动的机器学习,尤其是深度学习,已成为遥感图像目标检测领域的主流框架。数据集图像中目标的标签情况直接决定了模型的优化方向,影响模型最终的检测性能。然而,光学遥感图像成像的机制使得图像中的目标往往存在视角特殊性、背景复杂性、尺度和方向多样性等问题,这大幅增加了人工数据标注的复杂度和准确性,进而不可避免地会出现以下三种标签情况:标签错误、标签单一以及标签缺失。此外,目标检测的过程中经常遇到若干附加的挑战,包括由遮挡、背景杂波、照明、阴影等引起的物体视觉外观的变化,退化了网络的学习能力和模型的泛化性能。因此,本书在上述研究背景下,以若干个公开光学遥感图像数据集以及一个非公开光学遥感数据集为数据来源,以飞机、车辆、舰船等典型人造目标为主要研究对象,对上述三种标签情况展开研究,详细讨论每种标签情况下目标检测存在的问题以及困难,进而有针对性地设计相应的解决方法,最终实现鲁棒的弱标签光学遥感图像目标检测。

1.2 光学遥感图像目标检测的研究现状

在过去几十年中,研究者们对卫星和航摄光学遥感图像(Remote Sensing Image,RSI)中不同类型的典型人造地物目标(包括道路、建筑物、树木、车辆、轮船等)的检测,做了大量的研究[1,2],大致可以分为两种方法,分别是基于模型驱动的传统光学 RSI 目标检测和基于数据驱动的机器学习光学 RSI 目标检测。图 1.1 给出了光学遥感图像目标检测方法的分类。下面将对以上两种方法进行详细介绍。

1.2.1 基于模型驱动的传统光学遥感图像目标检测

基于模型驱动的传统光学 RSI 目标检测方法大致可以分为三类,分别是基于模版匹配的(Template Matching-based)光学 RSI 目标检测、基于知识的(Knowledge-based)光学 RSI 目标检测以及基于面向对象图像分析(Object Based Image Analysis,OBIA)的(OBIA-based)光学 RSI 目标检测。这三类方法可以根据检测任务的需求,单独或联合实现最终的目标检测。

1. 基于模版匹配的光学遥感图像目标检测方法

基于模版匹配的光学遥感图像目标检测方法是目标检测中最早出现且最简单的方法,主要包括两个步骤:一是模版生成,每类目标模版的生成一般可通过手动设计

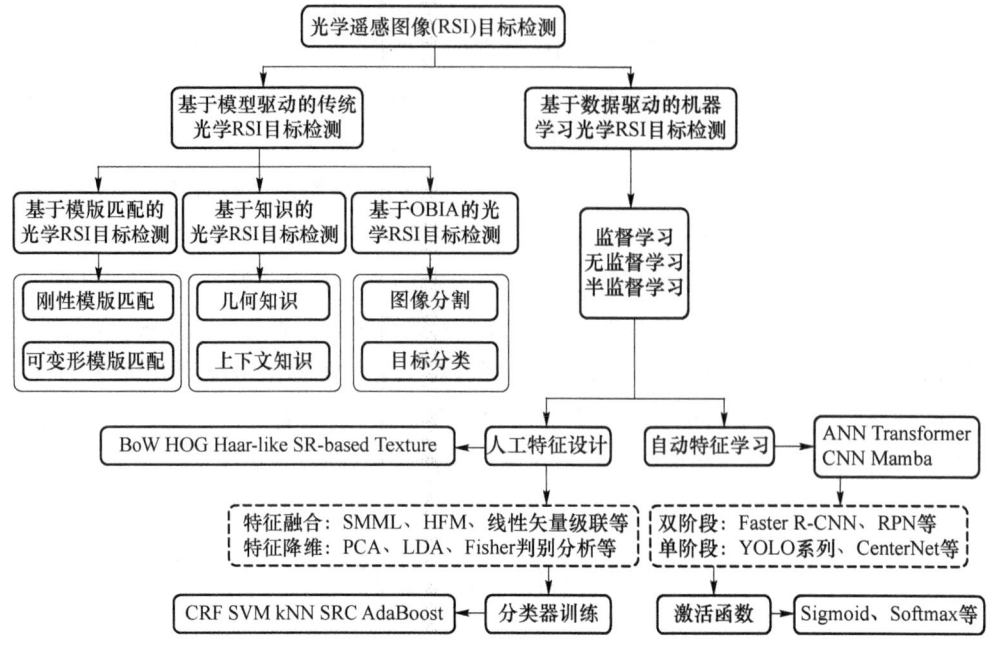

图1.1 光学遥感图像目标检测方法分类

或训练数据自动进行学习;二是相似性度量。给定一幅图像,可利用生成的模版来匹配每个可能的区域,并根据相似性度量确定最佳匹配。此外,为了提高目标的检测性能,匹配过程中可对被检测区域进行平移、旋转和缩放变化。现有方法中,应用最广泛的相似性度量方法为绝对误差和(Sum of Absolute Differences,SAD)、误差平方和(Sum of Squared Differences,SSD)、归一化互相关(Normalized Cross Correlation,NCC)和欧几里得距离(Euclidean Distance,ED)。从模版类型的角度,基于模版匹配的光学遥感图像目标检测方法可分为刚性模版匹配和可变形模版匹配。图1.2给出了基于模版匹配方法的流程图。

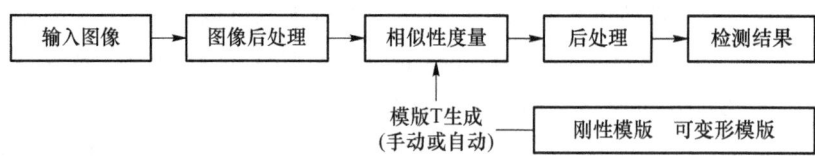

图1.2 基于模板匹配的光学遥感图像目标检测流程图

(1) 刚性模版匹配

目标检测的早期研究专注于刚性模版匹配,但各种刚性模版的设计一般只能用来检测外观简单和诸如道路的具有微小形变的特定类别的目标。刚性模版匹配最常用的方法是形态学命中或未命中变换(Hit-or-Miss Transform，HMT)，该方法已经在二值图像、灰度图像和多光谱图像中展现出可以解决各种模版匹配的能力[3-5]。例如，Lefevre 等[3]根据目标的不同大小和形状结构，提出了一种自适应的二进制 HMT 方法。该方法首先将灰度级全色图像生成二值图像。为了进一步利用光谱信息，Stankov 等[4]先后提出了两种方法，试图从光谱波段中生成灰度图像，然后将灰度 HMT 应用于建筑物检测。此外，Weber 等[5]为多变量图像分析引入了 HMT 的新定义，并解释了其作为一种模版匹配方法在海岸线提取和石油储罐检测应用中的潜力。

尽管刚性模版匹配在某些应用中是有效的，但该方法需要精确的模版，且对目标的形状和密度变化很敏感。实际应用中，图像视角变化或较大的目标类内变化都会导致目标的精确几何模版不可用。大多数道路跟踪器在跟踪过程中都会遇到不规则的几何变形，如道路交汇处的外观、材料变化、车辆遮挡、阴影和车道标记等，跟踪性能会明显下降。

(2) 可变形模版匹配

可变形模版的概念最初是通过 Fischler 和 Elschlager[6]建立的弹簧承载的模版被引入计算机视觉领域中的。该模版比刚性模版更灵活，不但能够对形状施加几何约束，而且能整合图像局部信息。现有的方法大致可分为两类：形状自由的可变形模版[7-9]和参数化可变形模版[10,11]。

形状自由的可变形模版通过约束一些通用的规则(如连续性、平滑性等)来描述任意形状的目标，常用的方法为主动轮廓模型[7]，也称 Snake 模型。该模型的运行机制是自顶向下的，外力推动活动轮廓"拉向"目标边缘或者其他感兴趣的图像特征，而内力则保持活动轮廓的光滑性和连续性，最终在内力和外力的共同作用下获得目标的特征信息。随后的几年中，Snake 模型的多种延伸算法陆续被提出。例如，Liu 等[8]使用基于形状的全局最小化活动轮廓模型来提取具有规则形状的地理空间目标。Niu 等[9]引入一种基于几何活动轮廓模型的半自动框架，用于从航空照片中进行公路提取和车辆检测。

参数化可变形模版一般是在目标几何形状的先验知识已知的前提条件下，通过两种参数化形状模版(参数表达式[10]和模版原型的参数[11])生成的可变形模版。其中，前者是采用解析式的参数表达式来表示目标形状。例如，Lhomme 等[10]设计了"方差比率判别"(Discrimination by Ratio of Variance，DRV)参数，通过量化建筑物及其近邻区域内灰度变化的空间分布，实现建筑物检测。后者首先为目标的形状设计原型模版，然后根据实际需求，对原型模版进行相应的参数化变形。例如，

Sirmacek 等[11]定义了两个模板来构建图像中的建筑物,一个用于明亮建筑,另一个用于黑暗建筑,并通过尺度不变特征变换(Scale-Invariant Feature Transform,SIFT)[12]来提取目标的特征。

2. 基于知识的光学遥感图像目标检测方法

基于知识的光学遥感图像目标检测方法[13]是光学遥感图像目标检测的另一种常用方法,主要应用在道路、建筑物以及其他通用物体,如滑坡、桥梁、车辆、农作物、排水渠道、森林等。图 1.3 给出了基于知识的光学 RSI 目标检测方法的流程图,可以看出,这种典型的方法通过建立各种知识和规则将目标检测问题转换为假设检验问题。其中,知识和规则的建立是最重要的一步,最广泛使用的"知识"是几何知识[14-16]和上下文知识[17,18]。

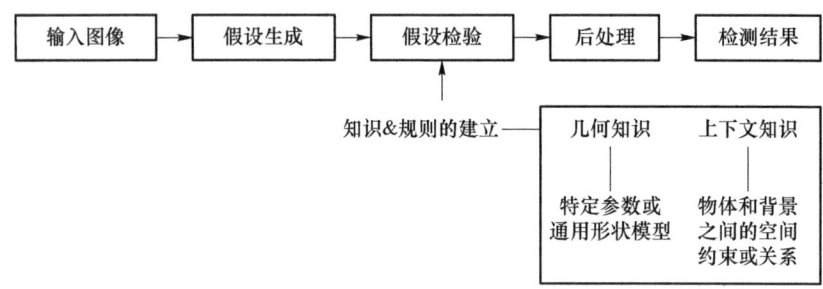

图 1.3 基于知识的光学遥感图像目标检测流程图

(1) 几何知识

几何信息是基于知识的方法中应用最广泛且最重要的知识,通过采用特定参数或通用形状模型来编码先验知识。Weidner 和 Forstner[14]以参数化和棱柱化建筑模型,建立和使用显式几何约束知识,开发了一种从高分辨率数字高程模型(Digital Elevation Model,DEM)中提取建筑物三维形状的方法。Huertas 和 Nevatia[15]假设建筑物是矩形或由矩形元件(例如"盒子"、"T"、"L"和"E"形状)组成,通过选择一个可以代表建筑物的通用元件,来实现建筑物检测。McGlone 和 Shufelt[16]提出将目标几何和度量知识包含在建筑物提取系统中,以生成建筑假设,最终用阴影信息验证生成的假设。

(2) 上下文知识

上下文知识是另一个关键知识,通常情况下是可变的,主要包括三种:景观信息;目标和背景之间的空间约束或关系;目标与其近邻区域的交互信息。Ok 等[17]使用阴影证据自动检测单眼高分辨率图像中任意形状的建筑物,Liow 等[19]使用阴影来首先实现图像边缘分组,然后实现建筑物的检测。Irvin等[18]利用目标与其阴影之间的关系来预测建筑物的位置和形状,Peng等[20]通过组合阴影信息与上下文信息来验证建筑区域,提出利用阴影上下文模型来提取密集城市航摄图像中的建筑物。值得注意的是,基于知识的光学 RSI 目标检测方法的核心是如何有效地将对目标的隐式知识转化为显式检测规则。如果定义的规则太严格,则会遗漏一些目标对象;相反,过于宽松的规则会导致误报。

3. 基于面向对象图像分析的光学遥感图像目标检测方法

面向对象图像分析(Object Based Image Analysis,OBIA)[21]是将传统基于像素的图像分割方法与 GIS 结合,利用目标之间的纹理、形状和空间上下文关系等多种信息来实现目标的分割和检测,该方法为自动遥感图像分析与理解提供了强大的技术支持,并成功应用于滑坡测绘[22]、土地覆盖和土地使用[23]以及变化检测[24]。图 1.4 给出了基于 OBIA 的光学 RSI 目标检测方法的简要流程图,主要包括图像分割和目标分类两个步骤。

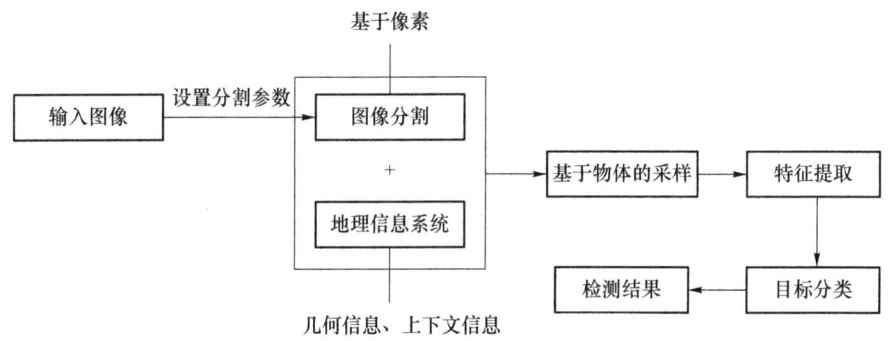

图 1.4 基于 OBIA 的光学遥感图像目标检测流程图

OBIA-based 方法的第一步和必要先决条件是图像分割,分割的质量直接影响后续分类的准确性。在过去的几十年中,大量的图像分割技术被提出并应用于光学遥感图像分析。其中,多分辨率分割(Multi-Resolution Segmentation,MRS)算法[25]的性能最优且应用范围最广,德国 Definiens Imaging 公司开发的智能化影像分析软件 eCognition 就是在该算法的基础上实现的。该方法的性能由形状、紧凑性和尺度三个参数共同决定,尺度参数是 MRS 算法的关键控制参数[21,26],负责确定目标的平均大小。尺度参数的值越大,允许合并的目标就会越多,反之亦然;形状参数定义了形状均匀区域占光谱均匀区域的百分比;紧凑性参数是形状参数的子参数,用于在紧凑性或平滑性方面优化目标。为了进一步实现基于自动目标分割的 OBIA 算法,一系列的算法陆续被提出[27]。

目标分类是 OBIA-based 方法的第二步,即对第一步中被分割的目标区域进行特征提取,包括光谱信息、大小、形状、纹理、几何和上下文语义特征。GIS 以及其他专业知识的丰富目标的信息,已使 OBIA-based 方法具有上下文感知能力和多源能力。目标分类过程可使用的分类器包括隶属函数分类器、最近邻分类器(Nearest Neighbor Classifier)、决策树(Decision Tree)、神经网络(Neural Network,NN)等。此外,OBIA-based 方法的分类结果应使用区域而非像素作为采样单元,因此,该方法的准确度评估应该考虑类标签的准确性以及目标的空间信息[28]。

传统的方法在检测具有复杂形变的目标时,往往会因为无法找到一个合适的模版或假设,抑或是无法实现目标与背景的分离等,从而降低检测算法的泛化性能。表 1.1 给出了基于传统方法的光学 RSI 目标检测的优势与局限,可以看出,基于模版匹配的方法中,目标姿态多样性和模版数量存在矛盾;基于知识的方法中,假设或规则的严格程度和错检、漏检之间存在矛盾;基于对象图像分析的方法中,图像分割的尺度选择和目标的尺度多样性直接存在矛盾,这些都不可避免地降低了模型的泛化性能。

表 1.1 基于传统方法的光学遥感图像目标检测的优势与局限

方法	物体(目标)	优势	局限
刚性模版	建筑物[3,4];海岸线和储油罐[5];等等	简单且容易实现	依赖于目标的尺度和方向;对目标形状和视角变化敏感
可变形模版	浮油边缘[29];建筑物[10];树冠[30];等等	对形状可变和类内变化大的物体,比刚性模版更强大和灵活	模版设计需要几何形状参数和更多的先验信息,计算复杂度高
知识	建筑物[17];农作物[31];森林排水[32];道路;车辆[33];城市土地利用变化情况[34];等等	检测可以通过从粗到细分层执行	主观定义先验知识和检测规则;规则宽松则会误检,反之亦然
面向对象图像分析	变化检测[24];土地覆盖和土地使用[23];滑坡测绘[22];等等	可以结合目标自身特征以及 GIS 和主观知识,具有上下文感知能力和多源能力	缺少通用的自动化分割方法,规则定义是主观的

1.2.2 基于数据驱动的机器学习光学遥感图像目标检测

基于数据驱动的机器学习(Machine learning-based)方法具有强大的特征表示能力和分类能力,能够从数据中学习到目标样本的规律,并掌握这种规律,进而实现未知样本的预测。与基于模型驱动的传统方法不同,机器学习方法的核心是通过对大量的数据进行训练,生成目标任务所需的模型,从学习形式分类,大致可以分为监督学习、半监督学习、无监督学习三种。

监督学习(Supervised Learning):有监督的过程为首先通过已知的训练样本及其对应的标签信息来训练,从而得到一个最优模型,然后再将这个模型应用到新的数据上,映射为输出结果,经过这样的过程后,模型就有了预知能力。

半监督学习(Semi-supervised Learning):介于监督学习和无监督学习之间。半监督的过程为以部分输入样本及其部分样本的标签信息来训练,从而得到一个最优模型,再用这个模型预测未知样本标签信息的样本的标签信息。半监督学习中有三个常用的基本假设,分别为平滑假设(Smoothness Assumption)、聚类假设(Cluster Assumption)以及流形假设(Manifold Assumption)。

无监督学习(Unsupervised Learning):无监督的过程为输入数据不包含任何标签信息,也没有确定的结果。样本数据类别未知,需要根据样本间的相似性对样本集进行聚类(Clustering),试图使类内差距最小化和类间差距最大化。大多数情况下无法预先知道样本的标签,也就是说没有训练样本对应的类别,因而只能从原先没有样本标签的样本集开始学习分类器设计。

如今,机器学习方法已成为光学 RSI 目标检测领域的主流方法,主要包含两类特征提取方法。一类是基于人工特征设计的机器学习方法。在大部分传统机器学习方法中,特征主要依赖先验知识和手动调参,特征的设计只允许出现少量的参数,很难利用大数据的优势。此外,在训练过程中,模型对目标的表达能力是固定的。另一类是基于自动特征学习的机器学习方法,即深度学习方法。与基于人工特征设计的传统机器学习方法相比,深度学习作为机器学习的重要子领域,其核心依赖于神经网络架构,尤其是深度神经网络对人类大脑神经结构与信息处理的仿生建模。该技术通过海量标注数据驱动,能够实现目标特征的层次化自动学习(从低级纹理等基础特征逐步抽象到高阶语义特征的分层表示),最终形成对目标从具象到抽象的渐进式认识建模。图 1.5 给出了基于数据驱动的机器学习光学 RSI 目标检测的流程图,下面分别详细介绍上述两类方法的相关工作。

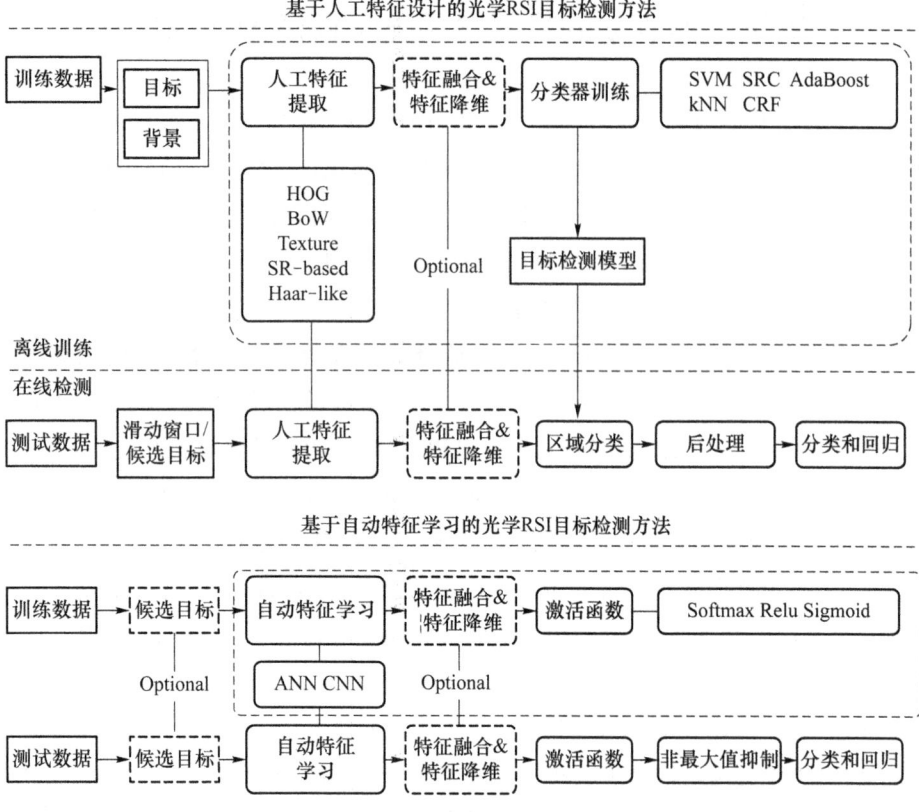

图 1.5 基于数据驱动的机器学习光学遥感图像目标检测流程图

1. 基于人工特征设计的机器学习方法

基于人工特征设计的机器学习方法大致分为特征提取、特征融合和特征降维以及分类器设计三个步骤,下面将详细介绍每个步骤。

(1) 特征提取

在机器学习中,特征提取是原始图像像素到高维数据空间映射的一个过程,旨在生成可区分的目标信息,促进后续分类器的学习。传统的机器学习方法主要依赖于人工特征设计,常用的有五种典型特征,分别为梯度方向直方图特征(Histogram of Oriented Gradients, HOG)[35,36]、尺度不变特征变换(SIFT)[37]、词袋特征(Bag of Words, BoW)[38,39]、纹理特征(Texture)[40]和稀疏表示特征(Sparse Representation, SR)[41-44]。

① 梯度方向直方图特征。Dalal 和 Triggs 提出的 HOG 特征[35]是捕获目标边

缘以及局部形状信息的最佳特征之一,最早应用于行人检测,目前在光学遥感图像目标检测中仍有重要应用。该特征利用空间分布区域中梯度的强度和方向来表示目标。为了进一步增强 HOG 描述子对光学遥感图像的描述能力,一系列延伸算法陆续被提出[36]。例如,Zhang 等[36]通过设计旋转不变描述子,将梯度方向投影到主方向上,以生成旋转不变 HOG,用于检测光学遥感图像中的飞机目标。

② SIFT 特征。Lowe 等[12]提出的 SIFT 特征是描述数字图像的最佳特征之一。SIFT 特征的实质是在不同的尺度空间上查找关键点(特征点),并计算出关键点的方向。该特征不但对目标的尺度、方向、亮度变化保持不变,而且对视角变化、仿射变换、噪声也可以保持一定程度的稳定性。Moranduzzo 等[37]等将该特征用于无人机图像车辆目标检测。

③ 词袋特征。Csurka 等提出的 BoW 特征[38]最早出现于自然语言处理和信息检索领域。该特征使用一组无序的单词(Words)来表达一段文字或一个文档,在视角变化和背景杂乱的情况下仍具有简易性、有效性以及不变性。为了进一步增强词袋特征对光学遥感图像的描述能力,Yang[39]等通过设计参数对视觉词袋(Bag of Visual Words,BoVW),探索对高分辨率航空图像中土地利用/土地覆盖(The Land-Use/Land-Cover,LULC)类图像的检索。

④ 纹理特征。纹理特征是指物体表面共有的内在属性,包含了物体表面结构组织排列的重要信息以及它们与周围环境的联系,对于识别光学遥感图像中诸如机场[45]、建筑物[46]、市区[47]、车辆[48]等目标非常重要。常用的纹理特征为 Gabor 和局部二值模式(Local Binary Patterns,LBP)特征。Ojala 等提出的 LBP 特征[40]是一种用来描述图像局部纹理特征的描述子,常应用于人脸识别和目标检测。该特征通过计算子区域中局部模块的频率来描述纹理,具有旋转不变性和灰度不变性。

⑤ 稀疏表示特征。自压缩感知理论提出的五年间,基于 SR 的特征在高光谱图像去噪[49]、分类[50]和光学遥感图像目标检测中展现出重要应用价值[51]。SR 的核心思想是利用低维流形中的结构基元对高维原始信号进行稀疏编码。其关键步骤是通过过完备字典寻找测试样本的最稀疏表示,从而赋予样本自身更强的可区分性。通常,基于 SR 的特征通常可以通过利用对稀疏系数的约束来求解一个最小二乘的优化问题。不同 SR 的特征提取可以通过引入稀疏系数的约束条件,转化为一个最小二乘优化问题的求解过程。不同 SR 方法的主要区别在于其约束项的设计,其中 L1 范数是最经典的约束函数之一。在 L1 范数的约束下,SR 能够实现相似信号共享部分字典的效果。

除 L1 范数约束项之外,研究者提出了多种改进的 SR 特征提取方法,例如判别性稀疏编码[41]、联合稀疏编码[42]、基于 SR 的 Hough 投票[43]、稀疏转移流形嵌入[44]等。这些方法的核心思想是通过替换或修改约束项,进一步提升稀疏表示的性能和适用性。

(2) 特征融合与特征降维

在特征提取之后,通常可以根据实际情况,对特征进行选择性后处理,以优化特征表示的质量。常用的后处理方法为特征融合和特征降维。

① 特征融合。对于目标的不同特征描述子通常会存在异构性的问题,通常采用特征融合的方法对特征进行后处理,实现多重信息的整合。Ping 等[47]提出一个包含五种纹理特征的多条件随机场(Conditional Random Field,CRF)集合模型,分别是灰度共生矩阵(Gray-Level Co-occurrence Matrix, GLCM)、Gabor、HOG 和直线长度特征,实现城市区域的检测。Helmut 等[48]使用在线增强算法来集成 Haar-like 特征、方向直方图和 LBP 特征三种不同的特征,实现航摄图像中车辆目标的检测。此外,还有一些非线性特征融合方法,如异构特征机(Heterogeneous Feature Machines,HFM)[52]和稀疏多模态学习(Sparse Multimodal Learning, SMML)方法[53]。

② 特征降维。通常情况下,特征的表达能力和特征的维度是成正比的。为了在尽可能不损失特征表达能力的同时降低分类器学习的复杂度,需要引入特征降维的方法,如无监督降维和有监督降维。其中,有监督降维方法中以偏最小二乘法[54]、Fisher 判别分析[55]和线性判别分析(Linear Discriminant Analysis, LDA)[56]最为经典。无监督降维方法因过分依赖于数据集而泛化能力有限,主成分分析方法(Principal Component Analysis,PCA)[57]是一种经典的线性无监督方法,其目的是找到并保留最大方差的投影。

(3) 分类器设计

在特征提取以及特征融合和特征降维之后,分类器可以通过一系列的最小化训练数据集分类误差的方法生成。实际应用中,研究人员已提出多种经典分类器,典型代表包括支持向量机(SVM)[58]、自适应增强学习(Adaptive Boosting, AdaBoost)[59]、k-最近邻(k-Nearest Neighbors,kNN)[60]、条件随机场(CRF)[61,62]、稀疏表示(Sparse Representation,SR)[63]、人工神经网络(Artificial Neural Network, ANN)[64]等。

① 支持向量机分类器。Corinna 等[58]提出的 SVM 算法是解决分类问题中应用最广且最有效的机器学习算法之一,已应用于各种目标检测,如道路提取、变化

检测、船舶检测、机场检测、飞机检测等。最简单的 SVM 是线性 SVM,但在执行多类目标检测任务时,需要使用诸如一对一和一对多的方法对线性 SVM 进行调整。此外,SVM 还可以用作非线性分类器(称作核函数 SVM),通过将样本投影到更高维度的特征空间来提升类间分离的精确度。

② k-最近邻分类器。Cover 等[60]提出的 kNN 分类器是最简单和传统的分类工具之一,常应用于光学遥感图像目标检测和图像分类。该方法的基本思路是:如果一个待分类样本在特征空间中的 k 个最相似(特征空间中 k 近邻)的样本中的大多数属于某一个类别,则该样本也属于这个类别,即"近朱者赤,近墨者黑"。显然,对当前待分类样本的分类,需要大量已知分类的样本的支持,因此,KNN 是一种有监督学习算法。

③ CRF 分类器。Lafferty 等[61]提出的 CRF 是一种条件概率分布模型 $p(Y|X)$,该模型是在给定一组输入随机变量 X 的条件下输出另一组随机变量 Y 的马尔可夫随机场。CRF 算法的优势在于:结合空间上下文信息将概率分配给最终标签,而不具有隐马尔科夫模型(Hidden Markov Model,HMM)那样严格的独立性假设条件;CRF 计算全局最优输出节点的条件概率,弥补了最大熵马尔科夫模型(Maximum Entropy Markov Model,MEMM)标记偏执的缺陷;对比最大熵(Maximum Entropy,ME),CRF 是在需要标记的观察序列的条件下,计算整个标记序列的联合概率分布,而不是在给定的当前状态条件下,定义下一个状态的状态分布。为了实现二维图像的分类,Kumar 等[62]进一步扩展了 CRF 算法,并将其应用在各种视觉识别任务中,如建筑物检测、城市区域检测和机场检测。

④ SR 分类器。Wright 等[63]提出 SR 分类器最初是为了解决人脸识别问题,这种分类器已成功应用于光学遥感图像分析领域,包括光学遥感图像目标检测[65]和高光谱图像分类[66]。一般来说,SR 分类器的实现方法大致可分为三个步骤:过完备基(也称字典)的学习;在指定的稀疏性约束条件下,对输入信号按照给定的过完备基进行线性展开;根据待分类信号的稀疏展开系数和之前学习到的字典进行分类。

⑤ AdaBoost 分类器。Robert 等[59]提出的 AdaBoost 分类器是机器学习中一种典型的增强学习方法,该分类器从候选弱分类器中迭代地选择错误率最小的弱分类器(如二元决策树),以分类上一轮的难分样本。最后,加权融合所有被选的弱分类器,生成最终的强分类器。随后,各种 AdaBoost 变体(如 Discrete AdaBoost[67]、Real AdaBoost[68]和 Gentle AdaBoost[69])相继被提出。AdaBoost 类已经在许多目标检测应用中(如车辆检测、船舶检测和机场检测)表现出了良好的性能。相对

来说,Gentle AdaBoost 对训练数据误差的敏感性较低(详细证明参考文献[69]),故其优于 Discrete Adaboost 和 Real Adaboost。在光学遥感图像的分析中,由于在复杂场景中精确标注训练数据的标签较难,故此特性变得非常重要。

⑥ 其他分类器。除了上述分类器之外,光学遥感图像目标检测还应用了多种机器学习算法,如高斯混合模型(Gaussian Mixture Model,GMM)[70]、马尔可夫随机场(Markov Random Fields,MRF)[71]、随机森林(Random Forest,RF)[72]、基元森林(Texton Forest,TF)[73]、支持张量机(Support Tensor Machine,STM)[74]、贝叶斯最小风险分类[75]等。

2. 基于自动特征学习的机器学习方法

传统的机器学习能够适应各种数据量,特别是数据量较小的场景。随着大数据时代各行各业对数据分析需求的持续增加,通过深度学习(Deep Learning,DL)来模仿人类应用信息和知识进行自主决策的能力,从而实现对数据的分析和应用,已逐渐成为当今机器学习发展的主要推动力。深度学习是基于自动特征学习的机器学习方法。该方法源于人工神经网络的研究,是一种对数据从简单到抽象,从局部到全局的表征的学习方法,允许多个处理层组成复杂的计算模型,从而自动获取复杂多样的数据的特征表示。数据驱动的深度学习强调"深度模型是手段,特征学习是目的"。

20 世纪 80 年代初提出的人工神经网络(Artifical Neural Network,ANN)[64]大多是层次较少的网络型结构,又被称为浅层网络(Shallow Neural Network,SNN),该网络已成功应用于遥感图像的船舶检测、车辆检测、道路检测、树木检测、火灾烟雾检测等多个方面。人工神经网络通常由输入层、隐藏层和输出层组成,它们分别负责接收、处理和呈现最终结果,神经元的层与层之间具有完全或随机的连接。人工神经网络分类器的运行有两个主要阶段,即学习(训练)和召回。其中,学习是调整或修改连接权重的过程,以便网络可以完成特定任务,该过程主要使用训练集的监督学习算法来执行。具体地,在训练开始时首先给出随机权重,然后该算法通过最小化误差分类来执行权重调整。典型的神经网络架构有多层感知器(Multilayer Perceptron,MLP)[76]、Hopfield 神经网络[77]、极限学习机(Extreme Learning Machine,ELM)[78]。深度神经网络(Deep Neural Network,DNN)[79]与传统 SNN 的区别就在于:网络层次结构更多,在图论上说就是图的深度更深,所以被命名为深度神经网络,一般有 5、6 层,甚至 10 多层的隐层节点;DNN 突出了特征学习的重要性,也就是说,通过逐层特征变换,将样本在原空间的特征表示变换到一个新特征空间,从而使分类或预测更加容易。与人工定义规则构造特征的方法相比,利用大数据来学习特征,更能够刻画数据的丰富内在信息。

图1.6(a)给出了DNN网络的示意图,可以看出,在全连接DNN的结构里下层神经元和所有上层神经元都能够形成连接,从而导致参数数量膨胀,而图像中存在固有的局部模式(如人脸中的眼睛、鼻子、嘴巴等),以上两者的结合即为深度学习方法中最具代表性的卷积神经网络(Convolutional Neutral Networks, CNN)[80],如图1.6(b)所示。CNN通过卷积核将上下层进行连接,同一个卷积核在所有图像中是共享的,图像通过卷积操作后仍然保留原先的位置关系。CNN最早可以追溯到1986年反向传播(Back Propagation,BP)[81]算法的提出,1989年LeCun将其用到多层神经网络中,直到1998年LeCun提出LeNet-5模型,神经网络的雏形才搭建完成。在接下来近十年的时间里,卷积神经网络的相关研究趋于停滞,原因有两个:一是研究人员意识到多层神经网络在进行BP训练时的计算量极其之大,当时的硬件计算能力完全不可能实现;二是包括SVM在内的浅层机器学习算法渐渐开始崭露头角。

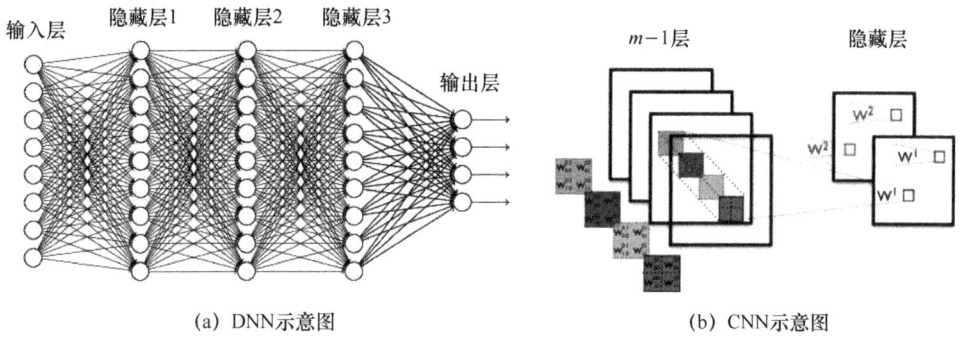

(a) DNN示意图　　　　　　　(b) CNN示意图

图1.6　全链接DNN和卷积神经网络CNN的示意图

2006年,加拿大多伦多大学教授、机器学习领域的泰斗Hinton[82]在《科学》上发表了一篇利用受限玻尔兹曼机(Restricted Boltzmann Machine,RBM)进行特征学习的深度神经网络方面的文章,使得CNN再度觉醒,开启了其在学术界和工业界的浪潮。时隔六年后,2012年,CNN在ImageNet图像分类大赛上夺冠[83]。2014年,谷歌研发出20层的VGG(Visual Geometry Group)模型[84]。同年,DeepFace[85]、DeepID[86]模型横空出世,直接将LFW(Labeled Faces in the Wild)数据库上人脸识别、人脸认证的正确率刷到99.75%,几乎超越了人类。2015年,深度学习领域的三巨头LeCun、Bengio、Hinton联手在 Nature 上发表综述,对DL进行科普。2016年3月,阿尔法狗打败李世石,更向世界展示出了

CNN的巨大潜力,加上有了互联网和大数据的支撑,深度学习将进入蓬勃的发展期。

目前,基于深度学习的遥感图像目标检测算法框架主要可以分为四个主要部分,如图1.7所示,分别是图像预处理、骨干(Backbone)网络、颈部(Neck)网络以及预测网络〔也称为头部(Head)网络〕。图像预处理阶段主要包含针对遥感图像防止过拟合所使用的一些数据增强手段,如颜色变换、随机翻转、随机旋转等,以及对于旋转边界框标记方式的转换处理操作。骨干网络是对图像进行语义特征提取的关键组件,常使用的骨干网络有ResNet[87]、DarkNet53[88]等。颈部网络主要是指针对目标多尺度变化而设计的多尺度特征金字塔,常用的结构有FPN[89]、PANet[90]等,采取了分而治之的思路,使用不同大小的特征图对不同尺度的目标进行预测。预测网络可以分为密集预测网络和稀疏预测网络两个部分,对于单阶段目标检测算法而言,其直接使用密集预测网络对经过颈部网络之后的特征图进行预测输出,而双阶段目标检测算法在密集预测之后还使用一个稀疏预测网络排除负样本,进而对感兴趣区域目标进行预测。预测网络最后的预测输出方式可以分为两类:一类是高度耦合的预测,包括目标的类别信息与定位信息;另一类是解耦预测,将目标的类别信息与定位信息分开预测,不共用卷积。本节会按照双阶段、单阶段、无锚框思想的这一顺序介绍基于深度学习的目标检测算法的基本原理。

彩图1.7

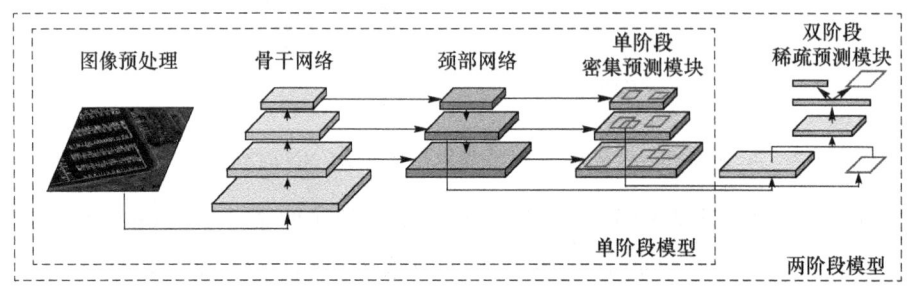

图1.7 基于深度学习的遥感图像目标检测算法基础框架

(1) 基于感兴趣区域提议的双阶段目标检测

基于区域的卷积神经网络(Region-based CNN,R-CNN)[91]作为基于深度学习的目标检测算法的开山之作,将检测算法归纳为四个阶段。第一个阶段规范图像输入尺寸。第二个阶段首先利用选择性搜索算法[92]提取图像中可能包含感兴趣目标的区域(Region of Interest,ROI),其次对提取到的ROI重新进行尺寸调整后送入卷积神经网络(CNN)进行特征提取,最后利用分类器获得目标的类别信息。R-CNN作为首创的基于深度学习的目标检测算法为后续研究与发展提供了方向,有许多值得借鉴的思想。但其同时也存在着从传统方法到深度学习算法过渡的思维局限性,首先CNN只被用来作为获取目标类别信息的特征提取手段,存在对图像中ROI重复提取的问题,而对于目标位置信息则是利用传统的选择性搜索算法,因此整个算法模型的处理速度非常慢。

对于R-CNN存在对同一区域重复提取和第二阶段计算量大导致耗时的问题,Fast R-CNN[93]将单幅图像在整个CNN模型上运行之后,再对提取到的特征进行目标区域提取。这样,它共享了R-CNN第二阶段的大部分计算,因此被称为"Fast"。为了对CNN提取到的ROI进行调整和保证输出区域的尺寸一致,Fast R-CNN使用ROI池化层,将空间金字塔池化(Spatial Pyramid Pooling Network,SPPNet)放在最后一个卷积层后。使用SPPNet可以实现图像的多尺寸输入。经过ROI池化层,将统一尺寸的区域传递到一个全连接网络进行分类,并使用归一化指数函数(Softmax)和线性回归层同时返回边界框的类别与位置信息。因此,Fast R-CNN相较于R-CNN在计算效率和准确率上都有所提高。Fast R-CNN开创性地将特征提取、边界框回归以及传统的分类器三个子模型融合在一起,构建了双阶段目标检测模型的雏形,但其在选择目标候选区域时仍采用选择性搜索(Selective Search)算法,并未实现端到端的深度学习模型。

Faster R-CNN[94]重点解决的难点就是如何取代选择性搜索算法,以完成模型的端到端化,因此区域提议网络(Region Proposal Network,RPN)被提出了。RPN的优点是该网络与检测网络共享全图像卷积特征,进而实现几乎无额外算力开销的区域提议,并在预测每个位置的目标边界和正样本概率的同时生成高质量的区域提议。其创新点是在RPN中提出了使用滑动窗口生成锚点框(Anchor Box)的思想,具体方法是对经过CNN提取到的特征图上每一个特征点使用滑动窗口,每一个窗口会生成不同大小和形状的k个预先手工设定的锚点框。对于每一个方框,RPN主要预测目标是正样本的概率,以区分目标与背景,同时基于锚点框的长宽比例更好地拟合目标的真实形状。Faster R-CNN的预设锚点框对于后续的目标检测算法思想有着深远的影响,其整体模型框架成了双阶段目标检测模型的范式,达到了同时期最高水平。

Chen[95]等于2013年提出了一种基于深度置信网络(Deep Belief Net,DBN)的飞机目标检测方法,随后又提出了一种混合CNN,用于提取卫星图像车辆目标的多尺度特征[96],以上方法均采用耗时的滑动窗口搜索范例来定位车辆或飞机,无法实现多类目标检测。为此,Cheng 等[97]提出了用于 VHR 遥感图像多类目标检测的旋转不变 CNN(Rotation Invariant CNN,RICNN),该方法中的物体区域是通过无监督选择搜索算法[92]生成的,在复杂环境中稳定性较差。Zou 和 Shi[98]提出了一种新的奇异值补偿网络(Singular Value Decompensation Networks,SVDNet)船舶检测方法,该方法利用特征池化操作和线性 SVM 分类器在概率图中生成类船区域,并对每个候选船舶进行验证。该方法训练过程依赖多级串联处理,导致计算复杂度较高且模型优化效率受限。此外,采用土地掩模作为先验知识来去除土地区域,在缺乏预先地理环境支撑的场景中,难以适配复杂多变的检测环境。

概括而言,两阶段的遥感目标检测方法首先利用 RPN 生成稀疏化的候选区域,然后再进行第二阶段预测,正负样本比例更加均衡,模型训练过程更加稳定;而且由于能够二次调整目标边界框位置,故目标检测精度通常较高。但是由于需要分阶段处理目标候选区域生成和特征提取识别,故检测速度通常较低。

(2) 基于回归拟合思想的单阶段目标检测

单阶段方法不再生成目标候选区域,而是直接在 CNN 模型的最后一层特征图上直接密集地利用锚定框或关键点预测目标位置和类别,流程更加简单、高效。如 YOLO(You Only Look Once)[99]、RetinaNet[100]、FCOS(Fully Convolutional One-Stage Object Detection)[101]等许多常规目标检测方法均采用了此思路。YOLO 算法是单阶段目标检测算法的开山之作与里程碑,相比双阶段目标检测算法的构想,它以端到端的方法将目标检测任务表述成一个回归问题。YOLO 将图像特征图划分为网格,每个网格点预测多个边界框,边界框不需要提前手工预设,目标边界框中心所对应的网格点负责预测对象。在网络输出中,每一个网格点预测的信息都包含类别概率信息、置信度信息和边界框位置信息,其中边界框位置信息包括中心坐标和长宽。虽然 YOLO 算法速度很快,可以近乎达到实时处理,但因为 YOLO 本质是无锚框(Anchor-Free),没有细致地考虑正负样本分配问题并且网络模型整体较为单薄,因此相比较 Faster R-CNN 而言,还存在定位精度不足、对小目标检测精度差等问题。但总体来看,YOLO 算法开启了单阶段系列目标检测算法的发展之旅,给目标检测领域带来了工业化落地的可能。SSD(Single Shot Multibox Detector)[102]算法借鉴了 YOLO 和 Fast R-CNN 的优点,设计了一个全新的单阶段目标检测算法模型。相比 YOLO 在最后一次使用全连接层来预测目标信息,SSD 直接采用 CNN 来进行检测。其还有另外两个重要的改进:一是将 CNN 提取到的特征根据尺度进行分层检测,利用大尺度特征图检测小物体,利用小尺度特征图检测大物体,这一思想也是后续算法常采用的分而治之的思路;二是引入了先验框(Prior Boxes)或者称之为锚点框,这种不同尺度和长宽比的预设锚框极大地降低了目标信息的训练与预测难度,在一定程度上解决了YOLO算法难以检测小目标的问题。

YOLOv2[103]是在YOLO的基础之上加以改进的新方法,其主要效果是改善召回率,提升定位的准确度。YOLOv2吸收并借鉴了同期很多优秀算法的思想,比如使用批量正则化方法(Batch Normalization,BN)[104]对网络进行优化,以提高网络的收敛与泛化。除此以外,YOLOv2也与SSD一样借鉴了Faster R-CNN中的锚点框思想,对每一个网格中心预先铺设了手工设计的锚点框,借此提高目标框位置信息数值拟合的速度与精度,其创新点聚焦于如何通过更好地预设锚点框的尺度来贴近数据集。前序方法大多采用手工设计长宽比例来获取先验框,而YOLOv2使用K-means聚类算法在数据集上得到了大致的尺度范围,以更好地拟合数据集,并凭此方法成了同时期最优秀的单阶段目标检测算法。

RetinaNet[100]是何恺明等基于其提出的特征金字塔网络[89](Feature Pyramid Networks,FPN)结构实现的单阶段目标检测模型,该模型非常简洁,骨干网络由ResNet[87]组成,多尺度检测模块由FPN结构实现,最后对预测头进行解耦预测,分别预测目标的位置信息和类别信息。FPN的优点在于它能够有效地处理图像中不同尺寸的物体,这是因为它不仅能够在视觉上理解物体的大小,还能够关注不同特征层之间的相关性。同时,FPN还能够在目标检测中实现更准确的边界框回归和物体特征突出。FPN的实现采用了自上而下的递归路径和横向连接,递归路径由高分辨率的特征图逐步向下采样得到,而侧向连接从低层次的特征图中提取高层次特征。通过在不同特征图间串联这些路径和连接,从而构成了一个完整的多尺度特征金字塔。RetinNet的创新点并不在于模型本身,而是聚焦于单阶段目标检测模型和双阶段目标检测模型之间的性能差距。何恺明等认为双阶段目标检测器更为准确的原因是候选对象是稀疏的,而单阶段检测器是密集采样的,在训练时会遇到极端的前景背景类别不平衡的问题。为此他们提出了一种新的交叉熵损失函数Focal Loss,通过将其减少分配给分类良好的正样本的损失来解决这种类别不平衡的问题,将训练重点放置于难例之上,防止训练过程中受到负样本的影响。RetinaNet采用了Focal Loss进行验证,在精度方面超过了同时期最先进的两阶段算法。YOLOv3[88]是在YOLOv2基础上再一次加以改进的单阶段目标检测算法模型,是单阶段目标检测算法模型的里程碑,其模型结构成了后续单阶段目标检测算法模型的范式,此后,单阶段目标检测算法在其基础之上继续演进。

YOLOv3 与 YOLOv2 一样借鉴了同时期优质的算法,如在骨干网络部分借鉴 ResNet 中的残差结构构建了新的模型 DarkNet53[88],这一结构可以很好地解决深度网络在训练时常遇到的梯度消失问题,与此同时进一步加深网络,并借鉴前序 SSD 的分而治之的思路,引入了 FPN 结构实现多尺度检测,进一步解决小目标检测难的问题。

YOLOv4[105] 与 YOLOv5[106] 分别由 Alexey Bochkovskiy 和 Ultralytics 公司于 2020 年同时期发布,二者的框架模型大致相同。YOLOv4 采用了 YOLOv3 的经典范式,算法着重于对每一个方法和子模块的性能提升,属于技巧集大成之作。YOLOv4 借鉴 CSPNet[107] 的思想,使用跨层结构优化了基础骨干网络,构建了 CSPDarkNet53;在 FPN 部分,使用 PANet[90] 将 FPN 模块增强,实现了 FPN-PAN 结构,将由自顶向下传达语义特征的 FPN 与自底向上传达的 PAN 相结合,实现了更强的金字塔结构;除此以外,其还在骨干网络与多尺度检测网络之间引入了空间金字塔池化(Spatial Pyramid Pooling,SPP)[80]模块,进一步提升语义特征提取性能,并使用两种考虑更为细致的完全交并比(Complete Intersection over Union,CIoU)[108]损失和归一化交并比(Generalized Intersection over Union,GIoU)[109]损失来回归目标位置信息。除了上述改进,YOLOv4 还引入了一种全新的数据增强方法,称为马赛克(Mosaic)数据增强,基本做法是将四张不同的图片随机地裁剪聚合为一张新图片用以训练,可以混合四张具有不同语义信息的图片,以增强模型的鲁棒性。YOLOv5 整体的改进与 YOLOv4 接近,其主要的贡献点在于在基础骨干网络阶段引入了神经结构搜索(Neural Architecture Search,NAS)[110]方法的思想,根据卷积的深度和宽度以及网络运行效率和速度,将网络构建为 s、m、l 三种大小,从轻量化模型到大模型都有相应设计,适合不同实际场景进行选用,推动了检测算法向工业化落地的进程。

(3)基于无锚框思想的典型单阶段目标检测

FCOS[101] 最先提出了基于锚框(Anchor-Based)和 Anchor-Free 算法的概念。前序经典算法(如 YOLOv3、RetinaNet、Faster R-CNN 等)在预测目标框的位置信息时均需要依赖于预设的锚点框(称为先验框),进而根据先验框来回归预测的长宽信息。对于特征图上的每一个网格点而言,Anchor-Based 的算法都需要预先铺设大量的锚点框,比如 RetinaNet 的锚框数量为 9,YOLOv3 的锚框数量为 3。锚框数量会影响网络的参数量,进而影响运行效率,因此 FCOS 考虑了一种全新的目标位置解码方式,不需要依赖先验框,其通过特征图网格中心点到边界框四个边的偏移量,分别是 l、t、r、b(left、top、right、bottom)来进行编解码,进而获得预测目标的中心点和长宽信息。这种解码方式很好地减少了 Anchor-based 算法带来的模型参数量,但同时也引入了新问题:重叠物体的预测问题和低质量正样本问题。CenterNet[111]是一个经典的 Anchor-Free 算法,其在训练过程中没有依赖于锚点框建模,而是将检测问题转化为中心点预测问题。具体来说就是,使用目标的中心点来预测目标本身,借助预测目标中心点的偏移量与长宽来得到具体信息,对每一个类别单独产生一个热力图。对于每一张热力图,当某个坐标中心可能包含目标时,即可在此坐标处产生一个关键点,进而据此预测偏移量得到长宽信息。CenterNet 巧妙地避免了预设锚框,进一步降低了模型复杂度,并在热力图上进行多目标过滤,省去了耗时的非极大值抑制(Non-Maximum Suppression,NMS)后处理操作。

ATSS[112]算法主要研究了 Anchor-Free 算法和 Anchor-Based 算法之间的区别与联系,对单阶段算法 FCOS 和 RetinaNet 做了翔实的对比实验,分析了二者在精度上有差距的原因,得出了影响 Anchor-Free 算法和 Anchor-Based 算法之间性能有差距的原因是正样本数量和正负样本分配方式的差别,并因此提出了 ATSS 方法来确定正负样本,补齐了 Anchor-Free 算法的性能差距,并在后续对于 Anchor-Free 算法的研究中引入正负样本分配问题。

YOLOx[113]是于 2021 年推出的算法,其主要贡献是将 Anchor-Free 这一算法范式代入了经典的 YOLOv3 模型中,实现了更高的精度与更好的性能。YOLOx 主要采用的 Anchor-Free 范式来自 FCOS 的解码方式,而后将 YOLOv3 模型中耦合的预测头改为解耦头,分别对位置信息和类别概率进行回归。YOLOx 模型的侧重点主要是在 OTA[114]算法基础之上提出了 SimOTA(Simplifred OTA)算法,通过动态正负样本分配策略为每个目标分配最优正样本,显著提升了 Anchor-Free 系列算法的精度,推动单阶段 Anchor-Free 算法迈向新高度。

在 YOLOx 算法推出之后,相继出现了一系列在此基础之上改进的 Anchor-Free 目标检测算法,如 2022 年 6 月美团提出的 YOLOv6[115]、2022 年 12 月 YOLOv4 原作者提出的 YOLOv7[116]、2023 年年初 YOLOv5 原作者提出的 YOLOv8[117]以及百度提出的 PP-YOLOE[118]等,主流单阶段目标检测算法都在向以 YOLOx 为代表的 Anchor-Free 算法范式演进。

以上提到的深度监督网络体系结构通常需要大量的有标注的训练数据,而这些标注通常是手动生成的,费时费力。为了借助于大量未标签的数据集,Zhang 等[119]提出了一种基于弱监督框架下耦合 CNNs 的飞机检测方法,旨在利用大量未标注数据集,以降低人工标注成本。该方法通过融合候选区域生成网络与定位网络实现了图像水平飞机目标候选区域的提取,为弱监督目标检测领域提供了新思路。然而,该方法尚未满足实时检测需求,性能仍有提升空间。Zhong[120]提出了一种位置敏感框架(Position-Sensitive Balancing,PSB),用于实现光学 RSI 多类目标检测。该方法在残差网(Residual Neural Network,ResNet)的基础上,采用位置敏感策略来平衡分类阶段的平移不变性和目标检测阶段的平移方差。

基于人工特征设计的传统机器学习方法往往需要借助于目标的形状、颜色、纹理等先验知识和人为经验理论来设计适应目标的特征,泛化能力差。而基于自动特征提取的机器学习方法,也就是深度学习,可将原始图像及其标签信息直接送入模型中,自动学习目标的特征,无须人工干预。相比之下,人工特征容易解释,自动生成的特征很难解释。但需要强调的是,基于数据驱动的深度学习方法的有效学习是建立在大量标签准确的数据上的,而人工标注的数据中目标的标签往往存在标签错误、单一或缺失等情况,这会不可避免地降低目标特征的表示能力以及模型的泛化能力,本书的第 2 章将对光学遥感图像目标检测标签的问题进行详细分析和探讨。

1.2.3　已公开的光学遥感图像目标检测数据集

在遥感图像目标检测领域,随着基于数据驱动的机器学习方法的发展,越来越多的航空和卫星图像目标检测数据集相继被公开。常用的已公开的光学遥感图像目标检测数据集如下。

(1) NWPU VHR-10 数据集[97]

NWPU VHR-10 数据集①有 800 幅高分辨光学遥感图像,包括从谷歌地图(Google Earth)获取的空间分辨率为 0.5~2 m 的 715 幅彩色图像,以及从德国摄影测量、遥感和地理信息学会(German Society for Photogrammetry, Remote Sensing and Geoinformation,DGPF)Vaihingen 数据中获取的 85 幅空间分辨率为 0.08 m 的彩色红外图像(Color Infrared,CIR)。该数据集图像中包含 10 类目标,包括飞机、舰船、储油罐、棒球场、网球场、篮球场、田径场、港口、桥梁和车辆,目标标注格式采用水平标准框(Horizontal Bounding Boxes,HBB),可用于二类以及多类目标检测。

---

① https://github.com/chaozhong2010/VHR-10_dataset_coco。

(2) TAS 车辆数据集[121]

TAS 车辆数据集①是由斯坦福大学于 2008 年发布的航摄图像数据集,该数据集是从 Google Earth 获取的 30 幅大小为 792×636 像素的图像,所有图像均为真彩色,图像中包含 1 319 个平均尺寸为 45×45 像素的车辆目标,目标标注格式采用 HBB。

(3) OIRDS 车辆数据集[122]

OIRDS 车辆数据集②包含地面采样距离(Ground Sample Distance,GSD)值范围从 0.083 8 m 到 0.304 8 m 的 900 幅航摄图像,图像中约包含 1 800 个车辆目标。

(4) RSOD 数据集[1]

RSOD 数据集③是从 Google Earth 和天地图上获取的 2 326 幅图像的数据集,可用于二类和多类目标检测。该数据集包含 4 类目标,分别是飞机、操场、立交桥和油桶,分辨率依次是 0.3～1 m,0.5～2 m,1.25～3 m,0.4～1 m。

(5) HRSC2016 数据集[123]

HRSC2016 数据集④是一个面向船只检测的数据集,包括近海和远海两个主场景,共有 2 976 个船只目标。图像大小从 300×300 像素到 1 500×900 像素不等。该数据集被分为包含 436 幅图像的训练集、包含 181 幅图像的验证集和包含 444 幅图像的测试集。

(6) UCAS-AOD 数据集[124]

UCAS-AOD 数据集⑤包含 1 510 幅航拍图像,包括飞机和汽车两个类别,共计 14 596 个实例。图像大小大多数为 659×1 280 像素。按照通常的分割方式,UCAS-AOD 数据集被分为包含 755 幅图像的训练集、包含 302 幅图像的验证集和包含 452 幅图像的测试集。

(7) DOTA 数据集[125]

DOTA 数据集⑥是由武汉大学发布的遥感目标检测数据集,包含 2 806 幅尺寸为 800×800 像素到 4 000×4 000 像素的航摄图像,可用于二类和多类目标检测。该数据集有 15 类目标,分别是飞机、舰船、储油罐、棒球场、网球场、篮球场、田径

---

① http://ai.stanford.edu/~gaheitz/Research/TAS/tas.v0.tgz。
② http://sourceforge.net/apps/mediawiki/oirds。
③ https://github.com/RSIA-LIESMARS-WHU/RSOD-Dataset-。
④ https://github.com/wmchen/HRSC2016-MS。
⑤ https://github.com/ming71/UCAS-AOD-benchmark。
⑥ https://captain-whu.github.io/DOTA/dataset.html。

场、港口、桥梁、大型车辆、小型车辆、飞机、足球场、环路以及游泳池。到目前为止，DOTA 数据集是遥感图像目标检测领域最大的开源数据集之一，它的复杂度足以使其被认作真实世界的反映图。

(8) DroneVehicle 数据集[126]

DroneVehicle 数据集①是一个大型的无人机航拍遥感数据集，包含 28 439 对可见光-红外图像，包括 5 个类别，953 087 个实例。其中，区域场景分为城市道路、高速公路和住宅区，照明条件分为黑夜、晚上和白天，拍摄高度分为 80 m、100 m 和 120 m，拍摄角度分为 15°、30°和 45°，图片大小为 840×712 像素。此外，考虑到航拍图像中物体的不同方向，标签使用定向标注框（Oriented Bounding Box，OBB），以更准确、紧凑地表示物体轮廓。所有图像的尺寸均为 640×512 像素。

(9) DIOR-R 数据集[127]

DIOR-R 数据集②是由西北工业大学发布的大型遥感目标检测数据集，其包含 23 463 幅 800×800 像素的遥感图像，共标注了 190 288 个不同类型、不同尺度的遥感地物目标。其中，训练集包含 5 862 幅遥感图像，验证集包含 5 863 幅遥感影像，测试集包含 11 738 幅遥感影像。数据集中的目标共有 20 个类别，分别为飞机(Airplane)、机场(Airport)、棒球场(Baseball Field)、篮球场(Basketball Court)、桥梁(Bridge)、烟囱(Chimney)、水坝(Dam)、高速公路服务区（Expressway Service Area）、高速公路收费站(Expressway Toll Station)、高尔夫球场(Golf Field)、田径场(Ground Track Field)、港口(Harbor)、立交天桥(Overpass)、船舶(Ship)、体育馆(Stadium)、储油罐（Storage Tank）、网球场(Tennis Court)、火车站(Train Station)、车辆(Vehicle)、风力发电机(Windmill)。DIOR-R 数据集的原始版本采用了水平边界框 HBB 的标注形式，2022 年 AOPG[127]发布了 DIOR-R 数据集的有向边界框 OBB 标注形式。

(10) DOSR 数据集[128]

DOSR 数据集③是一个用于定向船只识别的数据集。该数据集主要来自 Google Earth，包括 1 066 幅光学遥感图像和 6 127 个船舶实例。图像尺寸从 600×600 像素到 1 300×1 300 像素不等，分辨率在 0.5~2.5 m。数据集包含丰富的场景，包括近海场景和远海场景。数据集包含 20 个细粒度的船型分类，分别是：潜艇(Submarine，Sub)；油轮(Tanker，Tan)；散货船(Bulk Cargo Vessel，BCV)；辅助船(Auxiliary Ship，Aux)；游艇(Yacht，Yac)；军舰(Military Ship，Mil)；驳船(Barge，Bar)；平底交通船

---

① https://github.com/VisDrone/DroneVehicle。
② https://aistudio.baidu.com/datasetdetail/123364。
③ https://github.com/yaqihan-9898/DOSR。

(Flat Traffic Ship,FTS);栈板驳船(Deck Barge,DeB);游轮(Cruise,Cru);货柜船(Container,Con);货船(Cargo,Car);运输船(Transport,Tra);甲板船(Deck Ship,DeS);飘浮吊车(Floating Crane,Flo);渔船(Fishing Boat,Fis);拖船(Tug,Tug);通信船(Communication Ship,Com);多体船(Multihull,Mul)和快艇(Speedboat,Spe)。该数据集的目标类别分布属于长尾分布。

1.2.4 光学遥感图像目标检测评估指标

目标检测领域的三个通用评价指标依次是PR曲线（Precision-Recall Curve，PRC）、平均精度（Average Precision，AP）、全类正确平均率（mean Average Precision，mAP)和F值度量。下面将对其进行详细介绍。

(1) PR曲线(PRC)

PR曲线以(Recall,R)为横坐标，以(Precision,P)为纵坐标。查准率又名精度，查全率又名召回率。其中，精度为最终预测结果正确的目标的数量与所有检测结果中目标的数量的比值。召回率为最终预测结果为正确的目标的数量与所有真实标记目标的数量的比值。若将正样本正确预测的结果记作（True Positive，TP)，负样本错误预测为正样本的结果记作(False Positive，FP)，正样本错误预测为负样本的结果记作(False Negative，FN)，那么，精度和召回率则可以表示为

$$\text{Precision} = \frac{\text{TP}}{(\text{TP}+\text{FP})} \tag{1.1}$$

$$\text{Recall} = \frac{\text{TP}}{(\text{TP}+\text{FN})} \tag{1.2}$$

一般来说，TP的结果通过在检测结果和真实标签之间进行IoU计算，根据IoU的得分阈值进行划分，如果超过预设的阈值λ，则检测结果为预测正确的样本。

$$\text{IoU} = \frac{\text{area}(\text{detection} \cap \text{ground\_truth})}{\text{area}(\text{detection} \cup \text{ground\_truth})} > \lambda \tag{1.3}$$

其中，detection∩ground 表示检测结果与真实标签之间的交集，detection∪ground 表示两者的并集。此外，如果多个检测结果与同一个真实标签的结果重叠，则只有一个检测结果可以被认作检测正确的目标。

对于水平边界框之间的IoU计算方法比较简单，示意图如图1.8(a)所示，其中虚线为GT边界框，用B_g表示，实线为预测边界框，用B_p表示，其计算方法如算法1.1所示。

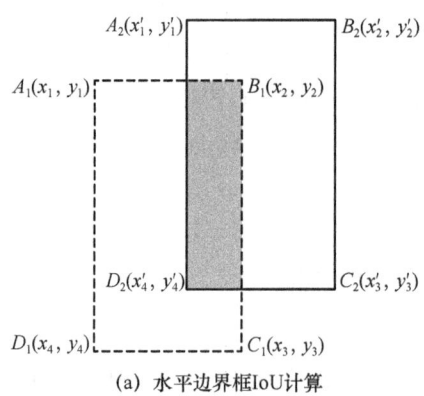 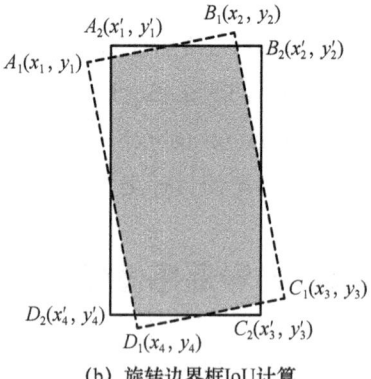

(a) 水平边界框IoU计算　　　　(b) 旋转边界框IoU计算

图 1.8　水平边界框 IoU 与旋转边界框 IoU 的计算方式

算法 1.1：水平边界框 IoU 计算

输入：两个水平边界框的角点坐标：

$A_1(x_1,y_1), B_1(x_2,y_2), C_1(x_3,y_3), D_1(x_4,y_4)$

$A_1(x'_1,y'_1), B_1(x'_2,y'_2), C_1(x'_3,y'_3), D_1(x'_4,y'_4)$

其中，$x_1 \leqslant x_2, y_2 \leqslant y_1$ 且 $x'_1 \leqslant x'_2, y'_2 \leqslant y_1$。

输出：IoU 值

1 ▶ B_g 面积：$\text{Area}_g = (x_2-x_1)(y_1-y_2)$。

2 ▶ B_p 面积：$\text{Area}_p = (x'_2-x'_1)(y'_1-y'_2)$。

3 ▶ 交集面积：$\text{Area}_{\text{overlap}} = (\max(x_2,x'_2)-\min(x_1,x'_1))(\max(y_1,y'_1)-\min(y_2,y'_2))$。

4 ▶ $\text{IoU} = \dfrac{\text{Area}_{\text{overlap}}}{\text{Area}_g + \text{Area}_p - \text{Area}_{\text{overlap}}}$。

对于旋转边界框之间的 IoU 计算方法比较困难，核心难点在于如何精确描述两个旋转矩形的交集形状并计算其面积，如图 1.9 所示。目前支持并行运算加速的计算思路主要来自 2019 年 CVPR 的文章[129]，其计算方法如算法 1.2 所示，示意图如图 1.8(b)所示。

彩图 1.9

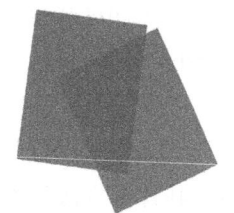   

图 1.9　旋转边界框 IoU 计算的复杂情况

算法 1.2：旋转边界框 IoU 计算

输入：两个旋转边界框的角点坐标：

$\quad A_1(x_1,y_1), B_1(x_2,y_2), C_1(x_3,y_3), D_1(x_4,y_4)$

$\quad A_1(x'_1,y'_1), B_1(x'_2,y'_2), C_1(x'_3,y'_3), D_1(x'_4,y'_4)$

输出：IoU 值

1 ▶ B_g 面积：$\text{Area}_g = ab$，其中 $a = \sqrt{(x_2-x_1)^2+(y_2-y_1)^2}$ 以及 $b = \sqrt{(x_2-x_3)^2+(y_2-y_3)^2}$。

2 ▶ B_p 面积：$\text{Area}_p = a'b'$，其中 $a' = \sqrt{(x'_2-x'_1)^2+(y'_2-y'_1)^2}$ 以及 $b' = \sqrt{(x'_2-x'_3)^2+(y'_2-y'_3)^2}$。

3 ▶ 如果有重叠区域，则确定重叠区域的顶点。

4 ▶ 按逆时针顺序排序这些多边形的顶点。

5 ▶ 计算交集区域 $\text{Area}_{\text{overlap}}$ 的面积。

6 ▶ $\text{IoU} = \dfrac{\text{Area}_{\text{overlap}}}{\text{Area}_g + \text{Area}_p - \text{Area}_{\text{overlap}}}$。

（2）平均精度（AP）

AP 值是召回率取值在 0 和 1 之间时精度的平均值，也就是 PR 曲线下的面积，AP 值越高，模型的检测性能越好，反之亦然。对于面积的计算，目前使用的计算方式有两种：一种来自 PASCAL VOC07[130]挑战赛，取 11 个固定召回率值对应的最大准确率计算；另一种来自 PASCAL VOC12[131]挑战赛，采用了更多的采样点，以进行更准确的计算。

（3）平均精度均值（mAP）

对于目标检测算法精度的评价指标，主要使用的评价指标来自自然场景数据集 Pascal VOC 所使用的平均精度均值（mean Average Precision，mAP），其含义是对每一个单独类别的平均精度（Average Precision，AP）求平均的结果，即

$$\text{mAP} = \frac{1}{n_{\text{classes}}} \sum_{n_{\text{classes}}} \text{AP} \tag{1.4}$$

（4）F 值度量（F-measure）

F 值综合考虑了精度和召回率，是两者的调和平均值。非负权重 α 的引入是为了表示对分类器模型的偏好。具体定义如下：

$$F_\alpha = \frac{(1+\alpha^2) \cdot P \cdot R}{\alpha^2 \cdot P + R} \tag{1.5}$$

其中：P 代表精确率；R 代表召回率；非负权重 α 为精度的权重，$\alpha^2 < 1$ 可以提高精度的重要性，反之亦然。实际应用中，α 的值被设置为 1，以使每个值具有同等的重要性，那么，$F_\alpha = F_1$，$F_1 = \dfrac{2 \cdot P \cdot R}{P+R}$，即 F1 值。

(5) 模型大小与速度评价指标

对于目标检测模型的大小，一般采用参数量(Parameters)来衡量，单位为数量，量级一般使用兆(Mega, M)衡量，为 1×10^6。对于目标检测模型的复杂度，一般用浮点运算数(Floating Point Operations, FLOPs)指标(即计算量)进行衡量，可以在一定程度上反映理论速度。单位通常使用 G(Giga)表示，为 1×10^9。对于目标检测模型的实际推理速度，一般使用帧率(Frame Per Second, FPS)进行估计，即每秒计算图片的数目。

1.3 本书研究内容

过去几年中，基于数据驱动的具有强大泛化能力的机器学习算法以及基于强大特征表示和具有完美拟合能力的深度学习算法已经成为光学遥感图像目标检测的主流方法，上述方法实现有效的、泛化能力强的目标检测模型的必要条件是标签准确的数据集。鉴于人工标注的数据集会不可避免地出现标签错误、标签单一以及标签缺失的情况，现有主流的基于数据驱动的机器学习光学遥感图像目标检测方法均有待进一步提高。因此，本书以 TAS 航摄车辆数据集、NWPU VHR-10 数据集、DOTA 数据集等数据集为数据来源，飞机、车辆、舰船等目标为主要研究对象，主要针对数据中样本的三种不同标签情况展开研究，有针对性地设计鲁棒的光学遥感图像目标检测方法，从而有效地提高目标检测的性能。本书的主要工作及贡献如下。

① 复杂形变的目标通常会由于不准确的人工标注而导致标签错误样本的产生。针对以上问题，本书以机器学习中的 AdaBoost 方法为例，提出了一种基于伽马混合模型的光学遥感图像目标清洗方法。伽马混合模型由标签准确样本和标签错误样本的两个伽马分布组成，两者的分布被确定后，可以通过估计标签错误样本的后验概率来实现训练样本的清洗，提升训练样本的质量，该模型可以无缝地集成到分类器中并校正由标签错误样本引起的分类器的偏差和方差。为了进一步验证伽马混合模型在光学遥感图像目标检测中的有效性，本书提出一种基于伽马混合模型卷积通道特征的光学遥感图像目标检测方法，该方法集成了鲁棒的浅层特征抽取和设计，基于伽马混合模型的 AdaBoost 分类器设计以及基于幂律定理的快速特征尺度化。其中，鲁棒浅层特征的抽取和设计是为了有效匹配光学遥感图像目标的特性，同时减少网络的计算花费。基于幂律定理的检测可以进一步提高模型

对目标尺度变化的鲁棒性,且在不损失检测性能的同时加快检测速度。两个不同数据集上的实验结果表明,本书提出的上述方法相比较几种广泛应用的高效性能算法,检测性能最优。

② 以"俯视视角"获取的遥感图像中的物体具有尺度和方向多样性,而现有数据集的标签均无法直接描述。针对以上问题,本书提出一种基于鲁棒特征设计的光学遥感图像目标检测方法,该方法集成了空频域联合通道特征、分类器设计以及快速特征尺度化。在特征设计阶段,空频域联合通道特征由频域旋转不变通道特征和原始空间域旋转不变通道特征(如颜色、梯度幅度等)两部分组成。其中,原始空间域旋转不变通道特征是物理上的旋转不变特征;而频域旋转不变通道特征是以分析的方式在极坐标傅里叶分析基础上,通过与经典梯度方向直方图特征相结合建立的数学上连续的旋转不变特征,该特征以连续方式计算固定坐标系中的特征描述子,确保最终的描述子通过平滑连续映射从图像导出,避免了人工量化;两者的级联可以在保留物体空间位置信息的同时提取其"真正意义上"的旋转不变特征。累积通道特征被采用以精炼空频域联合通道特征。最后,这些精炼的特征被进一步送入 AdaBoost 分类器对目标进行识别和定位。在检测阶段,以幂律定理为理论基础构建的图像快速特征尺度化,可以在不损失检测性能的情况下以很低的成本计算精细采样的特征金字塔。两个不同数据集上的实验结果表明,本书提出的上述方法相比较现有广泛应用的高效性能方法,检测性能最优。

③ 遥感图像旋转目标会因为角度的周期性变化而面临歧义预测。针对以上问题,本书提出一种基于多粒度角度表示方法的遥感图像旋转目标检测算法,对旋转目标框的角度信息进行重新建模。该方法包括粗粒度角度分类和细粒度角度回归两个部分。粗粒度角度分类通过离散角度编码,将角度划分为多个粗略类别,确定旋转框的角度属于哪个类别,并通过对角度分类的粗粒度化表示避免了角度预测中的歧义问题。细粒度角度回归方法在粗粒度角度编码的基础上缩小角度范围,在角度具体分类类别范围内进行精细连续回归,为具有大长宽比的物体带来了更精确的预测,避免了损失突变的问题。此外,本书还设计了 IoU 感知的细粒度角度回归损失函数,通过 IoU 引导自适应的重加权机制来提高角度预测的准确性。在五个不同数据集上的实验结果表明,本书提出的上述方法在精度和速度方面都具有出色的性能。本书还在嵌入式设备上进行了实验,结果表明,所提出方法非常适合轻量化工作,具有实际应用价值。

④ 高精度遥感旋转目标检测中,深度复杂模型难以适配计算资源和功耗有限的嵌入式边缘计算平台。针对以上问题,本书提出一种基于任务解耦知识蒸馏的

遥感图像目标检测。该方法通过显式地拆分遥感图像目标检测为目标分类、位置回归、方向旋转、标签分配四个子任务，从而高效利用复杂高性能模型引导轻量化模型进行知识传递。在此基础上，本书设计了一个角度距离-纵横比查找表来优化样本分配过程，通过离散量化的方式为一个目标分配一个实例级权重来专门优化，此权重同时被引入目标识别的检测损失中以提高方向和形状预测的敏感性。角度距离-纵横比定向实例权重被引入标签分配和重加权损失中，以提高轻量化模型对于角度距离和纵横比的敏感性。最后，本书引入样本分配对齐，通过显式约束复杂教师模型和轻量化模型在动态对齐系数分布之间的距离，实现样本分配空间的强制约束对齐，所提方法可高效传递教师模型目标特征知识，有效补偿轻量级模型的检测性能，提升模型对方向多样性目标的检测能力。在多个数据集上进行的扩展实验证明了所提蒸馏方法的有效性。

⑤ 随着航空航天领域以及传感器的发展，光学遥感图像数据的海量性、多样性和复杂性等特点大幅增加了手动数据标注的复杂度，使得具有良好标注的数据集相对匮乏，影响网络的学习能力和模型的泛化性能。因此，如何有效利用大量的标签缺失数据来提升模型的泛化能力已成为遥感领域的一个研究热点。针对以上问题，本书提出一种多源主动微调网络光学遥感图像目标自动标注和检测方法。该方法以车辆目标为研究对象，集成迁移学习，基于多源数据的地面物体与地面的分离以及主动深度分类网络，实现待检数据集中目标的自动标注和检测。首先，迁移已有数据集的学习可以实现相似物体的自动标注。其次，基于多源数据的地面物体与地面的分离的目的是生成非相似车辆候选集，具体过程是超像素分割、基于密度的抗噪聚簇、地面物体区域筛选以及地面物体角点定位，生成非相似车辆候选集。对候选集中车辆样本的筛选，借助于以 ResNet18 为主动筛选策略的主动深度分类网络。最后，待检测数据集中自动标注的车辆样本与已有数据集中的车辆样本共同组成最终的车辆训练集，实现最终待测数据集的车辆检测。两个公开数据集和一个非公开数据集上的实验结果表明，本书提出的上述方法达到了预期的目标，可为之后目标的自动标注和检测提供参考。

1.4　本书章节安排

本书章节安排如下。

第 1 章是绪论。首先给出了光学遥感图像目标检测研究的背景及意义；其次阐述了光学遥感图像目标检测的研究现状,并详细介绍了光学遥感图像目标检测方法的分类;再次给出了本书研究内容;最后给出本书章节安排。

第2章是光学遥感图像目标检测标签问题分析。首先介绍了光学遥感图像的发展及其图像中目标的特点;其次通过对光学遥感图像中人工标注目标标签的分析,归纳出了三种标签情况,进而引出了弱标签的概念;最后对每种标签情况详细讨论了它们各自的现有解决方法及其局限性。

第3章是基于伽马混合模型的光学遥感图像目标清洗和检测。首先指出光学遥感图像中目标的标签主要采用人工标注,但由于人们的遥感图像专业知识有限,不可避免地会产生标签错误样本;其次为了抑制标签错误样本可能引起的分类器性能的偏差和方差,提出基于伽马混合模型的端对端的目标清洗模型;再次为进一步验证伽马混合模型在光学遥感图像目标检测中的有效性,提出一种基于伽马混合模型卷积通道特征的光学遥感图像目标检测方法;最后从网络架构选择和参数设置两个方面进行实验验证,并将本章提出的算法与广泛应用的七种算法在性能方面进行比较,综合评价了本章提出的算法。

第4章是基于空频联合的光学遥感图像目标鲁棒特征设计和检测。首先指出现有公开数据集中目标的标签无法直接表征目标因"俯视视角"拍摄的光学遥感图像带来的尺度和方向多样性,现有的对两者的解决方法中存在的问题依次是时间复杂度高和忽略了旋转的内在属性;其次为了解决目标的尺度变化问题,采用基于幂律定理的快速特征金字塔,在不损失性能的情况下提高检测速度;再次为了进一步解决目标的方向变化,级联空间域和频率域设计目标的旋转不变特征,着重强调如何在频域中使用分析的方法构建数学上连续的旋转不变特征;最后从分类器的选择和敏感性分析两个方面进行实验验证,并将本章提出的算法与广泛应用的七种算法在性能方面进行比较,综合评价了本章提出的算法。

第5章是基于多粒度角度表示方法的遥感图像旋转目标检测。首先指出现有基于深度学习的框架预测旋转目标边界框的角度信息主要采用回归方式,角度周期性变化会存在歧义预测问题;其次为了解决歧义预测问题,构建了基于多粒度角度表示的旋转框表征方式,从粗粒度角度分类和细粒度角度回归两个方面展开介绍,并在基准框架上实现了所提出的方法;再次设计了一个新的损失函数,通过IoU引导自适应的重加权机制来提高角度预测的准确性;最后在多个常用公开数据集上对所提方法进行了翔实的实验和评估,充分验证了本章提出算法的有效性。

第6章是基于任务解耦知识蒸馏的遥感图像目标检测。首先指出遥感目标检测对于实时性边缘计算平台处理的需求越发重要;其次为了解决目标检测模型轻量的问题,提出了基于任务解耦知识蒸馏约束的遥感图像方向多样性目标检测方法,显示拆分遥感图像目标检测为分类蒸馏、定位蒸馏和角度蒸馏三部分,并在此基础上设计了一个角度-纵横比分配动态方向约束查找表,以增加方向和形状预测的敏感性;再次引入样本分配对齐策略,实现样本分配空间的强制约束对齐;最后在多个常用公开数据集上对所提方法进行了速度和精度的性能分析,充分验证本章提出算法的有效性。

第7章是多源主动微调网络光学遥感图像目标自动标注和检测。首先指出光学遥感图像数据的海量性、多样性和复杂性等特点大幅增加了人工数据标注的复杂度,通常只有少量的标签数据可用于训练,影响基于数据驱动方法的深度学习方法的检测性能,现有的解决方法只能实现相似目标的自动标注和检测,使得模型的泛化能力有限;其次,为了解决以上问题,级联迁移学习、基于多源数据的地面物体与地面的分离以及主动深度分类网络,提出多源主动微调网络光学遥感图像目标自动标注和检测方法;最后从多传感器的选择、主动深度分类网络选择、消融分析和分辨率分析四个方面进行实验验证,将主动微调网络嵌入到六种主流算法中,综合评价了本章提出的算法。

第8章是总结及展望。对全书的工作进行了简要总结,并针对需要进一步研究的问题提出了初步的想法和建议。

第 2 章
光学遥感图像目标检测标签问题分析

标签准确的数据集是基于数据驱动的机器学习方法的基础和重要组成部分，到目前为止，遥感图像中目标的标签主要采用人工标注。然而，随着航空航天与对地观测技术的快速发展，光学遥感图像在质量和数量上呈现爆炸性增大。另外，其成像的机制使得图像中的目标存在背景复杂性、视角特殊性等问题，大幅增加了人工目标标注的复杂度。本章通过对光学遥感图像中人工标注的目标标签的分析，归纳出三种标签情况，进而引出了弱标签的概念。在这三种弱标签情况下，现有主流的基于数据驱动的机器学习光学遥感图像目标检测方法均有待进一步提高。因此，本书对每种标签情况有针对性地设计解决方法，为进一步提升光学遥感图像目标检测的性能提供新思路。

2.1 光学遥感图像的发展

美国 1972 年发射了第一颗真正意义上的地球观测卫星 Landsat-1，从此开启了卫星对地观测的新篇章。但是，以 Landsat-1 为代表的早期卫星图像的空间分辨率过低，研究者只能从这些图像中提取物体的区域属性，而无法实现单独人造物体或自然物体的检测。随着无线电电子技术、光学技术和计算机技术的发展，卫星成像向高分辨率发展。目前，在轨卫星数量已超过 1 300 颗，其中很多为高分辨率光学遥感卫星，例如美国原 DigitalGlobe 公司发射的 GeoEy-1 卫星、Qickbird 卫星以及后续的 Worldview 系列卫星，其中，World View-4 卫星（此前被称作 GeoEye-2 卫星）以分辨率 0.3 m 跃居目前全球商用遥感卫星首位。此外，美国的军用光学成像侦察卫星锁眼-12(KH-12)的分辨率高达 0.1 m。在法国 SPOT Image 公司的 Spot 系列高分辨卫星中,SPOT-5 可提供大幅宽、2.5 m 高分辨率图像,分辨率为 0.5 m。以色列 ImageSat 公司 2010 年发射的一颗间谍卫星"地平线"-9（Ofeq-9）卫星,其分辨率远高于 0.5 m,但具体数字保密。

我国自 1975 年发射返回式遥感卫星一号以来,已经陆续发射了陆地资源、气象、海洋、环境与灾害监测四大系列遥感卫星,初步构建起多分辨、多谱段、稳定运行的卫星对地观测体系,并在国土资源、海洋、环境、气象和减灾等领域开展了不同的应用。从 2012 年 1 月分辨率为 2.1 m 的资源三号测绘卫星开始,到 2014 年 8 月分辨率为 0.8 m 的高分二号卫星,再到 2016 年我国首个自主研制的分辨率可达 0.5 m 的高景一号卫星,标志着我国遥感卫星迈入了国际一流行列,真正进入亚米级的"高分时代"。表 2.1 列出了部分目前在轨商用高分卫星。

以上高分辨卫星的成功发射使得光学遥感图像目标检测已经进入亚米级,开辟了地理空间目标自动检测领域的新前景,这使得图像中人造物体的可识别范围变得更大,甚至可以单独识别。

表 2.1 部分目前在轨商用高分卫星

国家	图像服务商	卫星名称	发射时间	分辨率/m（全色/多光谱）
美国	DigitalGlobe 公司	World View-4(GeoEye-2)	2016/11/11	0.31/1.24
		World View-3	2014/08/13	0.31/1.24
		World View-2	2009/10/06	0.5/1.8
		World View-1	2007/09/18	0.51/-
		Quickbird-2	2001/10/18	0.61/2.44
		Geoeye-1	2008/09/06	0.41/1.65
以色列	ImageSat 公司	Ofeq-9	2010/6/22	0.5/-
		EROS-B	2006/04/25	0.7/-
法国	SPOT Image 公司	Pleiades-1/2	2011/12/17	0.5/2
		Spot-6/7	2012/09/09	1.5/8
德国	Infoterra 公司	Terra SAR-X	2007/06/15	1
印度	ANTRIX 公司	CartoSat-2/2A/2B	2010/07/12	0.8
中国	中国资源卫星应用中心等	北京二号	2015/07/11	1/4
		高分二号	2014/08/19	0.8/3.2
		高景一号	2016/08/10	0.5/2

2.2 光学遥感图像目标的特点

光学遥感图像目标检测的目的是确定给定的航空或卫星图像是否包含属于感兴趣类别的一个或多个目标并且定位每个预测物体在图像中的位置。遥感图像因为成像机理的原因,拍摄得到的图像尺寸都比较大,单张遥感图像具有更大的图像尺寸,单张像素多在 5 000×5 000 以上,即使是经过裁剪后包含有效目标的区域像素也多在 3 000×3 000 左右。图 2.1 给出了尺寸为 4 526×2 708像素的遥感图像,图中右侧具体放大区域显示标注的运动场目标,由可视化结果可知这一有效目标像素占图像总体比重较低,占据较大比例的为背景,且背景复杂、差异性大。

彩图 2.1

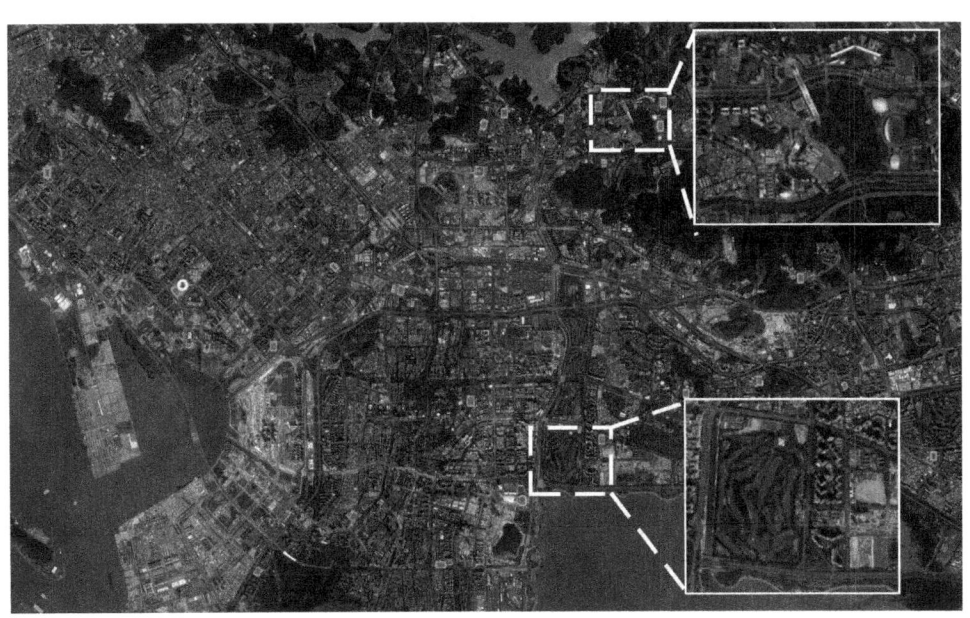

图 2.1 超大尺寸遥感图像

图 2.1 中获取到的地物目标种类丰富,目标形态与日常生活中拍摄到的自然场景图像有很大差别,这些差别为遥感图像目标检测带来了区别于自然场景目标检测的挑战。这里的"目标"一词是指广义上的目标,包括具有明显边缘且与背景环境无关的人造目标(如飞机、车辆、船舶、建筑物等)以及景观目标

彩图 2.2

（如属于背景环境的一部分，且边界模糊的土地利用/土地覆盖）。从目标的形态结构特征角度出发，人造物体大致可以分为三类，分别是带状目标、小区域（斑块）形式目标和复杂区域目标，如图2.2所示。

 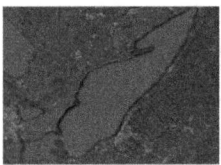  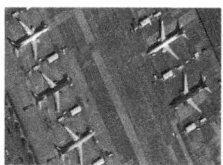

(a) 带状目标　　　　　　　　　　(b) 小区域(斑块)形式目标

(c) 复杂区域目标

图2.2　光学遥感图像中不同形态的目标

(1) 带状目标

带状目标的分布往往呈现带状或者条状形态，且边缘像素一般变化较大，目标内部区域属于低亮度或者高亮区，此外，目标整体的弯曲程度有限，如道路、桥梁等。对该类目标的检测通常采用基于模版匹配的方法中的刚性模版匹配[3-5]、Snake模型[7-9]方法和基于自动特征学习的机器学习方法[80]。

(2) 小区域(斑块)形式目标

小区域(斑块)形式目标的分布范围较小且分辨率较低，无明显纹理、边缘等刚体结构信息，且具有方向多样性，如车辆、飞机、舰船等。对该类目标的检测方法较多，包括基于模版匹配的方法[3,7,10]、基于人工特征设计的SIFT方法[37]等。

(3) 复杂区域目标

复杂区域目标的分布范围较大，大部分目标具有较大的光谱变化，且形状特征、纹理信息丰富，如港口、机场、建筑物群、森林等。对该类目标的检测方法通常有基于模版匹配的方法[10]、基于OBIA的方法[26]、基于人工特征设计的SIFT方法、基于机器学习的方法[97]及基于自动特征学习的机器学习方法[99]等。

亚米级光学遥感图像纹理清晰、层次分明、信息丰富，为光学遥感图像目标检测提供了良好的数据支撑，但其成像的机制使得以上图像中的目标往往存在视角特殊性、背景复杂性、尺度和方向多样性等问题。另外，目标在检测的过程中经常遭受若干附加的挑战，例如遮挡、背景杂波、照明、阴影等引起的物体视觉外观的变化,这大幅增加了目标标注以及检测的复杂度。

2.3 光学遥感图像目标的标签问题分析

2.3.1 弱标签的定义

在一些依赖数据的研究中,例如传统机器学习方法以及后续的深度学习方法,数据集扮演了极其重要的角色。现有目标检测的主流框架均是基于数据驱动的,而标注准确的数据集恰恰又是基于数据驱动目标检测的基础和重要组成部分。数据集中图像的分辨率及其图像中目标的标签直接决定了模型的优化方向,影响模型最终的检测性能。

如今,遥感图像目标检测的公开数据集中,图像中目标的标签通常是人工标注的,不可避免地会存在以下三种情况,分别是标签错误、标签单一以及标签缺失,从而影响模型的检测性能。因此,本书定义的"弱标签"基于以上三种标签情况:其一是标签中蕴含的信息存在部分错误,包括漏标、错标(标签错误);其二是标签中蕴含的信息量不够,一般只包含目标的位置和类别,无法直接表征目标的尺度方向多样性等复杂特性(标签单一);其三是部分样本或者所有样本只有场景图,而缺乏图中目标的标签信息(标签缺失)。本章以若干个常用的光学遥感图像公开数据集和一个非公开数据集为例,对比给出每种标签情况下目标标签可能存在的表示形式,如图2.3、图2.4所示,并对每一种标签情况下的光学遥感图像目标检测展开详细讨论。

2.3.2 标签错误问题分析

基于数据驱动的方法是通过对人为精准标注数据集的训练学习,实现未知数据的预测。但是,由于人们的遥感图像专业知识有限,不可避免地会标记出待测位置过宽、类别错误等不准确的样本标签。图2.3给出了标签错误情况下目标标签可能存在的表示形式,并结合两个经典的机器学习方法,分别是AdaBoost和深度神经网络,探讨标签错误样本对目标检测模型的影响。

彩图2.3

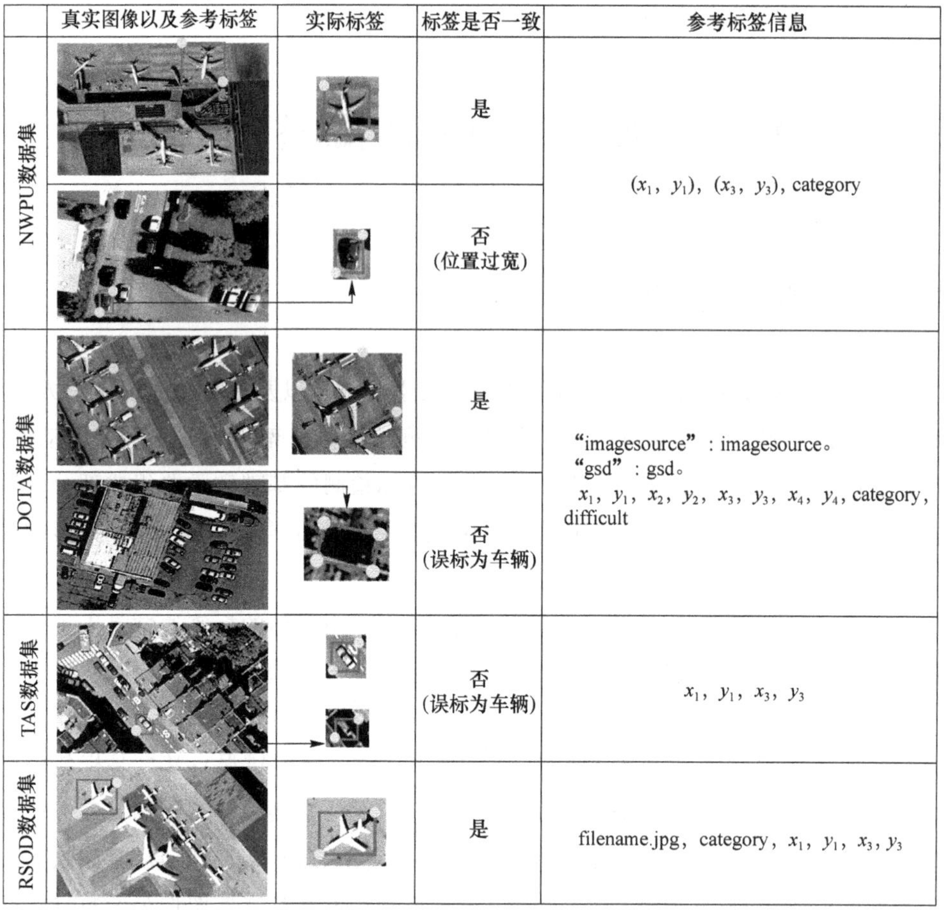

	真实图像以及参考标签	实际标签	标签是否一致	参考标签信息
NWPU数据集			是	(x_1, y_1), (x_3, y_3), category
			否 (位置过宽)	
DOTA数据集			是	"imagesource": imagesource。 "gsd": gsd。 $x_1, y_1, x_2, y_2, x_3, y_3, x_4, y_4$, category, difficult
			否 (误标为车辆)	
TAS数据集			否 (误标为车辆)	x_1, y_1, x_3, y_3
RSOD数据集			是	filename.jpg, category, x_1, y_1, x_3, y_3

图 2.3 光学遥感图像目标标签错误情况下目标标签可能存在的表示形式

(1) AdaBoost

在深度学习兴起前,AdaBoost 被广泛用于光学遥感图像目标检测[132-134]。作为前向分步加法算法的典型案例,该方法对含标签错误的样本或噪声较为敏感,原因可归结为两点。① AdaBoost 采用指数型损失函数,其训练过程通过前向分步迭代为组合分类器逐次添加加权弱模型,目标是贪婪最小化训练数据上的指数损失。这种损失函数的特性使得模型对分类误差的惩罚呈指数级增长,放大了标签噪声的影响。② AdaBoost 通过样本权重调整机制,迫使后续迭代聚焦于前序误分的难样本,但异常样本(如标签错误样本)常混杂于难样本中。由于迭代过程依赖难样本的权重而非特征空间的真实分布,错误标签的干扰会随迭代次数增加被逐步放大,导致模型泛化性能显著下降,甚至在极端情况下出现训练不收敛的现象。尽管以弱分类器为基础的提升决策树(BDT)[135]在多个领域表现优异,但其仍无法有效解决标签错误样本引发的性能退化问题。

（2）深度神经网络

深度神经网络是目前光学遥感目标检测的主流方法。第5届国际学习表征大会(The International Conference on Learning Representations,ICLR)的最佳论文"Deep Learning Requires Rethinking Generalization"[136]中指出,强大的深度模型可以很容易地拟合完全随机的像素(如高斯噪声),实现极低的训练误差。然而,当训练图像的标签部分损坏时(即标签错误样本),深度模型的测试误差会随着损坏程度的增加而持续恶化。换句话说,深度模型能够捕获数据中的剩余信号(即正确标签对应的真实特征),同时使用过参数化强行拟合标签错误的样本,但这种拟合方式会导致模型将噪声误认为有效信号,最终加剧泛化性能的恶化。

综上所述,尽管复杂机器学习方法在各种应用中都表现出了强大的分类性能,但基于数据驱动的方法中,训练样本的质量直接影响模型的检测性能。现有目标清洗的方法通常又称为异常检测或离群点移除,大致分为五种,分别是基于距离的方法[137-139]、基于密度的方法[140]、基于统计学的方法[141]、基于聚类的方法[142]和基于学习的方法[143]。

（1）基于距离的方法

基于距离的方法采用基于相似性/距离度量的策略[137]来应对不断增加的维度。例如统计[138]或几何度量[139],通过用户定义的阈值来隔离标签错误样本。基于距离的方法不需要假设任何基础数据分布,但该方法过度依赖于特定数据,对新的数据集只能重新建立距离方法。

（2）基于密度的方法

基于密度的方法可直接计算目标的密度[140],尤其适用于目标之间存在邻近性度量刻画关联的任务。此类方法通常基于邻近度定义密度,并假设标签错误样本多位于低密度区域。

（3）基于统计学的方法

基于统计学的方法使用预定义的分布[141]模拟真实目标数据,不满足该分布的目标数据则为标签错误样本。该方法的弊端是：需要手动设置大量的参数；标签准确样本和标签错误样本之间的界限往往不明确；在高维空间中不能很好地工作。

（4）基于聚类的方法

聚类可以创建数据的模型,而标签错误样本的存在可以扭曲、破坏该模型。一个标签错误样本可以用基于聚类的方法[142]检测并移除的判断依据是,该目标不强属于任何簇,或者说是属于被丢弃、远离其他簇的小簇。有些基于聚类的方法(如

K均值[142])的时间和空间复杂度是线性或接近线性的,可能对标签错误样本的检测有效,但难点在于聚类簇个数的选择,不同簇个数下产生的结果或效果完全不一样,个数小时会导致标签错误样本的误判,而且每种聚类模型只适合特定的数据类型。

(5) 基于学习的方法

基于学习的方法从目标分类/检测任务出发,借助于机器学习方法(尤其是深度学习)实现标签错误样本的检测与移除[143]。与传统方法相比,这种方法相对不易受到维度灾难的影响。

综上所述,上述五种清洗方法均独立于后续的特征设计或者是分类器的学习,而对于不同的数据库、不同的目标类型,需采用不同的清洗方法,因此,对于标签错误样本的判断千差万别,导致模型的泛化能力弱,且无法构成端对端。

2.3.3 标签单一问题分析

现有的公开数据集大多是通过多平台和不同分辨率多传感器获取,如谷歌地球,这些数据之间不可避免地会存在视角、尺度等信息的偏差。为了提高数据的多样性和准确性,数据集中图像的判读都由专家挑选,并记录下精确的地理坐标,确保没有重复的图像。目录类别也是由专家根据目标物体的普遍性和在现实世界中的价值来挑选的。

图 2.4 给出了现有公开数据集中目标的标注情况。早期遥感图像使用水平边界框(Horizontal Bounding Boxes,HBB)来表示目标的位置信息,具体的表示形式为 $(x_{\min}, y_{\min}, x_{\max}, y_{\max})$。以这种方式标记的边界框不能精确或紧凑地贴合目标的轮廓,适用于方向变化小且排列较稀疏的目标。当目标密集排列时,两个目标的水平边界框之间的重叠较大,如图 2.5(a) 所示。为了避免以上问题,定向边界框(Oriented Bounding Boxes,OBB)的标注方法被提出,主要有两种。一种如图 2.5(b)所示,使用旋转正矩形表示旋转边界框,带有新引入的角度信息,一般使用目标的中心坐标 (x, y)、宽 w、高 h 以及角度 θ 这五个参数进行描述,称为五参数表示法。另一种如图 2.5(c)所示,在标注旋转边界框时将其看作任意凸四边形,而非标准正矩形,使用 $(x_1, y_1, x_2, y_2, x_3, y_3, x_4, y_4)$ 表示,这种方法一般采用任意凸四边形的四顶点坐标标记,称为八参数表示法。这两种方法在对旋转边界框建模表征时,五参数法通常使用直接拟合角度信息的方式得到旋转边界框,有代表性的算法有 ROI Transformer[144]、SCRDet(Small, Cluttered and Rotated Objects Detection Network)[145]、R3Det(Refined Single-Stage Rotation Detector)[146]等;八参数法一

般会选择借助最小外界正矩形框对旋转边界框进行间接预测,而后得到最终定位信息,有代表性的算法有 Gliding Vertex[147]、Oriented R-CNN[148]等。为了区分目标的复杂度,标签中还明确标出目标检测的难易程度,用数字 1 代表难,数字 0 代表易。

彩图 2.4

数据集	真实图像以及参考标签	实际标签	标签是否一致	参考标签信息
NWPU数据集			是	$(x_1, y_1), (x_3, y_3)$, category
NWPU数据集			是	$(x_1, y_1), (x_3, y_3)$, category
DOTA数据集			是	"imagesource": imagesource。 "gsd": gsd。 $x_1, y_1, x_2, y_2, x_3, y_3, x_4, y_4$, category, difficult
DOTA数据集			是	"imagesource": imagesource。 "gsd": gsd。 $x_1, y_1, x_2, y_2, x_3, y_3, x_4, y_4$, category, difficult
TAS数据集			是	x_1, y_1, x_3, y_3
RSOD数据集			是	filename.jpg, category, x_1, y_1, x_3, y_3

图 2.4 光学遥感图像目标标签单一情况下目标标签的表示形式

(a) 水平边界框

(b) 五参数法旋转边界框

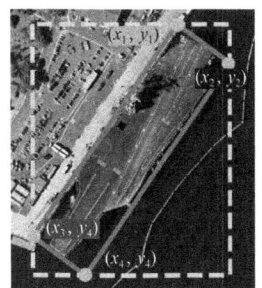

(c) 八参数法旋转边界框

图 2.5 旋转边界框标注方式

此外,旋转目标的角度周期性变化会存在歧义预测问题,在角度的度量中,0°与360°是等价的,这种周期性会在机器学习模型中造成混淆,尤其是在角度预测的回归任务中。图2.6给出了角度周期性变化的歧义预测问题示意图,图中两个矩形框的角度分别为1.4°和175.3°,两个框拥有相同的中心坐标和长宽,这两个矩形框在视觉上是近乎一致的,但是角度数值差距却是非常大的。

彩图2.5

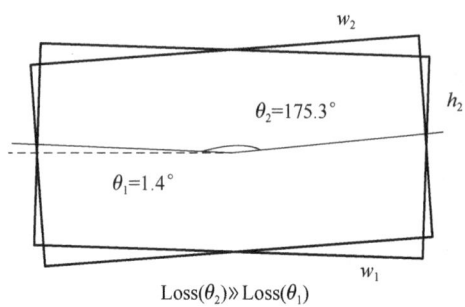

图2.6 角度周期性变化的歧义预测问题示意图

上述三种标注方式均不可以直接表征光学遥感图像目标的背景复杂度、尺度方向多样性等,需要结合鲁棒的目标特征设计,从根本上提升目标的检测性能。下面将详细讨论现有的目标检测方法中对目标尺度和方向多样性问题的研究。

1. 尺度多样性

通常情况下,"俯视视角"获取的光学遥感图像,其拍摄高度可以从几百米到几万米,这导致不同类物体和同类物体之间存在较大的尺度变化。例如,在图2.7中,飞机目标类内差异很大,舰船、储油罐、飞机三类目标的尺寸差异也很大。对该问题的现有解决方法大致分为三种,分别是基于图像金字塔、基于多尺度特征图和基于扩张/可变形(Dilated/ Deformable)卷积核。

彩图2.7

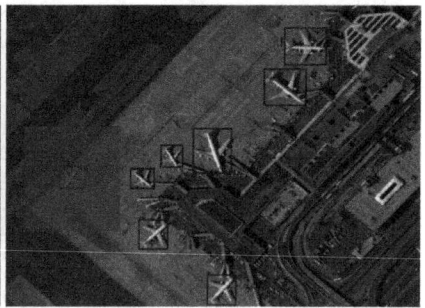

图2.7 基于图像金字塔的目标检测的示例图

(1) 基于图像金字塔

基于图像金字塔是一种典型的多尺度图像分析方法,通过由粗到细或由细到粗地在分辨率上对原始图像进行采样,实现多尺度目标检测,曾被应用于基于手动特征提取的机器学习光学遥感图像目标检测。例如,Zhang 等[36]通过该方法实现光学遥感图像飞机检测。Moranduzzo 等[37]通过构建高斯金字塔,实现无人机图像多尺度车辆目标检测。Wang 等[149]通过对极坐标上不同径向环路之间的采样,实现航空图像飞机和车辆目标检测。为了降低漏检率,该方法往往需要对图像进行密集采样,导致时间成本较高,且存在冗余计算。图 2.8 给出了基于图像金字塔的目标检测的示意图。

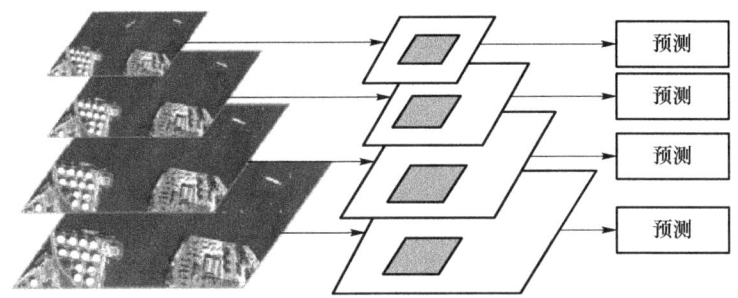

图 2.8 基于图像金字塔的目标检测的示例图

(2) 基于多尺度特征图

经典的深度学习方法在目标检测中仅利用最高层卷积特征图,通过固定大小的滑动窗口执行检测(如图 2.9(a)所示),这会导致目标的尺度多样性和固定滤波器感受野之间产生不一致,不可避免地造成小目标的漏检。为了解决以上问题,可使用不同尺寸的滤波器在单一卷积层的输出来做分类和位置回归(如图 2.9(b)所示);同时使用不同尺寸的滤波器在多个卷积层的输出来做分类和位置回归(如图 2.9(c)所示)。其中,上述第二种方法是现阶段基于深度神经网络的光学遥感图像目标检测算法中,诠释大范围尺度变化最优的方法,如 SSD[102]和 MS-CNN(Multi-Scale Convolutional Neutral Networks)[150]。

(3) 基于扩张/可变形(Dilated/Deformable)卷积核

现有的网络架构对于物体几何形变的适应能力几乎完全来自数据本身所具有的多样性,其模型内部并不具有适应几何形变的机制。其根本原因在于,卷积操作本身具有固定的几何结构,由其层叠搭建而成的卷积网络的几何结构也是固定的,导致网络无法对几何形变进行建模。针对该问题,图 2.10 和图 2.11 给出了两种不同

彩图 2.9

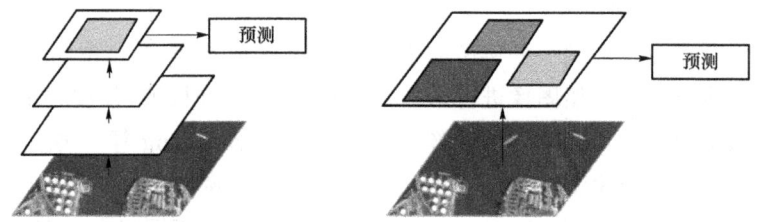

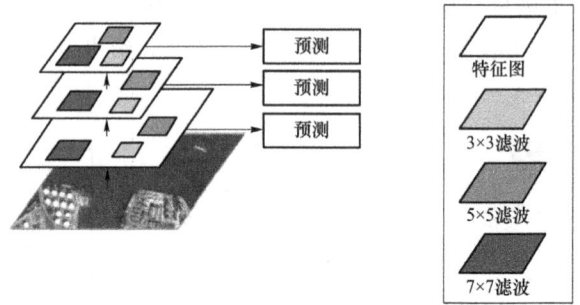

(a) 在顶层特征图上使用单一尺寸滤波器进行预测　(b) 在单一特征图上使用多尺寸滤波器进行预测

(c) 在多个特征图上使用多尺寸的滤波器进行预测

图 2.9　几种不同的多尺度检测策略

的解决方法:可变形卷积网络(Deformable Convolutional Networks,DCN)和扩张卷积(Dilated Convolution,DC)。

微软亚洲研究院视觉计算组 2017 年首次在卷积神经网络中引入空间几何形变,提出可变形卷积网络[151],之后,将其推广到光学遥感图像目标检测中[152],并在 NWPU VHR-10、UCAS-AOD 和 DOTA 数据集上验证了方法的有效性。图 2.10 给出了 3×3 可变形模版卷积示意图。

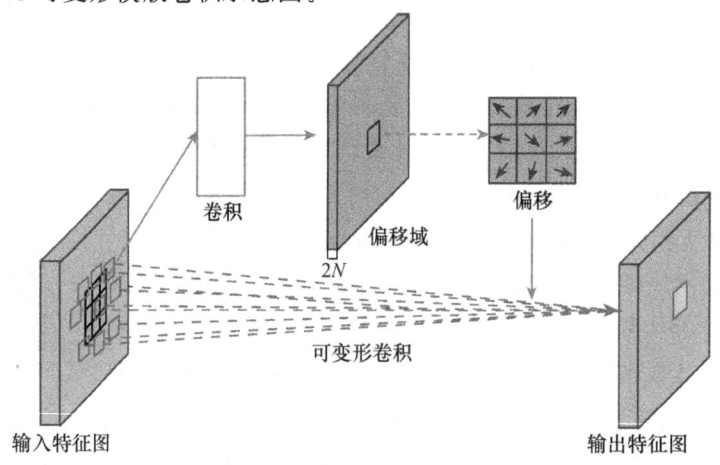

图 2.10　可变形模版卷积示意图

扩张卷积的概念[153]是在2016年被提出的,并成功应用于语义分割中。该方法指出系统性扩张支持感受野的指数扩张,且不会损失分辨率或覆盖范围。而后,该方法被推广到光学遥感图像目标检测中。例如,Wan[154]等移除Faster RCNN网络结构第四层的池化层,并在后续的所有卷积层上使用扩张卷积来增强最终该网络特征图的分辨率,最后,在NWPU WHR-10和TODRS-3数据集上验证了算法的有效性。Chen等[155]在ResNeXt[156]网络架构的基础上,引入扩张卷积滤波器,以获得ResNeXt-d的组合结构,这种组合架构可以在扩大感受野的同时增强模型对小目标的感知,最后,在DOTA数据集上验证了算法的有效性。图2.11给出了不同扩张率下的3×3卷积核示意图。

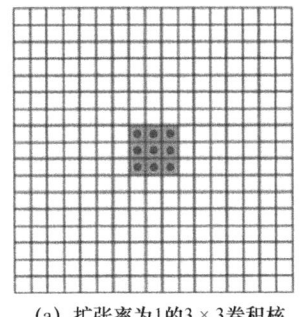 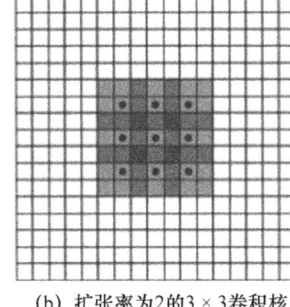 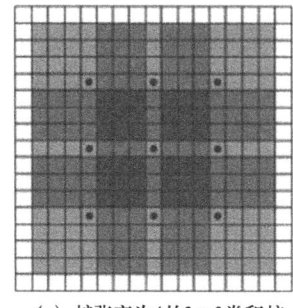

(a) 扩张率为1的3×3卷积核　　(b) 扩张率为2的3×3卷积核　　(c) 扩张率为4的3×3卷积核

图2.11　不同扩张率下的3×3卷积核示意图

2. 方向多样性

光学遥感图像中目标的方向跟目标的实际摆放位置有关,因此,建模目标的旋转不变性是光学遥感图像目标检测中的一个广泛且亟待解决的问题。如图2.7所示,同一场景下,除了目标自身的形状是圆形(如储油罐)之外,飞机、舰船等其他目标的方向差别很大。总结现有的方法,可将解决该问题的方法大致分为两种,分别是基于物理的旋转不变(包括基于姿态归一化[12]和基于学习的方法[157,158])和基于分析[149,159]的旋转不变。

(1) 基于物理的旋转不变

基于物理的旋转不变方法适用于目标位置表示为水平边界框的情况,常用方法是基于姿态归一化或基于学习的方法。姿态归一化是通过调整图像中对象的角度、方向或位置,使得不同图像变换为一固定姿态标准形式的过程。例如,Lowe等[12]提出的SIFT方法通过对齐局部坐标系和主梯度方向来降低模型对方向的敏感度(如图2.12所示)。又如,Cheng等[97]通过在现有CNN架构的基础上增加正则化约束项来构建旋转不变CNN(Rotation Invariant Convolutional Neutral

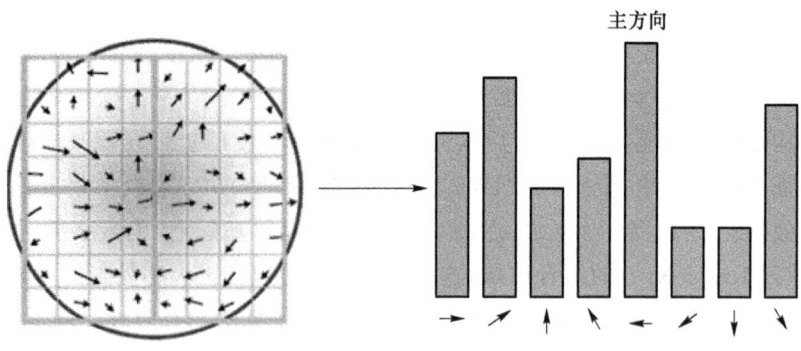

图 2.12 关键点方向直方图

Networks,RICNN),该正则化约束项可以强制旋转之前和之后的训练样本,使两者特征近似相等,以降低 CNN 对目标方向变化的敏感度,最后,在 NWPU VHR-10 数据集上验证了算法的有效性。对于后者,Ozuysal 等[157]提出了随机蕨(Random Ferns),Andrea 等[158]提出了结构化 SVM。

虽然深度学习的爆炸性发展使得基于学习的方法广泛应用于光学遥感图像目标检测中,但深度学习网络中的卷积核对方向敏感,再加上光学遥感领域标注准确的数据集相对匮乏,因此,为了提高模型对目标方向的敏感性并防止模型过拟合,必须对目标训练集进行方向增广。

(2) 基于分析的旋转不变

目前,已有一些工作尝试从理论分析出发,探索鲁棒的旋转不变描述子。例如,Schmidt 等[159]定义了基于特征的旋转不变描述子(Equivariant Histogram of Oriented Features,EHOF),通过 RC-RBM(Rotation Invariant Convolutional Restricted Boltzmann Machines)的学习,将 EHOF 扩展为完全旋转不变的描述子(Invariant Histogram of Oriented Features,IHOF)。Wang 等[149]提出了一种旋转不变矩阵(Rotation Invariant Matrix,RIM),将 RIM 的特征编码成 Fisher 矢量,分层累积 Fisher 矢量用于编码更丰富的空间信息,同时保持旋转不变性。为了进一步避免以上方法的人工离散化,Liu 等[160]将 HOG 视为以角度为自变量的连续函数,借助于极坐标下的傅里叶分析方法,创建从图像到特征空间的连续映射,最终以点特征匹配的方式间接实现卫星图像车辆目标检测。Wu 等[132]受 Liu 的启发,融合物理旋转不变和理论分析旋转不变两种方式,在保留目标空间位置信息的同时提取目标的真正旋转不变特征,最后采用经典的滑动窗口方法实现 NWPU VHR-10 飞机和卫星图像车辆目标检测。图 2.13 给出了两种基于理论分析的旋转不变描述子的简单示例图。其中:图 2.13(a)~(c)是 RIM 算法的 RIM 特征提取;图 2.13(d)~(e)是文献[160]中算法从离散 HOG 到连续 HOG 的示例图。

区别于人工特征设计的机器学习方法,早期基于自动特征学习的深度学习旋转目标检测算法大多都直接通过回归来预测旋转角度。旋转目标检测算法最初通过改进网络结构来适应旋转对象[161,162],一些锚点方法[163]使用旋转锚点而不是水平锚点获取更合适的区域建议,这些方法都从改进区域提议生成方法

彩图 2.13

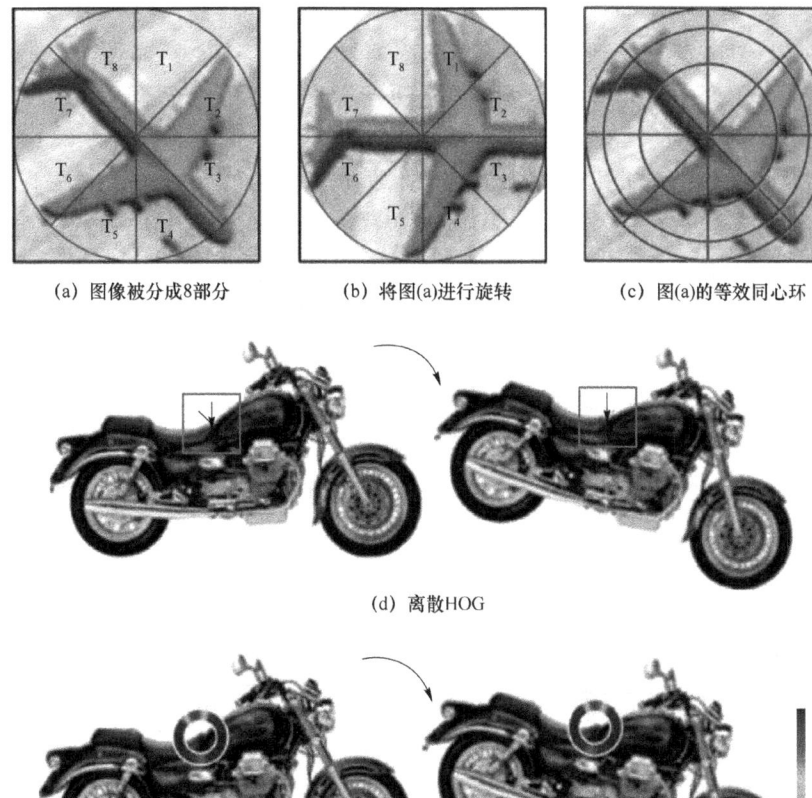

(a) 图像被分成8部分　　(b) 将图(a)进行旋转　　(c) 图(a)的等效同心环

(d) 离散HOG

(e) 图(d)的等效连续分布

图 2.13　两种基于理论分析的旋转不变描述子的简单示例图

开始,以获得质量更高的建议。但是它们可能会因为角度的周期性变化而面临歧义预测。如图 2.6 所示,当对角度值做回归时,角度的损失大小差别很大,这会导致角度损失函数的突然变化,进而影响算法模型对角度的拟合效果。另外,从 0°到 180°的回归范围为角度回归带来了不稳定性,在边界值时的损失函数抖动是非常剧烈的。虽然之前有像交并比平滑的 L1 范数(IoU-Smooth L1)损失[145]和

Modulated 损失[162]的方法,通过向角度回归损失函数中添加一些约束和梯度引导来更好地回归角度数值,在角度拟合回归中尽可能地避免损失突变,但它们并没有对旋转边界框从角度表征的基本方向进行思考。

圆形平滑标签(Circular Smooth Label,CSL)[164]和密集编码标签(Densely Coded Labels,DCL)[165]方法从新的旋转框表征方式出发,跳出固有的采用回归拟合的方法对角度值进行预测,通过将连续的角度信息转换为离散角度编码(Discrete Angular Encoding,DAE),将角度回归问题转换为离散分类问题。CSL 方法通过细粒度角度分类(Fine-grained Angle Classification,FAC)将角度表示为 180 个类别,角度间隔划分为每标签表示 1°,进而实现角度范围从 0°~180°的表示。如图 2.14 所示,CSL 解决了角度在回归预测时的歧义问题,但仍然存在以下问题。首先,CSL 引入了附加的超参数窗口大小来平滑独热编码(One-hot)标签,但这一参数对不同的数据集是敏感的,会影响模型泛化能力。此外,FAC 增加了 CNN 模型的预测层数,影响了模型的效率,给后续的模型轻量化工作带来了额外的开销。在这方面,DCL 通过将二进制编码(Binary-Code)和格雷码(Gray-Code)引入 FAC 中,获取到了稀疏编码标签并减少了检测模型的预测层厚度,改进了 CSL 的方法。但是,对于角度信息的编码错误仍然存在,而 DCL 的编码长度这一超参数是取决于数据集的敏感超参数。除此以外,引入的标签编解码也会同样影响检测模型的推断速度。

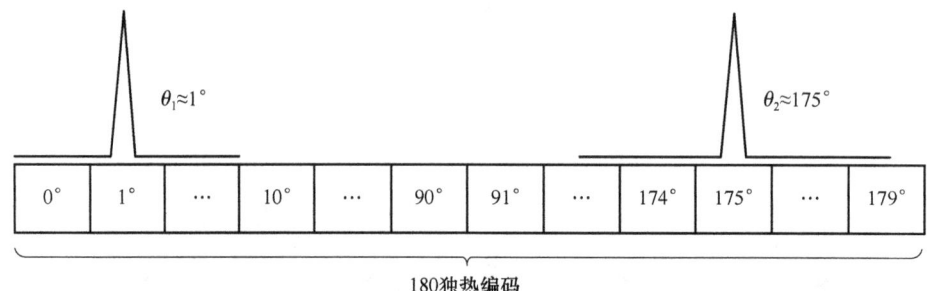

图 2.14　基于分类方法的角度标签编码有着厚重的预测层

随后,基于深度学习的旋转目标检测大多选用五参数法对旋转边界框进行表示,而且对于角度信息,采用直接回归的思路去拟合,但角度值域范围的特殊性和周期性导致在角度回归拟合中存在许多问题,无法更精确地预测角度信息,导致算法模型精度偏低。近年来,一些工作从损失函数出发解决旋转边界框角度回归中遇到的问题,例如 Skew Intersection Over Union(Skew IOU)[163],它针对旋转目标中一些拥大长宽比的物体(如舰船、港口、桥梁等)对角度敏感的目标进行优化。还有一些工作,例如 Gaussian Wasserstein Distance(GWD)[166],将五参数表示方法转换为二维高斯分布表示,并通过设计一种新的距离度量函数来间接回归旋转框。

第 2 章 光学遥感图像目标检测标签问题分析

对于八参数表示法,一个明显存在的问题是,在点对点进行预测时,会出现角点如何对应的歧义问题,需要通过角点排序进行处理与解决,而角点排序是比较难处理的问题;之前的一些工作通过对八参数方式重新建模,从其他角度规避角点排序问题,实现了更好的预测效果,如 Gliding Vertex[147]。可以通过外接正矩形的顶点与任意凸四边形顶点之间的滑动距离这一间接变量来避免角点排序问题,而 RSDet[162] 设计了角点排序算法来实现旋转边界框的预测。

一般来说,五参数方法有两种定义。一种是基于 OpenCV[167] 的 90°角度范围方法,如图 2.15(a)所示,q 定义为从正 x 轴开始逆时针旋转时遇到的第一条边与 x 轴的夹角,角度范围为 $(0°, 90°]$。在这种定义下,旋转边界框的两个边可能会交换,并且角度范围会周期性变化。这两个问题会导致角度在训练过程中损失函数的突变和不连续问题。另一种是基于长边的 180°定义方法,如图 2.15(b)所示,将长边定义为 w,短边定义为 h,角度定义为旋转边界框长边从负 x 轴开始进行逆时针旋转的 x 轴与长边的夹角,角度范围为 $[0°, 180°]$。

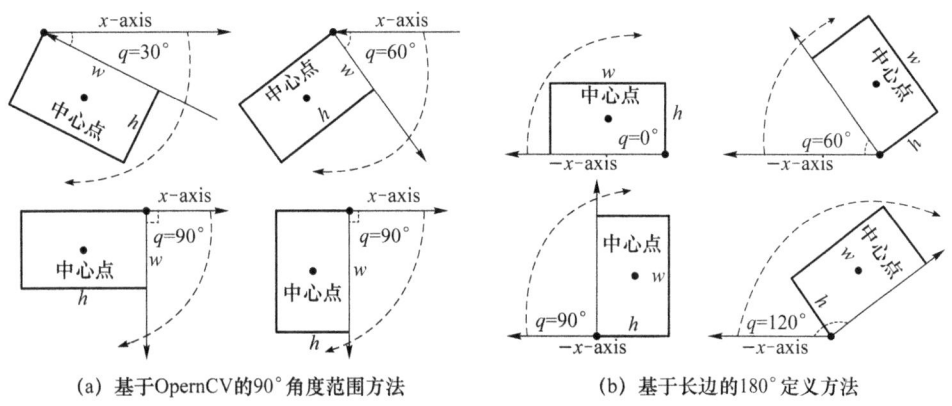

(a) 基于 OperCV 的 90°角度范围方法　　(b) 基于长边的 180°定义方法

图 2.15　两种旋转边界框五参数表示方法

综上所述,基于物理意义上的旋转忽略了目标旋转的内在属性。相比之下,基于分析的旋转不变描述子包含人工量化和连续旋转不变表征两种,其中,五参数法和八参数法作为人工量化的代表,采用回归的思路拟合角度,但角度值域范围的特殊性和周期性导致了歧义预测问题,影响了旋转目标检测的精度。FourierHOG 作为连续旋转不变的代表,可以实现数学上连续的旋转不变特征,但该方法建立在数据集图像中目标的尺度变化小,且训练集和测试集均标记准确的前提下,将目标检测退化为正样本图像的特征点分类,导致模型对于常规基于图像区域的目标检测泛化能力差。

2.3.4 标签缺失问题分析

随着航空航天领域以及传感器的发展,光学遥感图像在数量和质量上呈现爆炸性增长,我们甚至可以通过互联网抓取工具从谷歌地图上获取大量的遥感图像。回顾第 2 章开头提到的内容,光学遥感图像的成像机制使得图像中的物体存在尺度和方向多样性,背景复杂性等特点增加了人工标注的复杂度,使得具有良好标签的数据集相对匮乏,通常只有少量的标签数据可用于训练,甚至全是标签缺失的数据,而且数据量极其庞大。图 2.16 给出了光学遥感图像目标标签缺失情况下目标标签的表示形式。因此,如何通过有效利用这些庞大的标签缺失的数据来提升光学遥感图像目标检测的性能是遥感领域中备受关注的一个问题。

彩图 2.16

	真实图像以及参考标签	实际标签	标签是否一致	参考标签信息
NWPU数据集			—	(x_1, y_1),(x_3, y_3), category
			—	
DOTA数据集			—	"imagesource":imagesource。 "gsd":gsd。 $x_1, y_1, x_2, y_2, x_3, y_3, x_4, y_4$, category, difficult
			—	
TAS数据集			—	x_1, y_1, x_3, y_3
RSOD数据集			—	filename.jpg, category, x_1, y_1, x_3, y_3

图 2.16 光学遥感图像目标标签缺失情况下目标标签的表示形式

第 2 章 光学遥感图像目标检测标签问题分析

在标签缺失的处理中,迁移学习是深度学习方法中的常用方案,其核心流程为:首先在已有标签数据上训练模型,然后使用经过训练生成的检测模型来预测标签缺失数据的标签。图 2.17 给出了标签缺失数据自动标注的一般工作流程图。虚线矩形框代表样本的清洗,可以根据实际情况考虑是否添加该模块以及相应的算法。原则上,它可以结合几乎所有的神经网络模型和训练方法。最后,需要将已有标签数据和新生成的标签数据结合起来作为新的训练样本集。例如,Gibson 等[168]通过指定机器学习模型所需的基本假设,联合标签缺失数据在特征空间中的分布探索其在人类学习上的应用。Lee 等[169]通过在标签缺失样本中选取具有最大预测概率的类构建标签,在少量 MNIST 数据集上验证了方法的有效性。Gustavo 等[170]受扩散激活函数和扩散核的启发,提出基于图的标签生成算法。该方法通过捕获标签准确数据和标签缺失数据共同揭示的内在结构,可在不适定的分类问题(尤其是高维空间和少量有标签数据的场景)中实现良好且稳定的分类准确度。Han 等[171]在训练样本的标签存在部分缺失(即在标签中只包含目标的类别信息)的场景,通过迭代学习生成最终的检测器,并在三个光学遥感目标数据集上验证了算法的有效性。Zhang 等[172]提出了一种基于耦合 CNN 的弱监督飞机目标检测方法。该方法组合候选区域生成网络,以提取基于图像的候选飞机样本。

彩图 2.17

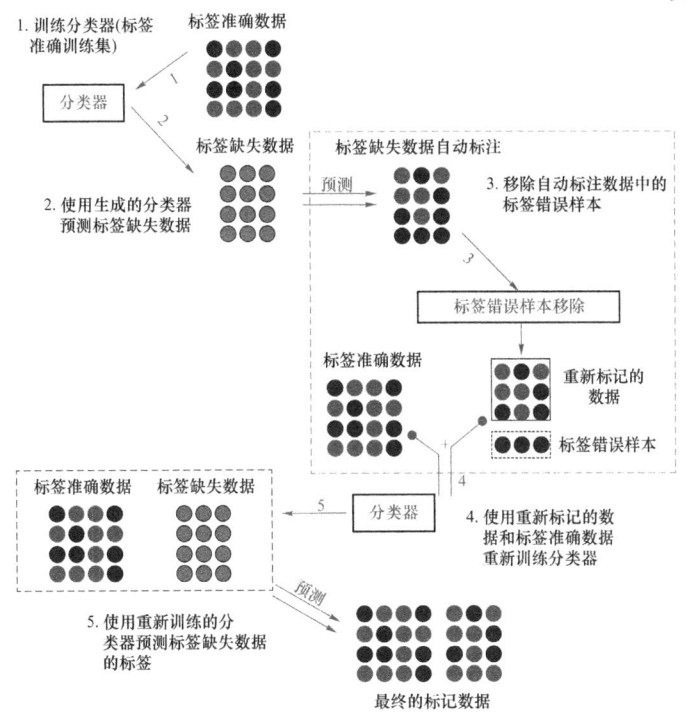

图 2.17 光学遥感图像目标标签缺失情况下目标自动标注的一般工作流程图

综上所述，迁移学习能够有效进行的前提是，已知数据集的特征是相似的、容易泛化的，且同时适用于已知数据集和待测数据集。一旦待测数据集中的目标类型、目标背景等与已知数据集相似度较低或根本不相似，则需根据待测数据集中目标的需求，引入其他辅助的目标自动标注和检测的方法。

本 章 小 结

光学遥感图像目标检测一直是航空和卫星图像分析领域中的重要研究方向。本章首先介绍了光学遥感图像的发展及其图像中典型地物目标（人造目标）的类型及特点；其次通过对光学遥感图像中人工标注目标标签的分析，归纳出三种标签情况，进而引出了弱标签的概念；最后，详细讨论了每种标签情况下目标检测的现有解决方法及其局限性。

第3章
基于伽马混合模型的光学遥感图像目标清洗和检测

3.1 引言

典型的基于数据驱动的目标检测需要借助于大量标注良好的数据集来训练特定的检测器,例如飞机、车辆等。通常情况下,训练集中图像的标签采用人工标注,但由于人们的遥感图像专业知识有限,不可避免地会出现标签错误,降低训练集的质量,从而严重混淆和误导学习算法,产生高偏差和方差的检测器,大幅降低了检测器的泛化性能。为了有效地解决上述问题,本章以集成学习中的 AdaBoost 分类器为例,提出了一种基于伽马混合模型(Gamma Mixture Model,GaMM)的端对端的样本清洗模型,该模型可以无缝地集成到各种机器学习框架(如集成学习和深度神经网络)中,使得两者之间形成一个端对端的闭环系统,在迭代的过程中相互优化,准确地判断并移除训练集中标签错误的样本,提高训练集的质量,从根本上纠正由标签错误样本引起的分类器的偏差和方差。为了进一步验证 GaMM 在光学遥感图像目标检测中的有效性,设计集成鲁棒的浅层特征的抽取与设计,基于 GaMM 的 AdaBoost 分类器以及基于幂律定理的快速特征尺度化,构建了基于伽马混合模型卷积通道特征(GaMM based Convolutional Channel Feature,GaMM-CCF)的光学遥感图像目标检测方法。

3.2　基于伽马混合模型的目标清洗模型

基于 GaMM 的目标清洗模型的目的是最大化训练模型的分类性能,同时尽量降低标签错误样本的误导性影响。给定一个分类器 f,构建以训练样本的损失为因子的集合 Z,经过循环迭代估计 GaMM 的参数,直到满足迭代终止条件 $|\Theta_t - \Theta_{t-1}| < \varepsilon$。最终,通过移除标签错误样本使得新生成的分类器可以聚焦到标签准确的样本。此外,为了避免模型的过度拟合,可使用验证集来评估模型的性能。相比较现有的标签错误样本的检测和移除方法,移除步骤独立于分类器学习,造成标签错误样本的判断在移除方法和随后的学习算法之间不一致。本章提出的基于 GaMM 的目标清洗方法可以紧密集成到分类器中,使得两者之间形成一个端对端的闭环系统,在迭代的过程中相互优化,从根本上纠正由标签错误样本引起的训练分类器的偏差和方差,从而有效地提升模型的分类性能和稳定性。

GaMM 模型由两个伽马(Gamma)分布组成,分别是标签准确样本的概率分布和标签错误样本的概率分布。GaMM 包含几个 Gamma 分布,取决于实际的需求,例如文献[173]中为了实现边缘、非边缘和噪声的分离,将 GaMM 模型设定为三个 Gamma 分布。鉴于本章的动机是分离标签错误样本和标签准确样本,因此,GaMM 模型由两个 Gamma 分布组成。给定训练样本集 $S = \{(\boldsymbol{x}_1, y_1), \cdots, (\boldsymbol{x}_N, y_N)\}$,输入分类器 f 中的样本及其标签分别为 $\boldsymbol{x}_i \in \mathbb{R}^N$ 和 $y_i \in \{1, \cdots, K\}$。每个样本 $\boldsymbol{x}_i$ 的权重 $\boldsymbol{c}_i = f(\boldsymbol{x}_i), \boldsymbol{c}_i \in \mathbb{R}^K$。通常,真实标签准确样本可以很容易地被分类,损失很小,而标签错误样本会混入难分样本中,这些标签错误样本的权重在经过一定数量的迭代后,损失会比难分样本更大。因此,本章使用样本的损失 z_i 来描述分类结果的不确定度,$Z = \{z_1, \cdots, z_N\}, z_i = \mathrm{Loss}(\boldsymbol{c}_1, \cdots, \boldsymbol{c}_K)$。

图 3.1(a)给出了损失 z 的实际分布和两个可能估计分布,即混合高斯模型(GMM)和 GaMM。与 GaMM 相比,GMM[174]广泛应用于聚类、情感分析、对象跟踪等方面。然而,从图 3.1(a)中可以看出,GaMM 可以实现比 GMM 更小的拟合误差。因此,本章将 z 的分布建模为 GaMM 而不是 GMM。假设 z 符合包含两个 Gamma 分布的 GaMM,数学表达式为

彩图 3.1

第 3 章 | 基于伽马混合模型的光学遥感图像目标清洗和检测

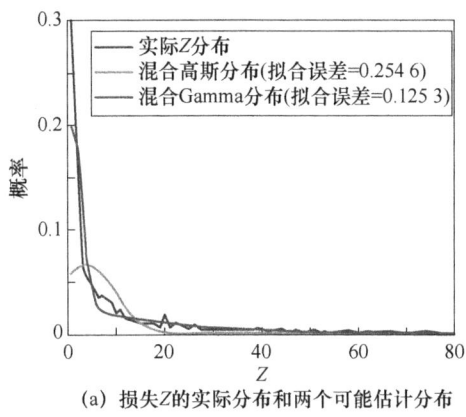

(a) 损失Z的实际分布和两个可能估计分布

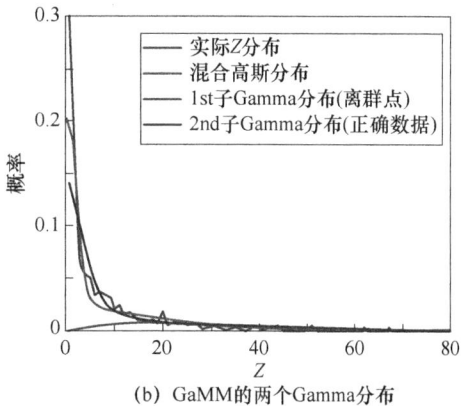

(b) GaMM的两个Gamma分布

图 3.1 损失 Z 的混合估计分布以及两个子分布

$$p(z|\text{outlier} \cup \text{inlier}, \Theta) \approx p(\text{outlier}, \Theta) + p(\text{inlier}, \Theta)$$
$$= \omega_1 \frac{z^{\alpha_1-1}e^{-z/\beta_1}}{\Gamma(\alpha_1)\beta_1^{\alpha_1}} + \omega_2 \frac{z^{\alpha_2-1}e^{-z/\beta_2}}{\Gamma(\alpha_2)\beta_2^{\alpha_2}} \quad (3.1)$$

其中,Θ 表示 GaMM 模型的参数集合 $\{\omega_l,\alpha_l,\beta_l;l=1,2\}$,$\omega_1+\omega_2=1$。$\Theta$ 值的估计是通过期望最大化(Expectation Maximum,EM)算法[173]来实现的(更多细节请参考文献[175])。图 3.2 给出了加入 GaMM 模块后,AdaBoost 分类器的详细工作框架。标签错误样本的移除在每次迭代样本权重更新后执行,迭代次数需根据实际需求调整。由于标签错误样本的损失大于标签准确样本的损失,而前者的数量却远小于后者的数量。本章假设 $\alpha_1\beta_1 > \alpha_2\beta_2$,$p(z|\text{outlier},\Theta)$ 和 $p(z|\text{inlier},\Theta)$ 分别代表 $p(z|l=1,\Theta)$(标签错误样本概率分布)和 $p(z|l=2,\Theta)$(真实样本概率分布),两者的分布被确定后(如图 3.1(b)所示),可通过估计标签错误样本的后验概率来实现训练样本的清洗,进而提高训练样本的质量。

3.2.1 伽马混合模型参数估计

由于传统的极大似然(Maximum Likelihood,ML)无法估计混合模型,本章采用期望最大化(EM)来估计 GaMM 的参数,该算法的收敛性在文献[176]中有严格的理论证明。基于 EM 算法估计 GaMM 参数大致分两步:计算隐藏变量分布(E-step)和最大化目标函数(M-step),也就是期望最大化。假设模型参数在 E-step 中被正确估计,即可计算隐藏变量;M-step 中会通过最大化目标函数 Q 来重新估计这些参数。

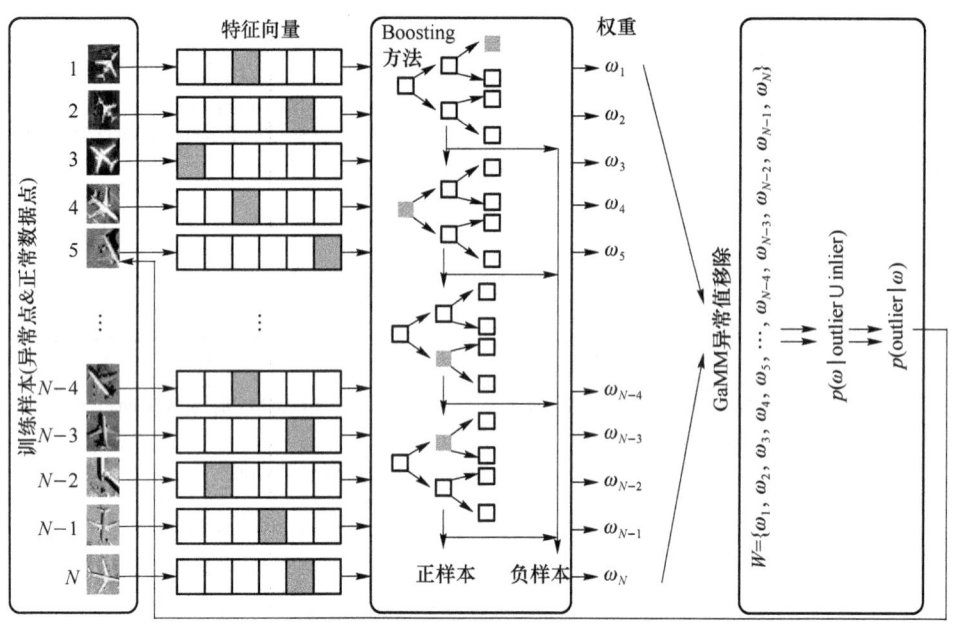

图 3.2　基于伽马混合模型的 AdaBoost 分类器的详细网络架构

$$Q(\Theta_t,\Theta_{t-1})=E[\log(p(z|l,\Theta))|z,\Theta_{t-1}] \tag{3.2}$$

其中，Θ_{t-1} 是当前迭代的参数集，下一次迭代产生的 Θ_t 可通过最大化 Q 来完成，即 $\Theta=\arg\max_\Theta Q(\Theta_t,\Theta_{t-1})$。

考虑到方程(3.2)中的 GaMM 是离散分布，目标函数 Q 可以表示为

$$\begin{aligned}Q(\Theta_t,\Theta_{t-1})=&\sum_l\sum_i\log(\omega_l)p(l\mid z_i,\Theta_{t-1})+\\&\sum_l\sum_i\log(p(z_i\mid\theta_l))p(l\mid z_i,\Theta_{t-1})\end{aligned} \tag{3.3}$$

其中，θ_l 是第 l 个 Gamma 分布的参数。$p(l|z_i,\Theta_{t-1})$ 是第 i 个样本属于第 l 个 Gamma 分布的后验概率。后验概率 $p(l|z_i,\Theta_t)$ 在 E-step 中被确定后，当变量 ω_l 的函数（第一项）和变量为 θ_l 的 Gamma 分布（第二项）同时取最大值时，方程(3.3)中的目标函数将达到最大值。

3.2.2　隐藏变量参数估计

在 $\sum_l\omega_l=1$ 的约束下，引入拉格朗日乘数来构造函数：

$$L(\omega_1,\omega_2)=\sum_l\sum_i\log(\omega_l)p(l\mid z_i,\Theta_{t-1})+\lambda\sum_l\omega_l-1 \tag{3.4}$$

每个 ω_l 的偏导数为

$$\frac{\partial L}{\partial \omega_l} = \sum_i \left(\frac{1}{\omega_l}\right) p(l \mid z_i, \Theta_{t-1}) + \lambda = 0 \quad (3.5)$$

值得注意的是,在 ω_l 的约束下 λ 应该是 $-N$,那么,$\omega_l = \sum_i \dfrac{p(l \mid z_i, \Theta_{t-1})}{N}$。

3.2.3 伽马子分布参数估计

方程(3.3)中的第二项代表 GaMM 分布中的第 l 个 Gamma 分布,其中,$p_l(z_i \mid \theta_l) = \dfrac{z_i^{\alpha_l - 1} e^{-z_i/\beta_l}}{\Gamma(\alpha_l)\beta_l^{\alpha_l}}$ 可以简化为 α_l 和 β_l 的函数,即

$$f(\alpha_l, \beta_l) = \sum_i \{p(l \mid z_i, \Theta_{t-1})[X_1(\alpha_l - 1) - X_2/\beta_l - (\log \Gamma(\alpha_l) + \alpha_l \log(\beta_l))]\}$$

(3.6)

其中,尺度因子 $\sum_i p(l \mid z_i, \Theta_{t-1})$ 是常量,X_1 和 X_2 可以写作

$$X_1 = \frac{\sum_i \log(z_i) p(l \mid z_i, \Theta_{t-1})}{\sum_i p(l \mid z_i, \Theta_{t-1})} \quad (3.7)$$

$$X_2 = \frac{\sum_i z_i p(l \mid z_i, \Theta_{t-1})}{\sum_i p(l \mid z_i, \Theta_{t-1})} \quad (3.8)$$

此时,只需要通过以下偏导数即可计算方程(3.2)方括号中部分的最大值:

$$\frac{\partial f}{\partial \alpha_l} = \left(X_1 - \frac{\partial(\log \Gamma(\alpha_l))}{\partial \alpha_l} - \log \beta_l\right) \quad (3.9)$$

$$\frac{\partial f}{\partial \beta_l} = \frac{1}{\beta_l^2}(X_1 - \alpha_l \beta_l) \quad (3.10)$$

令方程(3.9)和方程(3.10)的值等于 0,可得 $\beta_l = X_2/\alpha_l$。方程(3.9)可以重新写作

$$g(\alpha_l) = \log X_2 - X_1 \quad (3.11)$$

其中,$g(\alpha_l) = \log \alpha_l - \dfrac{\partial(\log \Gamma(\alpha_l))}{\partial \alpha_l}$。

参考统计分析,函数 g 在区间 $(0, \infty)$ 单调下降,因此,方程(3.3)在 $(0, \infty)$ 中有唯一解。但是,$g(\alpha_l)$ 是一个关于 α_l 的超越方程,$\Gamma(\alpha_l)$ 的求解非常困难。Lawless[177] 提出了一个经验公式来求解这个超越方程,得到一个近似解,误差小于

0.000 1。表达式为

$$\tilde{\alpha} = \begin{cases} \dfrac{0.500\,087\,6 + 0.164\,885\,2Y - 0.544\,274Y^2}{Y}, & 0 < Y \leqslant C \\ \dfrac{8.898\,919 + 9.059\,950Y + 0.977\,537\,3Y^2}{17.797\,28Y + 11.968\,477Y^2 + Y^3}, & C < Y \leqslant 17 \end{cases} \quad (3.12)$$

其中，$Y = \log X_2 - X_1$，C 是值为 0.577 2 的常量[178]。将 $\tilde{\alpha}$ 代入方程(3.10)，Gamma 分布的另一个参数 $\tilde{\beta}$ 即可被准确估计。

3.2.4　标签错误样本的后验概率估计

从本章开头可以看到，标签错误样本的概率分布被定义为 $p(\text{outlier}) = p(l=1)$。该分布被确定后，这些样本的后验概率可以直接被估计。根据贝叶斯公式，后验概率可以记作

$$\begin{aligned} p(l=1|z, \Theta) &\propto p(z|l=1, \Theta) p(l=1) \\ &= \frac{\omega_1 z^{\alpha_1 - 1} e^{-z/\beta_1}}{\Gamma(\alpha_1) \beta_1^{\alpha_1}} p(l=1) \end{aligned} \quad (3.13)$$

通常，相对较大和较小的损失值可以分别被认为是标签错误样本和标签准确样本，但是难以量化它们之间的关系。而本章提出的基于 GaMM 的样本清洗模型，通过估计标签错误样本的后验概率，可以从统计理论的角度精确地解释这种不确定现象，准确移除标签错误样本，提升训练样本的质量。

3.3　伽马混合目标清洗模型在不同数据上的例证

3.3.1　伽马混合目标清洗模型在二维数据上的例证

为了验证 GaMM 方法的有效性，本章以集成学习中的 AdaBoost 方法为例进行测试，阐明该方法的有效性和优越性。图 3.3 给出了 GaMM 在 2-d 余弦函数上的可视化简要例证。图中不同颜色的点代表不同的训练样本，红色和蓝色分别代表标签准确的正样本和负样本，品红色代表标签错误的样本。图 3.3(a)～图 3.3(b)代表

彩图 3.3

未加入 GaMM 模块时,AdaBoost 的分类结果;而图 3.3(c)～图 3.3(e)则是加入 GaMM 模块后的分类结果。可以看出,错误样本的存在会误导分类器产生错误的分类边界,而加入 GaMM 模型后,AdaBoost 算法的分类性能会明显提升。

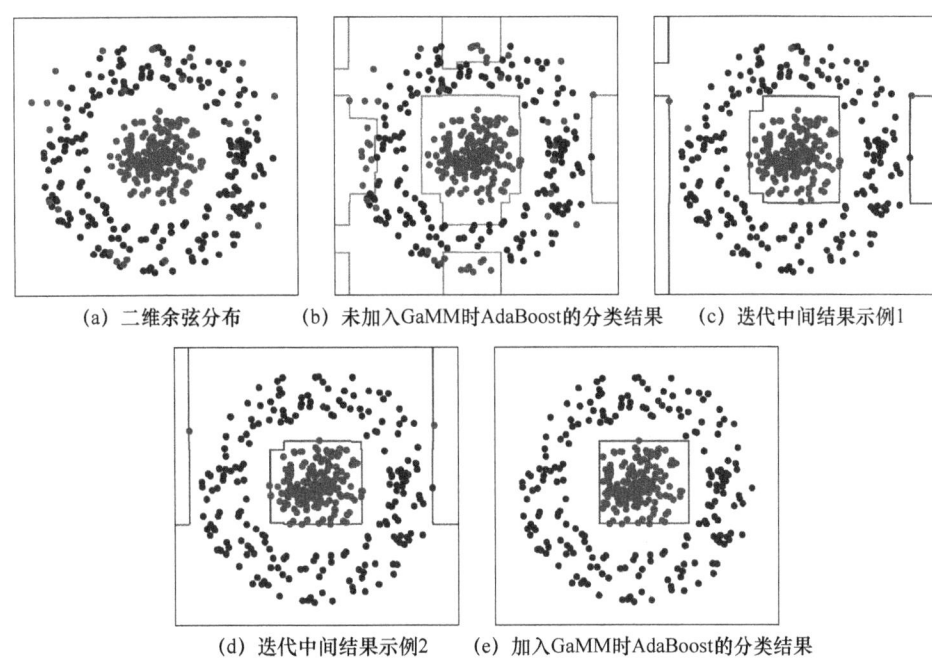

(a) 二维余弦分布　　(b) 未加入GaMM时AdaBoost的分类结果　　(c) 迭代中间结果示例1

(d) 迭代中间结果示例2　　(e) 加入GaMM时AdaBoost的分类结果

图 3.3　基于伽马混合目标清洗模型在 2-d 余弦函数上的可视化例证

3.3.2　伽马混合目标清洗模型在光学遥感图像目标检测上的例证

为了进一步拓展 GaMM 在光学遥感图像目标检测中的应用,本章提出一种基于 GaMM 卷积通道特征的光学遥感图像目标检测框架(GaMM-CCF)。图 3.4 给出了 GaMM-CCF 的简要架构图,主要包括三个部分,分别是鲁棒的浅层卷积通道特征、异常点移除(详见图 3.2)以及快速特征尺度化检测。

彩图 3.4

1. 鲁棒的浅层卷积通道特征

光学遥感图像的成像机制使得图像中的目标往往存在尺度和方向多样性的问题。因此,基于 GaMM 的目标清洗模型成功应用于光学遥感图像目标检测的前提

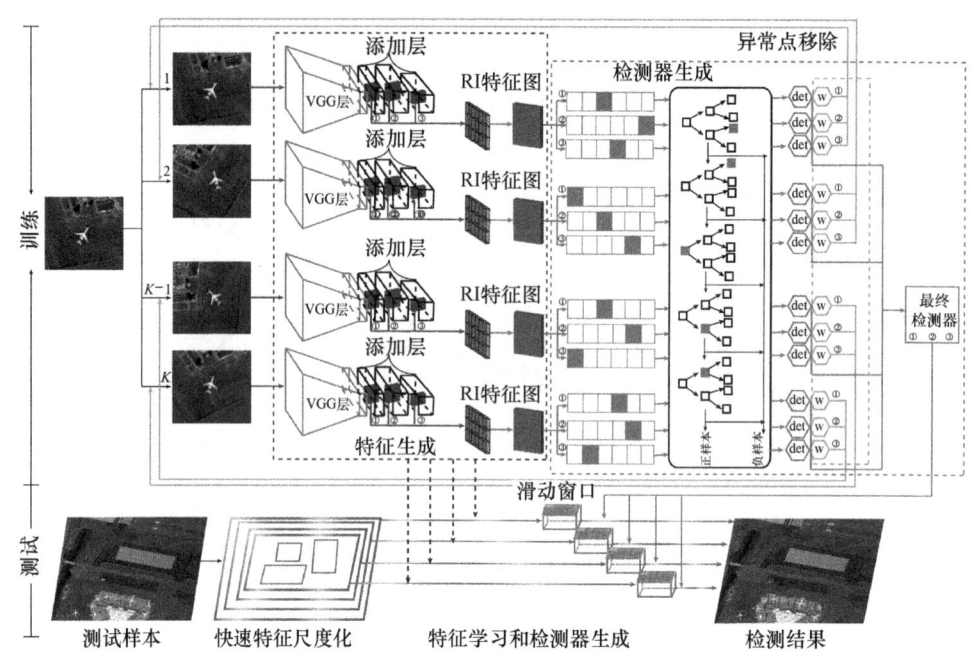

图 3.4 基于 GaMM-CCF 的光学遥感图像目标检测框架的架构

是构建对尺度和方向不敏感的鲁棒特征。过去的几年中,具有强大的特征表示能力和完美拟合能力的深度学习算法的迅速发展,使其成为遥感图像目标检测领域的主流框架。为了避免深度网络烦琐的微调,本章从网络的浅层特征出发,设计适应于光学遥感图像目标的鲁棒特征,包括方向不敏感和尺度不敏感卷积通道特征,然后采用基于 GaMM 目标清洗模型的 AdaBoost 方法,实现目标的分类和定位。该方法具有较小的计算量和较低的存储成本,其超参数的数量远小于深度学习网络。

① 尺度不敏感卷积通道特征。"俯视视角"获取的光学遥感图像中地面的物体呈现大范围的尺度变化,第 2.3.3 节概述了造成该问题的原因及其解决方法。其中,多尺度特征图可以使用低层特征图来检测小尺寸目标,使用高层特征图来检测大尺寸目标。为了保证不同层次特征图送到 AdaBoost 分类器中产生的特征向量维数相等,可采用累计通道特征(ACF)对特征进行后处理。图 3.5 给出了尺度不敏感卷积通道特征的详细架构图。

彩图 3.5

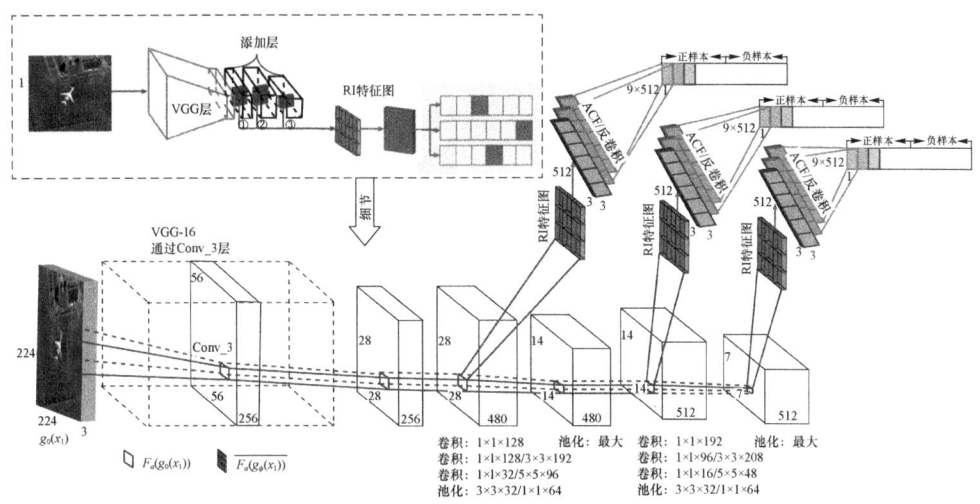

图 3.5　尺度不敏感卷积通道特征的详细架构图

② 方向不敏感卷积通道特征。鉴于深度学习算法中卷积核对目标的方向变化敏感,本章通过将正则化约束项嵌入在集成学习 AdaBoost 分类器的目标函数中,迫使训练样本在旋转前后的特征表示基本一致,从而实现网络对方向不敏感(Direction-Insensitive,DI)。图 3.6 给出了方向不敏感卷积通道特征生成模块的网络架构,数学表达式为

$$RC(X,g_\phi X) = \frac{1}{2N}\sum_{x_i \in X} \| F_a(x_i) - \overline{F_a(g_\phi x_i)} \|_2^2 \qquad (3.14)$$

其中,N 代表初始训练集 X 中训练样本的总数。X 和 $g_\phi X$ 分别代表旋转前和旋转后的样本。理论上,预处理中图像旋转的步长越小,模型对目标方向的变化越鲁棒。然而,当训练集中样本的数量有限时,过多的旋转角度会导致模型过分地关注样本的特性而降低网络的泛化性能。权衡之下,可将实验中旋转角度的范围设置为 $0°$ 到 $180°$,步长设置为 $45°$。$F_a(x_i)$ 代表特定卷积层的特征,$\overline{F_a(g_\phi x_i)}$ 代表训练集中的第 i 个样本经过 K 次旋转后在该层的平均特征,定义为

$$\overline{F_a(g_\phi x_i)} = \frac{1}{K}\sum_{j=1}^{K} F_a(g_\phi x_i) \qquad (3.15)$$

其中,K 值代表第 i 个样本 $x_i \in X$ 经过的 K 次旋转变换。

显然,当式(3.14)取最小值时,该层的特征可以近似为对方向不敏感。为此,新的损失函数定义为

彩图 3.6

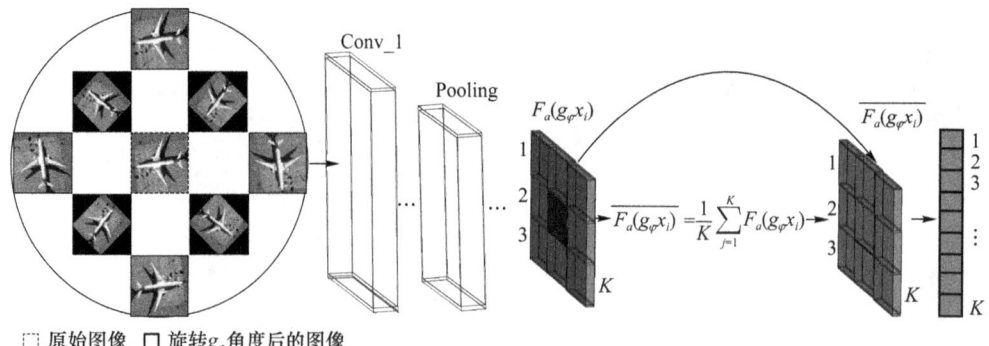

图 3.6 方向不敏感卷积通道特征的详细架构图

$$J(\theta,\varphi,\mathrm{net}_{W_I},B_I)=\min(J_B(\theta,\varphi)+\lambda RC(X,g_\phi X)) \tag{3.16}$$

其中,为了区分 AdaBoost 算法中的权重,网络中的权重记作 net_{W_I},I 代表第 I 个中间层,$\mathrm{net}_{W_I}=\{\mathrm{net}_{\omega_1},\mathrm{net}_{\omega_2},\cdots,\mathrm{net}_{\omega_a}\}$,$B_I=\{b_1,b_2,\cdots,b_a\}$。$J_B(\theta,\varphi)$ 代表原始 AdaBoost 方法的损失函数,该损失函数是指数损失函数的加性模型,可以最大限度地最小化训练样本的分类误差,定义为

$$J_B(\theta,\varphi)=\min_{\theta,\varphi}\sum_{i=1}^{n}\widetilde{\omega}_i\exp(-\theta_\varphi(x_i)y_i) \tag{3.17}$$

其中:φ 和 θ 代表子分类器及其权重;$\widetilde{\omega}_i=\exp(-\widetilde{f}(x_i)y_i)$ 代表当前迭代下强分类器的输出,x_i 和 y_i 分别为第 i 个样本及其对应的标签。

可以看出,式(3.16)定义的目标函数可以最小化分类误差,包括分类器的误差(式(3.16)的第一项)和自动特征生成的误差(式(3.16)的第二项)。本章使用随机梯度下降(Stochastic Gradient Descent,SGD)方法[179]来优化方程(3.16),该方法已被广泛应用于复杂的优化问题,如神经网络的训练。

2. 快速特征尺度化检测

传统的目标多尺度检测通常是采用滑动窗口在精细采样的图像金字塔上进行,时间复杂度高。为了解决以上问题,Dollar 等[180]以自然图像分形统计[181]的概念为理论基础,提出一种快速特征金字塔模型。该模型以八倍频尺度为间隔,通过估计尺度因子 λ 快速生成图像的特征金字塔,如图 3.7 所示,可近似精细采样特征金字塔,且不降低检测精度,在 Inter Core i7-870、8 核计算机上可实现 30fps 的行人检测。快速特征尺度化的数学表达式为

$$P(F,s)\approx\Omega(R(F,s))=R(F,s)\cdot s^{-\kappa_\Omega} \tag{3.18}$$

其中:κ 代表尺度因子;F 代表输入图像的卷积通道特征;$P(F,s)$ 是尺度值为 s 时对

F 重采样的结果。为了进一步提高模型对尺度变化目标的检测性能，本章采用三个不同尺寸的滑动窗口，依次是 3×3、6×3 和 3×6。多尺度卷积通道的选择以及滑动窗口的数量与大小是通过最小化验证集的损失函数来确定的。

彩图 3.7

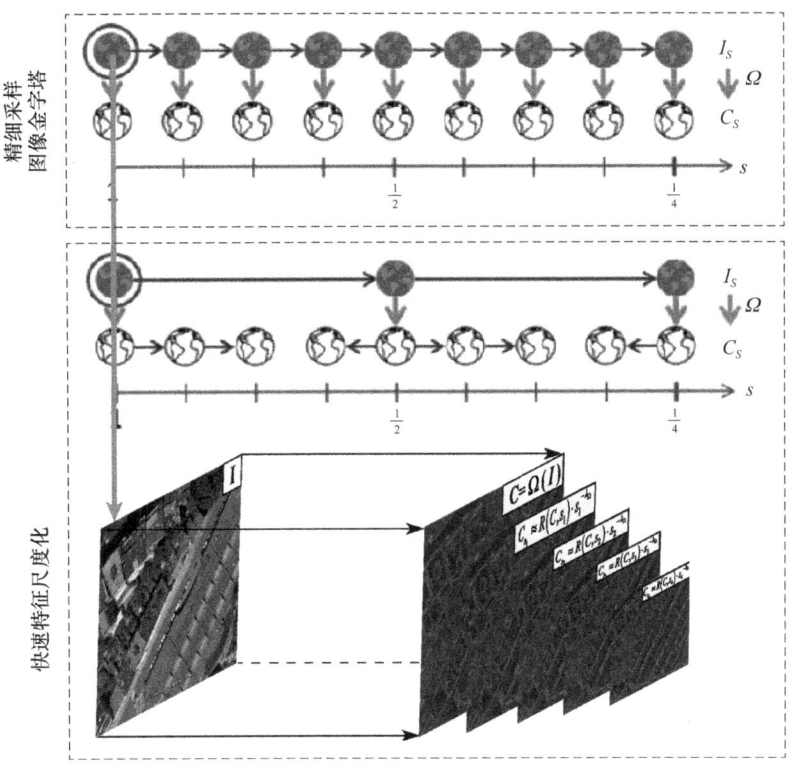

图 3.7 两种不同的特征金字塔构建方法

3. 可视化简要例证

图 3.8 给出了 GaMM-CCF 在光学遥感图像目标检测方法的可视化简要例证。以原始卷积通道特征（CCF）为例，图中的第一行和第二行分别给出了尺度和方向不敏感卷积通道特征的检测结果，可以看出，原始 CCF 方法的检测结果中均存在一定数量的漏检（蓝色）和误检（红色）。相比之下，本章提出的 GaMM-CCF 光学遥感图像目标检测方法对尺度和方向变化目标的检测结果最优。此外，从图中第三行的检测结果中可以看出，复杂背景下，部分车辆样本在原始 CCF 方法下的特征可区分较差，很难与背景分离，容易出现误检和漏检，可能的原因是训

彩图 3.8

练集中车辆样本不完备①,而 GaMM-CCF 方法大幅降低了模型的误检率和漏检率。

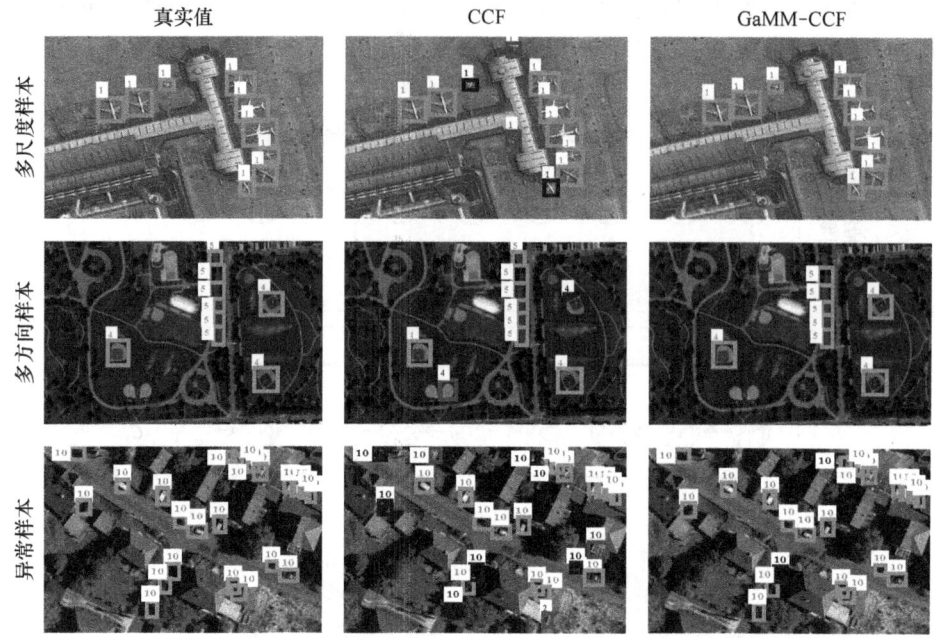

图 3.8 GaMM-CCF 的可视化检测结果比较

3.4 实验数据与设置

3.4.1 实验数据集

为了验证 GaMM 清洗模型在光学遥感图像目标检测中的有效性和优越性,本章将围绕两个公开的光学遥感图像数据集展开讨论,分别是 TAS 航摄车辆数据集②和 NWPU VHR 数据集③。实验中,对不同参数设置下的 GaMM 进行测试,并将其与七种经典的方法进行对比分析。

---

① 这里的不完备指的是样本图像的分辨率较低以及样本标签中包含的信息量不足。
② http://ai.stanford.edu/~gaheitz/Research/TAS/tas.v0.tgz。
③ https://github.com/chaozhong2010/VHR-10_dataset_coco。

1. NWPU VHR 数据集

NWPU VHR 是西北工业大学公开的两组高分辨光学遥感图像数据集,一组是 NWPU VHR-10,另一组是 NUPU VHR-45。其中,NWPU VHR-10 是包含两种采集模式的高分图像数据集:一是从谷歌地图采集的 715 幅空间分辨率为 0.5～2 m 的彩色图像;二是德国摄影测量、遥感和地理信息学会(DGPF)提供的分辨率为 0.08 m 的 Vaihingen 数据中获取的 85 幅全景彩色红外图像[97]。该数据集包含 800 幅图像,这些图像中包含手动标注的 757 架飞机、302 艘船、655 个储油罐、390 个棒球场、524 个网球场、159 个篮球场、163 个田径场、224 个港口、124 座桥梁和 477 辆汽车。然而,有限的训练样本量、复杂的图像背景以及目标尺度和方向的多样性,增加了在 NWPU VHR-10 数据集上检测目标的难度。表 3.1 列出了 NWPU VHR-10 数据集中所有类目标的尺寸。NWPU VHR-45 为遥感场景分类数据集,涵盖 45 个场景类别的 31 500 幅图像,该数据集仅标注场景类别,不包含目标级标签信息。实验中,我们选取 VHR-45 数据集场景类别与 VHR-10 一致的图像,并对图像中的目标进行人工标注,最终用于本章实验的 NWPU VHR 训练集同时包含标签错误样本和标签准确样本。

表 3.1 NWPU VHR-10 数据集中所有类目标的尺寸

类名	最小尺寸/像素	最大尺寸/像素	平均尺寸/像素
飞机	33×33	129×129	81×81
储油罐	34×34	103×103	69×69
舰船	40×40	128×128	84×84
车辆	42×42	91×91	67×67
网球场	45×45	127×127	86×86
棒球场	49×49	179×179	114×114
篮球场	52×52	179×179	116×116
港口	68×68	222×222	145×145
桥梁	98×98	363×363	231×231
地面轨道	192×192	418×418	300×300

2. TAS 航摄车辆数据集

TAS 航摄车辆数据集是 Heitz 等[121]在 2008 年欧洲计算机视觉国际会议(European Conference on Computer Vision,ECCV)上发布的小规模光学遥感车辆数据集,其图像源于谷歌地图。该数据集包含 30 幅尺寸为 792×636 像素的真彩色图像,1 319 个平均尺寸为 45×45 像素的手动标记的车辆目标。由于训练样本有限、图像背景复杂、目标车辆的尺寸较小以及方向多变,目标检测的难度显著增加。实验中,该数据集中的部分样本的标签信息被人为随机进行更改,以验证 GaMM 样本清洗模型的有效性。

3.4.2 数据预处理与实验环境

鉴于本章所使用的两个数据集中训练样本的数量有限,在网络训练之前,首先对训练集中的所有图像进行 0°到 180°且步长为 45°的旋转,以防止模型过拟合。此外,为了提高网络对光照和大气的鲁棒性,对训练图像进行 HSV〔色调(H),饱和度(S),明度(V)〕色彩空间转换。训练集中的负样本是通过随机采样不包含任何待检测目标的同分辨率图像来收集的。

GaMM-CCF 框架中输入图像的尺寸与原始 VGG-16 一致,为 224×224×3 像素,对于数据集中大于该尺寸的图像,自动将其切割为 224×224×3 像素的图像块,并记录目标对角线的坐标。同时,包含同一类目标图像的切割重叠度需大于该类目标的平均尺寸,以防物体分裂。实验中,60% 的场景图像作为训练集,其余的作为测试集。实际应用中,GaMM-CCF 框架允许在一定程度上增加鲁棒浅层特征抽取的深度以及预处理中图像旋转的步长,灵活地提高特征的可区分性和网络的泛化能力。

本章所有的实验均是在操作系统是 Ubuntu 15.04、Intel 单核 i7 CPU、NVIDIA GTX-1070 GPU(4 GB 内存)、32GB RAM 的计算机上,使用 TensorFlow 框架实现的,最终的检测结果是经过五次交叉验证后的平均结果。

3.4.3 实验设置

1. 网络架构选择

表 3.2 和表 3.3 分别列出了 NWPU VHR-10 数据集在三种网络架构下的性能比较和三种网络架构在两个数据集上的性能比较,最优结果以粗体显示。可以看出,AlexNet 运行速度快,但其检测精度较低,而 VGG-16 和 ResNet-34 的性能不相上下。可能的原因是,AlexNet 的卷积核尺寸较大,滤波器的数量和激活函数

的数量较小,网络很难学习到更具区分性的映射函数。鉴于本章的动机是提升模型对包含标签错误样本的训练集的鲁棒性而不是一味地刷新纪录,为简单起见,GaMM-CCF 选用 VGG-16 作为初始特征提取网络架构[①]。

表 3.2 NWPU VHR-10 数据集在三种网络架构下的性能比较

网络架构	NWPU VHR-10									
	棒球场	田径场	篮球场	飞机	舰船	网球场	储油罐	港口	桥梁	车辆
AlexNet	0.752 5	0.798 2	0.562 9	0.521 4	0.672 0	0.479 5	0.513 6	0.608 7	0.596 1	0.590 8
VGG-16	**0.950 7**	**0.970 0**	0.790 0	0.895 7	0.857 1	**0.647 6**	0.625 0	**0.800 2**	0.825 9	**0.762 3**
ResNet-34	0.942 8	0.961 2	**0.852 0**	**0.912 1**	**0.861 0**	0.642 8	**0.661 2**	0.792 6	**0.842 4**	0.742 0

表 3.3 三种网络架构在两个数据集上的性能比较

网络架构	数据集			
	TAS 航摄车辆数据集		NWPU VHR-10 数据集	
	精度	时间/s	平均精度	平均时间/s
AlexNet	0.721 3	**0.560 0**	0.609 5	**0.700 0**
VGG-16	**0.901 9**	0.700 0	0.812 5	0.920 0
ResNet-34	0.889 5	0.730 0	**0.821 0**	0.970 0

2. 参数设置

GaMM-CCF 框架中的参数是通过最大化验证集的检测性能来确定的。除此之外,以下章节对特征图选择和标签错误样本移除的百分比进行了更具体的讨论和分析。

下面介绍网络的优化及其卷积特征层选择。在深度学习算法中,网络深度与参数规模直接影响网络的计算开销。为避免复杂的网络微调并降低计算成本,本章以 VGG-16 网络的 Conv_3 层特征图为起点,重新设计七层附加网络,通过调整网络层数与部分超参,最终利用多尺度浅层特征图实现目标检测。表 3.4 给出了 GaMM-CCF 的网络的八层架构,其中"◁"代表旋转不敏感模块。Inception 模块的加入可以在不损失模型特征表示能力的前提下,尽量减少滤波器的数量,以达到

---

① 深度残差网络(ResNet)已经被证明可以有效地解决深度网络的退化问题,但对于浅层网络,VGG-16、VGG-19 等网络架构和深度残差网络架构的检测性能相近。

降低模型复杂度的目的;1×1卷积核[182]可以在不增加计算量的前提下,扩展网络的深度和宽度,以提高网络的表达能力;激活函数选用整流线性函数(Rectified Linear Unit,ReLU),可以加速梯度下降以及反向传播的速率,避免梯度爆炸和梯度消失问题,简化计算过程。

表 3.4　GaMM-CCF 的详细网络架构

No.	网络层设置	Patch Size/步长	1×1	1×1/3×3	1×1/5×5	3×3/1×1	激活函数	插值方式	输出
0	VGG-16/Conv_3								56×56×256
1	max	2×2/2						valid	28×28×480
2	inception1	Stride=1	128	128/192	32/96	32/64		same	28×28×480
3	relu◁						RELU	valid	14×14×480
4	max	3×3/2						valid	14×14×512
5	inception2	Stride=1	192	96/208	16/48	32/64		same	14×14×512
6	relu◁						RELU	valid	7×7×512
7	max◁	3×3/2						valid	

特征的可区分性直接决定目标检测与分类的性能。理论上,随着网络层数的增加,特征的局部细节表征能力减弱,全局语义抽象能力增强。考虑到光学 RSI 中目标的尺度变化大,为平衡特征表示能力和模型泛化能力,本章选用附加网络中的 3 个中间特征图作为候选浅层特征图。其中,深层特征图分辨率较低,适用于检测尺寸较大的目标,较浅特征图分辨率较高,更适合捕获尺寸较小目标的细节信息。表 3.5 和表 3.6 分别给出了不同特征层融合方式下,GaMM-CCF 在 NWPU VHR-10 数据集和 TAS 航摄车辆数据集下的检测精度,可以看出:在两个数据集单一特征图下,尺度较小的目标(如车辆)在第 3 层特征图的性能最优,尺度较大的目标(如储油罐、网球场)在第 7 层特征图的性能最优;与使用单一特征图的最优精度相比,多层特征融合使 NWPU VHR-10 数据集的平均精度提升约 5 个百分点,而在 TAS 航摄车辆数据集上提升的幅度较小,可能的原因是 TAS 航摄车辆数据集中目标尺度分布较为集中,缺乏跨尺度特征融合的需求。

第 3 章 | 基于伽马混合模型的光学遥感图像目标清洗和检测

表 3.5 GaMM-CCF 不同特征层在 NWPU VHR-10 数据集下的性能比较

No.	棒球场	田径场	篮球场	飞机	舰船	储油罐
3	0.889 0	0.937 8	0.647 9	0.882 0	0.863 0	0.585 0
6	0.901 5	0.955 0	0.689 0	0.887 0	0.843 0	0.562 1
7	0.910 9	0.966 0	0.590 0	0.846 9	0.753 0	0.557 1
3+6	0.918 2	0.962 6	0.615 9	0.890 0	0.798 6	0.618 2
6+7	0.920 0	0.967 8	0.621 6	0.892 1	0.802 9	0.601 9
3+6+7	0.920 7	0.970 0	0.790 0	0.895 7	0.857 1	0.627 6
No.	网球场	港口	桥梁	车辆	平均精度	
3	0.560 8	0.698 7	0.691 5	0.691 2	0.732 7	
6	0.579 0	0.658 9	0.712 3	0.689 0	0.748 6	
7	0.541 2	0.647 9	0.654 7	0.591 9	0.704 1	
3+6	0.612 7	0.795 2	0.790 0	0.712 8	0.771 4	
6+7	0.605 5	0.781 7	0.800 0	0.700 0	0.769 6	
3+6+7	0.625 0	0.800 2	0.825 9	0.742 0	0.814 4	

表 3.6 GaMM-CCF 不同特征层在 TAS 航摄车辆数据集下的性能比较

类名	3	6	7	3+6	6+7	3+6+7
车辆	0.895 1	0.872 0	0.721 6	0.901 1	0.825 9	0.901 9

下面介绍基于 GaMM-CCF 的 AdaBoost 分类器设计。特征图上的目标及其对应的标注是原始图像中的目标及其对应的真实标注在该层特征图的映射，这些特征向量作为正样本数据被送到 AdaBoost 中进行分类器学习。为确保同一类目标之间特征向量的维度一致，需对不同层数上的特征图进行采样或插值。然而，实验中数据集存在标签错误的样本，且由经验确定的 3 个中间层中的样本数据无法保证完全可用。因此，引用基于 GaMM 的异常样本移除模块，并将其紧密集成到 AdaBoost 分类器中，以在实现样本清洗的同时提升模型的检测性能。有关 GaMM 分布的参数估计和收敛速度的详细信息，请参考第 3.2 节以及文献[175]。表 3.7 给出了两种样本清洗模型在不同迭代次数下的性能比较，可以看出，首次迭代移除异常样本后，两个数据集的检测性能均达到最优，且 GaMM 的性能显著优于 GMM。该结论间接证明，当训练样本的数量较小时，不宜设置过多迭代次数，原因在于移除过程中随着迭代次数的增加，真实样本被误删的风险升高，易产生过拟合，进而影响分类器性能，这一现象在 TAS 航摄车辆数据集上尤为明显。

表 3.7 两种样本清洗方法在不同迭代次数下的性能比较

方法	数据集	1	2	3	4	5
GMM	NWPU VHR-10 数据集	0.798 0	0.760 0	0.697 5	0.661 9	0.651 3
	TAS 航摄车辆数据集	0.888 7	0.841 2	0.800 0	0.764 6	0.701 2
GaMM	NWPU VHR-10 数据集	0.804 4	0.750 0	0.700 0	0.689 0	0.642 9
	TAS 航摄车辆数据集	0.901 9	0.821 2	0.780 0	0.725 9	0.692 8

3.5 实验结果与性能分析

3.5.1 对比方法描述

为了进一步评估 GaMM-CCF 框架的检测性能,实验中,将 GaMM-CCF 与以下七种广泛应用的高效算法进行比较。为了保证在算法之间进行公平的比较,对所有方法均采用相同预处理。

① COPD[97]算法是由一系列支持向量机(SVM)分类器组成的。实验中,所有的参数均与文献[97]中的设置保持一致。

② Exemplar-SVM 检测器[183]采用集成模板而不是单一模板来实现目标检测。实验中,对训练集中的每个样本使用一个调整启发式方法,以根据其真实标记的边界框创建一个 8 像素大小的描述子。

③ 快速特征金字塔(ACF)[180]是一种快速目标检测框架,其速度的提升主要在于快速构建特征金字塔上,在 GPU 实现的深度学习网络框架被提出之前,对于 640×480 像素的图像,该框架的检测速度可以达到 32 fps。实验中,通道特征为颜色、梯度幅度和梯度方向。

④ 卷积通道特征(CCF)[184]是一种深度特征下的轻量级网络。实验中,使用 VGG-16 网络生成深度特征。

⑤ 视觉词袋和支持向量机分类器(BOW-SVM)[185]是一种通过将文本转换为"词袋"表示来间接实现目标检测的算法。实验中,将每个图像块表示为由 k 均值算法生成的类似视觉词汇的直方图。

⑥ YOLO1[99]是目前深度学习算法中速度最快的网络架构,该框架采用一个单独的 CNN 模型实现端对端的目标检测。实验中,网络的架构为 darknet-24,包

括24个卷积层和2个全连接层。

⑦ YOLO9000(YOLO2)[103]是YOLO1的升级框架。该框架移除YOLO1的全连接层,使用候选区域预测目标的边界框,实验中,网络架构为拥有19个卷积层的darknet-19。

3.5.2 NWPU VHR 数据集性能分析

图3.9给出了八种不同的方法在NWPU VHR-10数据集下的PR曲线,可以看出,所有算法对三类目标(棒球场、田径场和飞机)的检测精度和召回率都较高,可能的原因是它们的外观、结构和局部语义信息容易与背景区分开。

彩图3.9

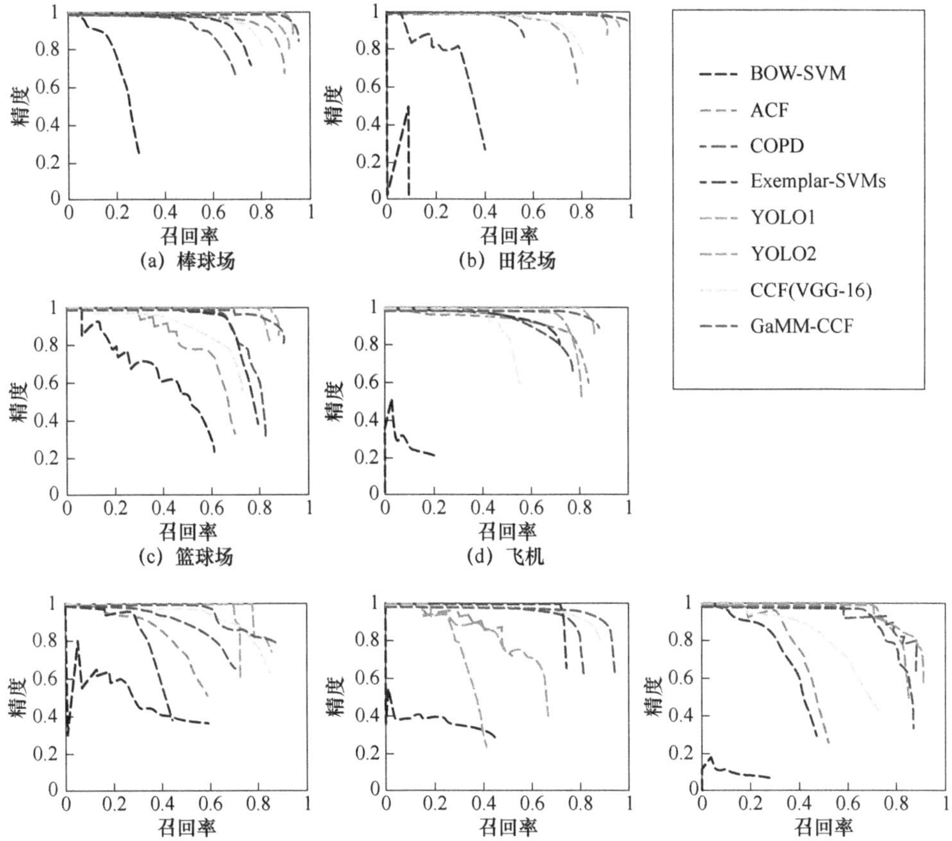

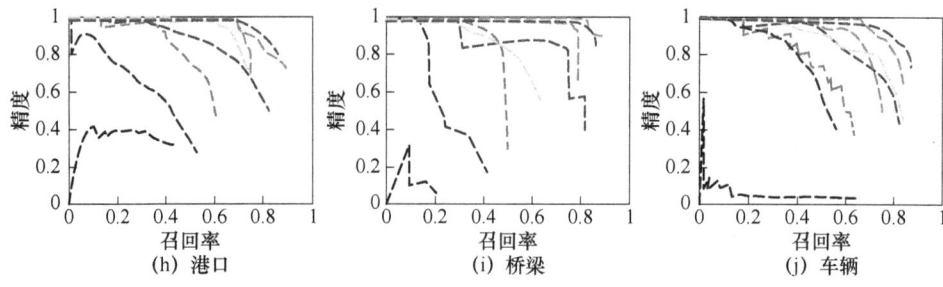

图 3.9 八种方法在 NWPU VHR-10 数据集下的 PR 曲线

表 3.8 给出了八种方法在 NWPU VHR-10 数据集下的量化结果,依次是 AP 值、平均时间以及每个类别的平均精度和平均召回率,最优结果以粗体显示,可以得出以下结论。第一,BOW-SVM 算法的 AP 值最低,可能的原因是 BOW-SVM 将每个图像块表示为由 K 均值方法生成的类似视觉词汇的直方图,忽略了局部特征之间的空间结构,因此,它只能检测具有简单形状的物体,如棒球场、储油罐和船。尽管 Exemplar-SVM 分别为每个类设计了分类器,但梯度直方图(HOG)描述子对目标的方向变化敏感。COPD 算法和 ACF 算法的检测性能也同样受到 HOG 特征表示的局限性。第二,YOLO1 是实时目标检测框架,它对复杂背景下大尺度和方向变化目标的检测泛化能力较差,与 YOLO1 相比,尽管 YOLO2 使用多尺度目标的特征图进行预测,AP 值从 0.658 4 升级到 0.784 6,但对不同宽高比的目标,算法的泛化能力大幅下降。第三,与直接使用 VGG-16 网络的 CCF 相比,GaMM-CCF 的性能有了明显的提升,表明了算法的有效性。其中,多尺度设计特别适用于不规则尺寸目标(如田径场)的光学遥感图像,而旋转不敏感模块可以提升网络对方向变化物体(如飞机、车辆)的鲁棒性。此外,基于 GaMM 模块的嵌入,在提高训练样本质量的同时进一步提升了检测器的性能。虽然 GaMM-CCF 的检测速度无法与 YOLO 系列方法相比,但适用于对精度要求高于速度的光学遥感图像目标检测。

表 3.8 八种方法在 NWPU VHR-10 数据集下的量化结果

方法		COPD	BOW-SVM	Exemplar-SVMs	ACF	YOLO1	YOLO2	CCF	GaMM-CCF
平均精度		0.549 0	0.139 4	0.464 4	0.539 9	0.658 4	0.784 6	0.628 2	**0.812 5**
平均召回率		0.694 3	0.376 2	0.572 6	0.643 3	0.785 4	0.844 9	0.761 9	**0.876 0**
平均时间/s		2.00	3.5	2.4	0.67	0.15	0.12	1.9	0.92
棒球场	P	0.825 9	0.321 5	0.702 3	0.759 2	0.842 8	0.922 1	0.821 5	**0.950 7**
	R	0.788 5	0.292 8	0.698 2	0.900 5	0.913 5	**0.919 8**	0.791 6	0.938 1

续表

方法		COPD	BOW-SVM	Exemplar-SVMs	ACF	YOLO1	YOLO2	CCF	GaMM-CCF
田径场	P	0.852 5	0.021 0	0.253 5	0.732 0	0.872 9	0.965 7	0.800 5	**0.970 0**
	R	0.581 8	0.190 0	0.403 2	0.787 6	0.897 6	0.932 1	0.812 9	**0.976 7**
篮球场	P	0.352 8	0.003 3	0.452 8	0.390 1	0.819 5	**0.843 2**	0.600 0	0.790 0
	R	0.812 0	0.623 1	0.798 0	0.621 2	0.832 0	**0.851 5**	0.776 1	0.818 0
飞机	P	0.623 0	0.090 2	0.838 9	0.647 0	0.599 2	0.866 7	0.720 0	**0.895 7**
	R	0.798 0	0.201 2	0.715 0	0.821 6	0.781 5	**0.853 1**	0.738 0	0.832 1
舰船	P	0.691 0	0.371 2	0.370 0	0.520 7	0.617 5	0.832 9	0.589 1	**0.857 1**
	R	0.712	0.600 0	0.450 0	0.601 5	0.700 2	0.815 8	0.711 1	**0.899 8**
储油罐	P	0.645 9	0.358 7	0.710 2	0.799 0	0.278 6	0.419 8	**0.862 0**	0.647 6
	R	0.798 0	0.426 1	0.730 9	0.488 9	0.498 0	0.642 3	0.891 2	**0.921 0**
网球场	P	0.323 5	0.012 1	0.302 8	0.298 0	0.573 4	**0.640 0**	0.361 0	0.625 0
	R	0.439 0	0.211 7	0.431 0	0.512 0	0.890 0	0.897 1	0.678 0	**0.900 0**
港口	P	0.558 0	0.136 4	0.329 5	0.543 4	0.742 1	0.788 7	0.630 0	**0.800 2**
	R	0.800 1	0.408 9	0.511 1	0.607 7	0.767 5	**0.899 0**	0.788 0	0.811 0
桥梁	P	0.149 6	0.000 4	0.232 8	0.370 0	0.719 5	**0.879 0**	0.455 1	0.825 9
	R	0.412 9	0.200 8	0.400 8	0.457 8	0.786 9	**0.825 9**	0.623 6	0.811 2
车辆	P	0.440 8	0.079 5	0.451 5	0.340 0	0.518 7	0.687 9	0.442 9	**0.762 3**
	R	0.800 8	0.607 8	0.587 5	0.634 5	0.786 7	0.812 1	0.809 1	**0.851 8**

图 3.10 给出了 NWPU VHR 数据库中 10 类目标的检测结果,每个类用不同的颜色标记,黄色矩形框代表错检,红色矩形框代表漏检。可以看出,Vaihingen 红外图像中的部分遮挡下的黑色车辆存在漏检,形似运输车的物体存在错检,可能的原因是部分遮挡的运输车被当作标签错误样本被移除了,同时类内类间样本的特征可区分性还有待提升。另外,彩色舰船图像中的一些形似舰船的障碍物被错检为舰船,可能的原因是低水平特征的可区分程度不够。

彩图 3.10

图 3.10　GaMM-CCF 在 NWPU VHR 数据集下的部分可视化检测结果

3.5.3　TAS 航摄车辆数据集的性能分析

图 3.11 给出了 TAS 航摄车辆数据集上八种不同检测算法的 PR 曲线，表 3.9 对应地列出了各个算法的运行时间以及精度值（P）和召回率（R）。可以看出，BOW-SVM 和 Exemplar-SVMs 仅适用于形状变化相似的车辆，其泛化能力相对较弱。ACF 和 COPD 算法中使用的 HOG 描述子对目标方向变化敏感。尽管 YOLO2 提升了 YOLO1 对尺度和方向变化的鲁棒性，然而，该算法对小目标敏感，图像中的多分辨率和密集排列的车辆也会不可避免地降低该算法的检测性能。CCF 方法的特征来自 VGG-16 网络架构，该方法对光学 RSI 中目标的尺度和方向变化及其标签错误样本敏感，而鲁棒浅层特征和 GaMM 模型嵌入下的 GaMM-CCF 框架可以有效地提升 CCF 方法目标检测的性能。

彩图 3.11

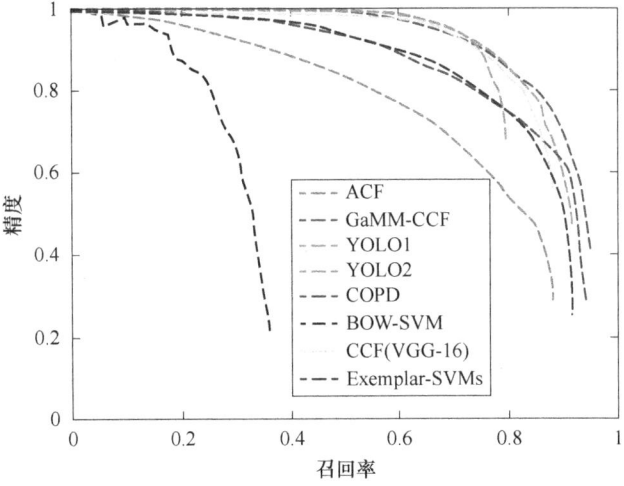

图 3.11　八种方法在 TAS 航摄车辆数据集下的 PR 曲线

表 3.9　八种算法在 TAS 航摄车辆数据集下的量化结果

		COPD	BOW-SVM	Exemplar-SVMs	ACF	YOLO1	YOLO2	CCF	GaMM-CCF
车辆	P	0.8037	0.1538	0.8525	0.7653	0.8516	0.8830	0.8695	**0.9019**
	R	0.9115	0.2920	0.9008	0.8870	0.8090	0.9136	0.8598	**0.9381**
	T	1.5	2.8	1.9	0.45	0.13	**0.1**	1.8	0.7

图 3.12 给出了 GaMM-CCF 在 TAS 航摄车辆数据集下的部分可视化检测结果,其中,绿色、红色和蓝色边框分别代表正确检测、错检和漏检的结果。可以看出,TAS 航摄车辆数据集中被树遮挡的黑色车辆存在漏检,这类目标因与地面特征差异较小而难以区分。为提升模型的泛化性能并增强分类器学习能力,一种直接的解决方法是通过删除"不好"样本(即标签错误样本)来优化训练样本;另一种方法是扩充训练样本中类似样本的数量及其类型。

彩图 3.12

    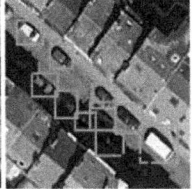

图 3.12　GaMM-CCF 在 TAS 航摄车辆数据集下的部分可视化检测结果

3.5.4 敏感性分析

本章通过分别添加 10~50 dB、10 dB 间隔信噪比（Signal-to-Noise Ratio，SNR）的高斯白噪声到两个数据库的训练数据集上，评估三种代表性算法对噪声的敏感性。图 3.13 给出了 GaMM-CCF 对噪声的敏感性分析，可以看出，随着 SNR 的降低，CCF 的性能急剧下降，比 YOLO2 对噪声更敏感，而 GaMM-CCF 有一个相对稳定的趋势，这间接表明异常样本移除方法的插入可以在一定程度上纠正决策边界。

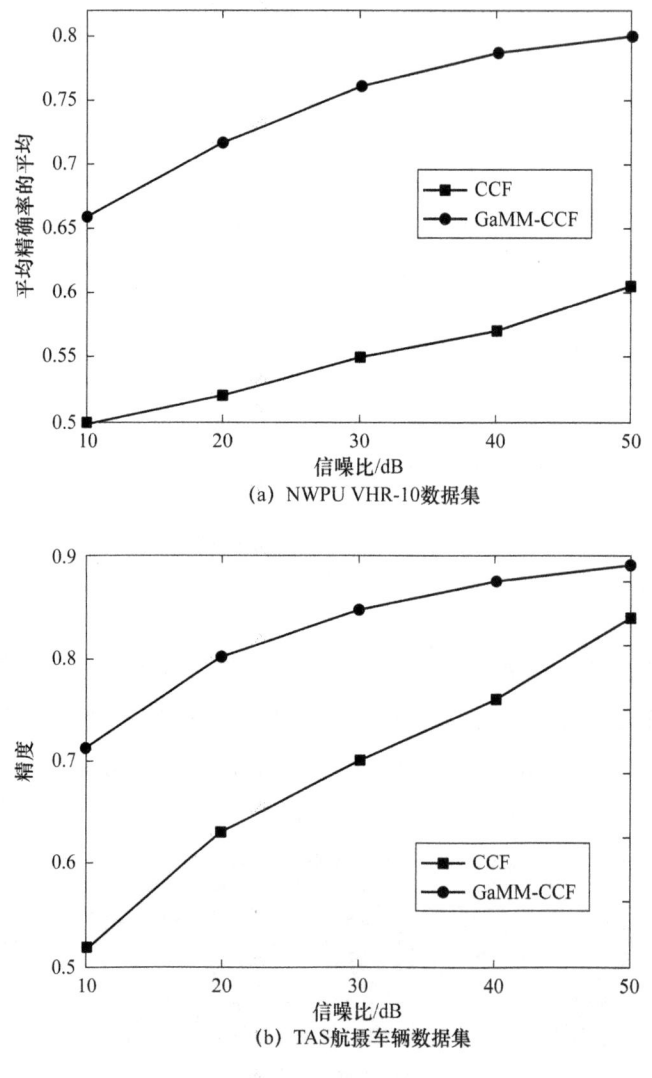

(a) NWPU VHR-10 数据集

(b) TAS 航摄车辆数据集

图 3.13 GaMM-CCF 对噪声的敏感性分析

| 第 3 章 | 基于伽马混合模型的光学遥感图像目标清洗和检测

本 章 小 结

本章针对人工标注产生的标签错误样本可能引起的分类器的偏差和方差,提出一种基于 GaMM 的端对端的目标清洗模型。该模型由标签准确样本和标签错误样本的两个 Gamma 概率分布组成,两者的分布被确定后,可以借助于先验知识,通过估计标签错误样本的后验概率来将其移除,从而提升训练样本的质量。GaMM 清洗模型可以无缝地集成到分类器中,提升模型对标签错误样本和噪声的鲁棒性,保证分类性能和稳定性。为了进一步验证 GaMM 在光学遥感图像目标检测中的有效性,本章提出一种基于 GaMM-CCF 的光学遥感图像目标检测方法,该方法以 VGG-16 网络框架为基础,抽取和设计鲁棒的浅层特征,然后使用基于 GaMM 清洗模型的 AdaBoost 分类器对该特征进行分类。最后,基于幂律定理的检测可以快速生成特征金字塔,在不损失检测性能的同时加快检测速度。两个不同的光学遥感机载数据集上的实验结果验证了 GaMM 清洗模型的有效性及其在光学遥感图像目标检测中的推广应用。

第4章
基于空频联合的光学遥感图像目标鲁棒特征设计和检测

4.1 引　　言

第3章中提到,数据驱动的光学遥感图像目标检测的性能依赖于训练样本的分辨率及其标签信息的准确度,但在目前公开的用于光学遥感图像目标检测的数据集中,准确的标签信息(主要包括目标的位置信息和类别信息)存在单一性,无法直接表征目标因"俯视视角"拍摄的光学遥感图像带来的尺度和方向多样性。现有的主流方法中,对于尺度多样性,主要是在分辨率上对原始图像进行精细采样,实现多尺度目标的检测,该方法计算成本大且速度慢;对于方向多样性,主要是基于姿势归一化或学习的物理意义上的旋转不敏感,比如第2章中介绍的SIFT、随机蕨,但这些方法会不可避免地受到预先设定的旋转角度的限制,对分数旋转角度不鲁棒。为了有效地解决上述问题,本章设计了一种通用且强大的空频域鲁棒特征的光学遥感图像目标检测子(Optical Remote Sensing Imagery Detector,ORSIm Detector)。该检测子致力于在Viola和Jones(VJ)提出的开创性目标检测框架下,经过严格的数学理论推导,设计适用于任意角度旋转的空频域方向鲁棒特征。同时,引入基于幂律定理的快速特征尺度化,在不损失检测精度的同时提升目标的检测速度,最终构建尺度和方向鲁棒的空频域光学遥感图像目标检测方法。

4.2 光学遥感图像目标检测子

与现有的主流方法不同，ORSIm Detector 是一个集成了多域通道特征设计、特征学习、快速特征尺度化的通用的光学遥感图像目标检测方法。图 4.1 给出了 ORSIm Detector 的详细流程图。ORSIm Detector 的第一步是构建空频域联合通道特征(Spatial-frequency Channel Feature，SFCF)。其中，频域通道特征是在傅里叶极坐标下构造的自适应旋转不变通道特征，该特征经过严格的数学理论推导，适用于任意角度的旋转。为了探索多域特征表示能力，可加入笛卡尔坐标下的旋转且平移不变通道特征(例如颜色、梯度幅度最大响应特征)，构建空频域级联的通道特征(SFCF)，在提取真正意义上的旋转不变特征的同时保留目标的空间结构信息。为了精炼 SFCF 特征，可采用特征精炼的方法，例如子空间学习、累积通道特征(Aggregated Channel Features，ACF)对特征进行后处理。这些特征最终被送到由若干深度值为 3 的决策树加权融合成的强分类器中，以实现目标的分类和定位。另外，在检测阶段，可引入基于幂律定理的快速特征金字塔，在不损失检测性能的同时提升多尺度目标检测的速度。

彩图 4.1

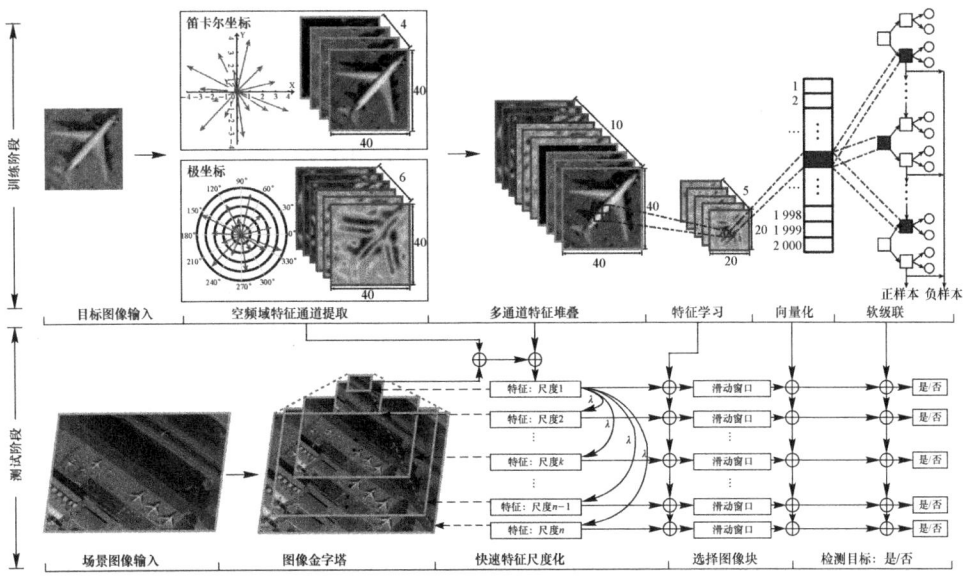

图 4.1 ORSIm Detector 的详细流程图

4.2.1 空频域通道特征

在自然场景的目标检测领域,多通道特征被广泛定义为输入图像在空间域通过线性或非线性变换生成的可区分的特征集合,该技术已成功在行人检测[186]和人脸检测[187]中取得显著成效。近年来,高质量通道特征在光学遥感图像目标检测中的应用不断拓展。例如,Tuermer等[188]利用方向梯度直方图(HOG)[35]作为密集城市场景中机载车辆的定向通道特征,实现遥感图像车辆目标的检测。Zhao等[189]受文献[180]中累积通道特征(ACF)的启发,通过引入颜色通道特征(例如灰度、RGB、HSV和LUV)扩展特征维度,以实现遥感图像中飞行器目标的检测。然而,上述方法普遍存在目标方向敏感导致检测性能下降的问题,为此,很多学者试图设计目标的旋转不变特征,尤其是基于目标的内在旋转属性模拟目标的旋转行为[149],但大多依赖离散空间坐标系下的人工量化操作,导致模型的泛化性能受限。

Liu等[160]从极坐标频域的角度,提出了一个具有严格数学证明的傅里叶梯度方向直方图(FourierHOG)算法。该算法使用连续频域代替离散空间域,通过与经典梯度方向直方图(HOG)特征相结合,构建极坐标上关于方向的张量函数,根据傅里叶变换的卷积性质退化矢量化特征为标量化特征,从而构造出数学上连续的旋转不变描述子。相比之下,传统的HOG及其改进方法只能离散地统计归一化后的局部方格单元上的特征。图4.2给出了两者的简单示意图,其中,左侧是图像的初始HOG,右侧是图像旋转10°后的HOG特征图。两个离散HOG之间的旋转问题可以通过对它们相应的连续谱循环移位10°来完成。此外,FourierHOG还可以自适应地匹配目标任意角度的旋转,尤其是分数角度,从而避免了人工采样梯度方向的烦琐,降低漏检率。但该方法存在两方面的问题。一方面,忽略了特征的多样性。另一方面,如图4.3所示,FourierHOG试图将目标检测中目标的定位问题退化为目标的特征点分类问题,不可避免地降低了模型的泛化能力。

一般情况下,仅使用单域特征进行训练,特征表示能力受限,而空频域联合的特征具有多样性,且可区分能力强。以遥感彩色图像 $I \in \mathbb{R}^{L \times W \times 3}$ 为输入,最终获得的空频域通道特征 SFCF 记作 F_{SFCF},SFCF 特征的实现过程经历了从像素到局部区域的过程,主要包括颜色通道特征(RGB)、一阶梯度幅度(Gradient magnitude,GM)通道特性和旋转不变(Rotation-Invariant,RI)通道特征,定义如下:

彩图4.2

|第 4 章| 基于空频联合的光学遥感图像目标鲁棒特征设计和检测

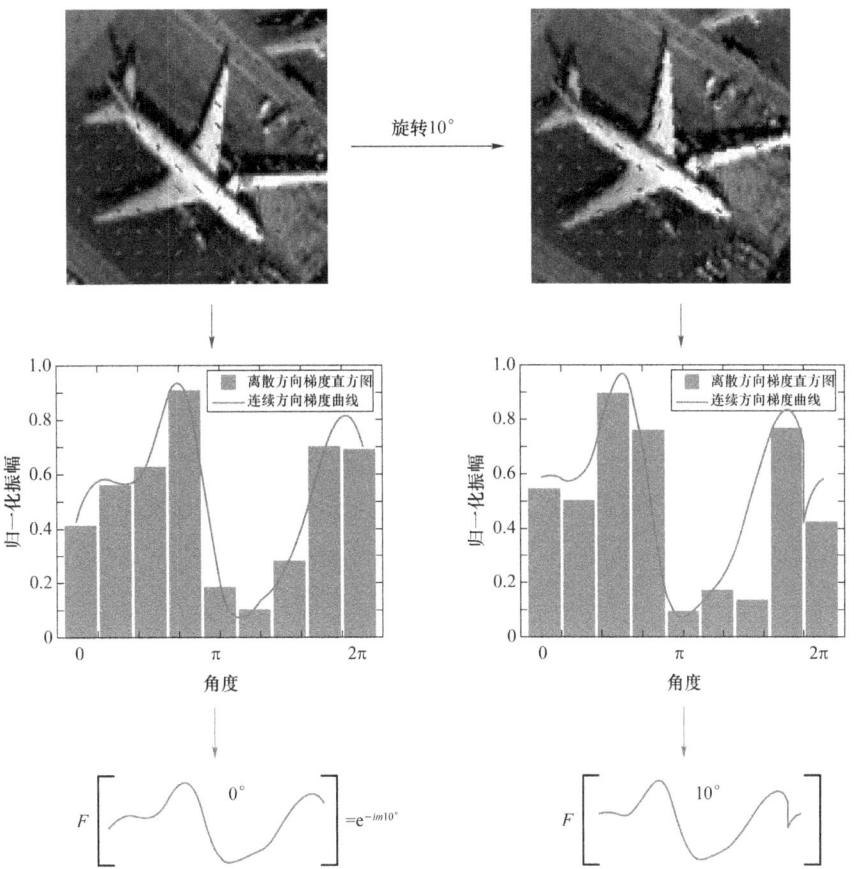

图 4.2　一个 Cell(13×13 像素区域)的离散与连续 HOG 分布函数示意图

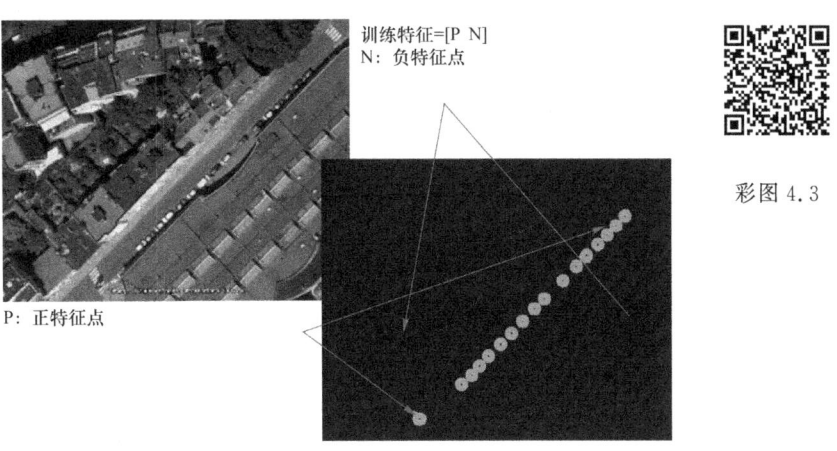

彩图 4.3

图 4.3　基于特征点分类的 FourierHOG 方法

$$F_{\text{SCCF}} := \{\underbrace{\Omega_1(\boldsymbol{I})}_{\mathcal{RGB}}, \underbrace{\Omega_2(\boldsymbol{I})}_{\mathcal{GM}}, \underbrace{\Omega_3(\boldsymbol{I})}_{\mathcal{RI}}\} \tag{4.1}$$

其中,$\{\Omega_i(\boldsymbol{I})\}_{i=1}^{3}$ 代表不同通道的特征。

1. 基于像素的空间域通道特征

本章以颜色通道特征和归一化的最大幅值特征为例,首先构建空间域笛卡尔坐标下的物理旋转不变特征。

在与遥感相关的许多任务中,RGB 信息对颜色敏感的某些物体(例如树、草、土壤等)表现出强大的识别和分类能力,该通道特征可以表示为

$$\Omega_1(\boldsymbol{I}) = [F_R, F_G, F_B] \tag{4.2}$$

其中,F 代表通道特征。归一化的最大幅值响应可以被视为另一个重要的空间域旋转不变通道特征,该通道特征不仅可以锐化物体边缘,还可以突出图像平坦区域中人眼容易忽略的小突变,已经成功用于航空或航天目标检测[188],可以表示为

$$\Omega_2(\boldsymbol{I}) = F_{\text{GM}} \tag{4.3}$$

综上所述,基于像素的空间域通道特征可以提取目标的旋转不变特征,同时保留目标的空间结构信息。然而,该通道特征忽略了目标的旋转内在属性,只保留严格意义上的标量旋转不变。

2. 基于像素的频域通道特征

"俯视拍摄"的遥感图像中的物体具有各种复杂的形变,而方向变化是物体的主要形变之一。为了构建以方向为自变量的函数,首先需要分离物体的方向信息,经典的方法是图像的梯度。设 $\|\boldsymbol{d}\|$ 和 $\theta(\boldsymbol{d})$ 分别表示复数 $\boldsymbol{d} = dx + dy\text{i}$ 的幅度和相位部分,其中,dx 和 dy 是笛卡尔坐标系中像素的水平梯度和垂直梯度。在文献[160]中,傅里叶域的旋转行为 $g(\cdot)$ 可以被建模为相乘或者卷积算子,之后,借助于傅里叶变换的平移性质,可以构建目标的旋转不变特征。因此,傅里叶基 $\psi_k(\varphi) = \text{e}^{\text{i}k\varphi}(k=0,1,\cdots,m)$ 是建模角度部分的最优选择,其中 m 代表傅里叶的阶次。基函数 $[\psi_0, \psi_1, \cdots, \psi_m]$ 是圆上的谐波,称为圆谐波。更具体地说,给定两个极坐标下的 k 阶傅里叶表示(f_{k_p} 和 f_{k_q}),可得到

$$g(f_{k_p} * f_{k_q}) = \text{e}^{-\text{i}(k_p + k_q)\alpha_g}[f_{k_p} * f_{k_q}] \circ \boldsymbol{T}_g \tag{4.4.a}$$

$$g(f_{k_p} f_{k_q}) = \text{e}^{-\text{i}(k_p + k_q)\alpha_g}[f_{k_p} f_{k_q}] \circ \boldsymbol{T}_g \tag{4.4.b}$$

其中,$\boldsymbol{T}_g$ 表示为相对旋转角度为 α_g 的坐标变换。

具体地,给定任何一个像素($\boldsymbol{p}$),其 k 阶傅里叶表示为

|第 4 章| 基于空频联合的光学遥感图像目标鲁棒特征设计和检测

$$f_{k_p} = \langle h, e^{ik_p\varphi} \rangle = \frac{1}{2\pi} \int_0^{2\pi} h(\varphi) e^{-ik_p\varphi}$$
$$= \| \boldsymbol{d}_{k_p} \| e^{-ik_p\theta(\boldsymbol{d}_{k_p})} \tag{4.5}$$

其中,$h(\varphi)$是当前像素的分布函数,它是关于方向的脉冲函数 $\| \boldsymbol{d}_{k_p} \| h(\varphi) := \| \boldsymbol{d}_{k_p} \| \delta(\varphi - \theta(\boldsymbol{d}_{k_p}))$。

当方程(4.5)旋转角度 α_g 时,旋转后的 k 阶傅里叶表示为 $g\boldsymbol{d} := \boldsymbol{R}_g \boldsymbol{d} \circ \boldsymbol{T}_g$ [160],

$$\begin{aligned}gf_{k_p} &= [\| \boldsymbol{R}_g \boldsymbol{d}_{k_p} \| e^{-ik_p\theta(\boldsymbol{R}_g \boldsymbol{d}_{k_p})}] \circ \boldsymbol{T}_g \\ &= [\| \boldsymbol{d}_{k_p} \| e^{-ik_p\alpha_g} e^{-ik_p\theta(\boldsymbol{d}_{k_p})}] \circ \boldsymbol{T}_g \\ &= e^{-ik_p\alpha_g} [f_{k_p} \circ \boldsymbol{T}_g]\end{aligned} \tag{4.6}$$

为实现特征旋转不变性,即 $f_{k_p} = gf_{k_p}$,可通过设计一系列具有旋转一致性行为的滤波器,也就是卷积核 $f_{k_q}(k=1,2,\cdots,m)$,经过方程(4.4)、(4.5)、(4.6)的计算,可得

$$g(f_{k_p} * f_{k_q}) = e^{-i(k_p+k_q)\alpha_g} [f_{k_p} * f_{k_q}] \circ \boldsymbol{T}_g \tag{4.7}$$

此时,只要满足 $k_p + k_q = 0$,就可以得到

$$g(f_{k_p} * f_{k_q}) = [f_{k_p} * f_{k_q}] \circ \boldsymbol{T}_g \tag{4.8}$$

到目前为止,卷积特征可以被视为最终的旋转不变表示。

受上述旋转不变特征的理论推导的启发,本章首先构建基于像素(p)的频域旋转不变特征,包括以下三个部分。

① 对输入图像进行 k 阶傅里叶变换,得到的幅度部分是严格意义上的旋转不变特征,定义为 $F^1_{k_p} = \|\boldsymbol{d}_{k_p}\|(k=0,1,\cdots,m)$。

② 为了使相位部分具有严格旋转不变特征,本章严格执行方程(4.7)和(4.8),生成解析形式的数学上连续的旋转不变特征。具体地,通过构建一系列与原始目标傅里叶特征 $\boldsymbol{I}(f_{k_p})$ 阶次相等的傅里叶基函数,将其与原始目标特征进行相乘或卷积运算。

③ 为了尽可能保证特征的完备性,额外增加相邻两个半径耦合后的特征,该特征兼容幅度特征的同时可以保留目标与背景的相对相位信息[190](更多细节请参考文献[160]),耦合形式如下:$F^3_{k_p} = (f_{k_p} * f_{k_q,r1}) \overline{(f_{k_p} * f_{k_q,r2})} / \| (f_{k_p} * f_{k_q,r1}) \cdot \overline{(f_{k_p} * f_{k_q,r2})} \|$,$k_p \neq -k_q$。$r1$ 和 $r2$ 代表不同半径的卷积核。

因此,基于像素的频域通道特性可以写成以下形式:

$$\Omega_3(\boldsymbol{p}) = [F^1_{0_p}, \cdots, F^1_{k_p}, \cdots, F^2_{0_p}, \cdots, F^2_{k_p}, \cdots, F^3_{0_p}, \cdots, F^3_{k_p}, \cdots] \tag{4.9}$$

最后,并联融合所有基于像素的通道特征:

$$\Omega_3(\boldsymbol{I}) = \{\Omega_3(\boldsymbol{p})\}_{p=1}^{L \times W} \tag{4.10}$$

3. 基于区域的通道特征

基于像素的特征只能描述图像的局部信息,特征表示不完备。为了更好地捕获目标的上下文语义信息,有以下两种方法:一是增加不同半径的频域卷积核 $U_{j,k} = P_j(r)\mathrm{e}^{ik\varphi}$,该卷积核包含三角径向基 $P(r)$ 和傅立叶基函数 $\mathrm{e}^{ik\varphi}$,在实现目标方向的拟合的同时,构建基于区域的频域旋转不变特征;二是增加空间聚合卷积核(K_1)和局部归一化卷积核(K_2),以构建基于区域的空频域通道绝对旋转不变特征。图 4.4 给出了空域和频域的区域卷积核,最终的 SFCF 特征为

$$F_{\mathrm{SFCF}} = [\Omega_1(\boldsymbol{I})_{C_1}, \cdots, \Omega_1(\boldsymbol{I})_{C_j}, \cdots, \Omega_2(\boldsymbol{I})_{C_1}, \cdots,\\ \Omega_2(\boldsymbol{I})_{C_j}, \cdots, \Omega_3(\boldsymbol{I})_{C_1}, \cdots, \Omega_3(\boldsymbol{I})_{C_j}, \cdots]$$

(4.11)

彩图 4.4

其中,$\Omega_i(\boldsymbol{I})_{C_j}$ 为使用第 j 个卷积核的目标区域特征。

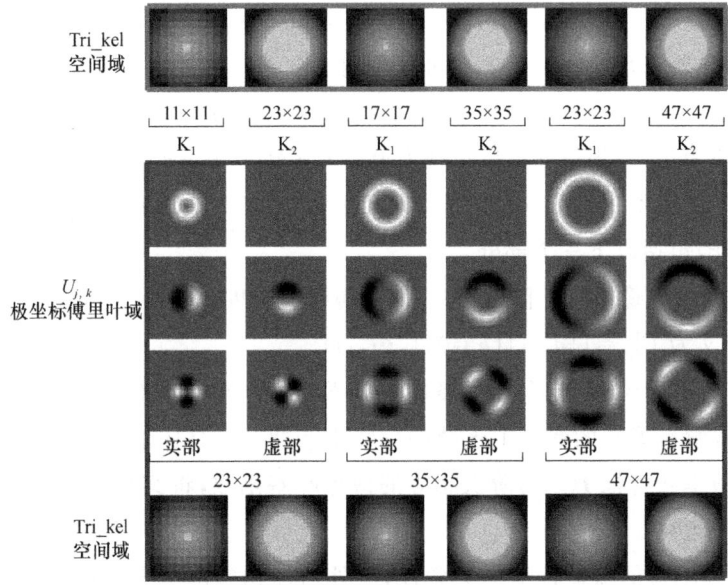

图 4.4 空域和频域的区域卷积核

4.2.2 特征学习与精炼

为了有效地消除两个不同域之间特征表示的不一致,同时提高模型的鲁棒性和特征的判别能力,本章使用以下两种策略学习并精炼空频域通道特征(如图 4.5 所示)。

① 模块1：基于子空间的学习，例如主成分分析（PCA）。进一步学习 SFCF 特征，以降低特征的计算和存储成本，并在一定程度上改善特征的表示能力。

② 模块2：基于池化的精炼，例如，累计通道特征（ACF）。进一步精炼 SFCF 特征，该方法的优点是：通过动态调整支撑区域（Pooling Region）的大小，在不同尺度下捕捉目标细节与上下文信息，增强特征的判别能力。同时，池化操作基于图像局部区域统计特性，确保精炼后的特征与整体图像结构保持一致，避免因尺度变换导致的语义偏差。在降低训练特征维度（减少计算开销）的同时，通过空间感

彩图 4.5

知池化（Spatially-Aware Pooling）保留目标的空间位置信息，解决传统降维方法（如 PCA）导致的空间坐标丢失问题，尤其适用于遥感图像中目标定位的场景。

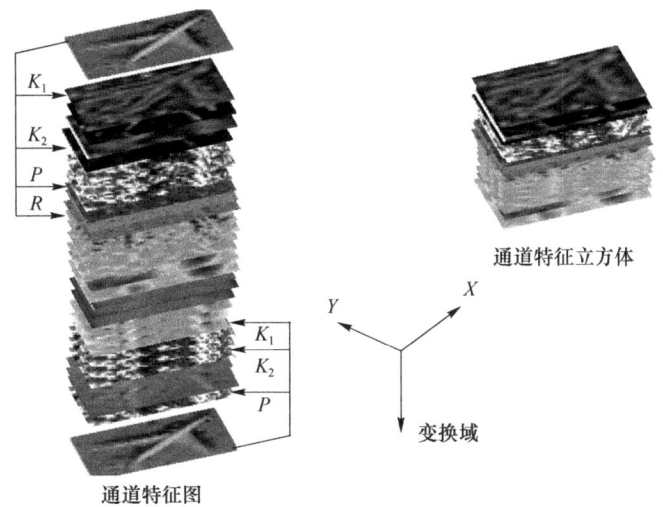

图 4.5　基于区域的空频率通道特征形成示意图

4.2.3　分类器设计

在深度学习兴起前，基于集成学习的方法被广泛应用在智能交通中的行人检测、车辆检测以及图像和视频处理中的动作检测、人物追踪、物体识别等，并多次在 KDD（International Conference on Knowledge Discovery and Data Mining）和 ICDM（IEEE International Conference on Data Mining）的数据挖掘竞赛中取得最好的成绩。AdaBoost 是集成学习中最具代表性的算法之一，该方法的性能取决于特征可区分能力和弱分类器的数量。具体地，首先从候选的若干弱分类器中迭代地选择弱分类器来处理前一轮的难分样本，本质上是整合前一轮分类结果并最小

化指数损失函数的贪心增强模型。在迭代过程中,后一轮的每个弱分类器会根据样本分类难度动态调整权重,重点关注前一轮误分的"难分样本",从而使最终学习到的强分类器具备更强的泛化性能与参数适应性。基于以上分析,ORSIm Detector 采用深度值为 3 的决策树作为弱分类器,级联形成最终的强分类器。该分类器具备特征选择自主性,不需要调整参数和分类器,也无须归一化,能够有效抑制过拟合,且模型的泛化错误率低,能够显著区分类内样本与类间样本,尽管其检测速度低于基于 GPU 的深度学习算法,但其高精度特性使其在对检测精度要求高于速度的光学遥感目标检测场景中具有显著优势。

4.2.4 快速特征尺度化检测

在目标检测中,实现多尺度目标检测最经典的方法是构建精细采样的图像金字塔。该方法中,金字塔上的每幅图像均需单独进行特征提取,计算成本大且速度慢。为了解决以上问题,本章引入基于幂律定理的快速特征金字塔构建方法[180],采用稀疏采样(八度音程的比例间隔)的方法估计图像的特征(详细参考后续内容),该特征足以近似精细采样的特征金字塔,可以在不损失检测性能的同时大幅度提升目标检测的速度。通道特征 $C(I,s)$ 在尺度值为 s 时的表达式为

$$C(I,s) \approx \Omega(R(I,s)) = R(I,s) \cdot s^{-\lambda_\Omega} \quad (4.12)$$

其中,λ 是尺度因子,I 是输入图像,$R(I,s)$ 是 I 在尺度值为 s 时的采样图像。

然而,为了在图像金字塔中采用滑动窗口检测,上述通道特征的提取方法必须满足低水平平移不变,这使得检测器对目标的方向变化敏感。为此,第 4.2.1 节中构建的空频域通道特征(SFCF)既满足平移不变性,又可以提取目标的旋转不变特征,进一步增强特征的表示能力和可区分能力,在实现目标快速特征尺度化检测的同时,提升模型对方向变化的鲁棒性。

4.3 实验数据与设置

4.3.1 实验数据集

本章将在 TAS 航摄车辆数据集①中的车辆目标数据和 NWPU VHR-10 数据

---

① http://ai.stanford.edu/~gaheitz/Research/TAS/tas.v0.tgz。

集①中的飞机目标数据上,对不同参数设置下的ORSIm Detector进行测试,并与七种经典的方法进行对比,进而验证该检测子的有效性和优越性。

(1) TAS 航摄车辆数据集[121]

TAS 航摄车辆数据集是从谷歌地图上获得的小型光学遥感车辆数据集,包含30幅尺寸为792×636像素的真彩色图像,1 319 个平均尺寸为45×45像素的手动标记的车辆目标。其中,低分辨率的样本以及建筑物阴影引起的不同的光照条件增加了目标检测的难度。训练集中的负样本图像是从未包含任何车辆目标的226个同分辨率图像的随机位置裁剪所得的。

(2) NWPU VHR-10 数据集[97]

NWPU VHR-10 数据集是从谷歌地图上获取的10类目标数据集,包括空间分辨率为0.5~2 m 的800幅高分辨遥感图像以及85幅空间分辨率为0.08 m 的Vaihingen数据集。本章以飞机目标为代表讨论ORSIm Detector对目标方向变化的鲁棒性。其中,训练集中的正样本是由不包含任何标签错误样本的650幅飞机图像组成的,飞机目标的最大尺寸和最小尺寸分别是130×120像素和40×40像素,负样本是从未包含任何飞机目标的150幅图像的随机位置裁剪所得的。

4.3.2 数据预处理与实验环境

鉴于本章所使用的两个数据集中训练样本的数量有限,因此,在网络训练之前,需对训练集中的所有图像进行镜像翻转,以扩充训练数据集中样本的数量。实验中,60%的样本作为训练集,40%的样本作为测试集。本章的所有实验都是在Intel Xeon 2.6GHz PC(CPU)、内存为128G 的 Windows 7操作系统上使用Matlab2016完成的,最终的检测结果是经过五次交叉验证后的平均结果。

4.3.3 实验设置

ORSIm Detector 包含五个模块,分别是SFCF生成、采样窗口、平滑、分类器设置和快速特征金字塔尺度化,接下来会详细介绍每个模块的参数设置。

(1) 空频域通道特征(SFCF)生成

SFCF 特征由空间域通道特征和频率域通道特征两部分组成。前者是物理上

---

① https://github.com/chaozhong2010/VHR-10_dataset_coco。

的旋转不变特征,包含颜色通道特征和其对应的梯度幅度通道特征。具体地,选择 RGB(红色、绿色、蓝色)、LUV(亮度、色度、坐标)和 HSV(色调、饱和度、明度)三种颜色空间,对比实验结果选取 LUV 作为最终的颜色通道特征。梯度通道特征是最大梯度幅度响应。后者是考虑到物体旋转内在属性的数学上连续的旋转不变通道特征。该通道特征包含三个部分:阶次对消特征($m_1+m_2=0$)、幅度值特征以及相邻半径的耦合特征。在计算三部分特征的过程中,主要需要考虑两个参数,即卷积核的半径 r(确定半宽值即可)和傅里叶级数 m(即尺度)。本章设置了四个尺度($m=\{2,3,4,5\}$)和六个半宽($\sigma=\{3,4,5,6,7,8\}$)。

(2) 采样窗口

光学遥感图像中同类目标的分辨率往往不同,本章采用上采样或下采样方法将所有同类目标调整到相同尺寸下,以便使用预先设定的旋转不变卷积核拟合目标的旋转角度,提取其旋转不变特征并降低运算复杂度。实验中,根据目标的先验知识,设定 TAS 航摄车辆数据集中车辆样本的尺寸为 28×24 像素、32×28 像素、40×36 像素和 44×40 像素,NWPU VHR-10 数据集中飞机样本的尺寸为 56×56 像素、64×64 像素、72×72 像素、80×80 像素和 88×88 像素。

(3) 平滑

平滑操作可以调整多通道特征之间的差异[180],保证所有通道特征在一个数量级上。实验中,对比各个通道特征生成前后采用不同半径 $r \in [0,1,2,3]$ 的二项式平滑滤波器的检测性能,确定最优的半径。

(4) 分类器设置

ORSIm Detector 采用集成学习中的 AdaBoost[68] 算法来训练分类器。最终强分类器的生成是通过加权级联最优弱分类器来实现的,为防止欠拟合,弱分类器的数量从 32 逐步增加到 2048。

(5) 快速特征尺度化

ORSIm Detector 采用稀疏采样的特征金字塔[180],近似精细采样的特征金字塔,能够在不损失检测性能的同时加快检测的速度。实验中,对比采样率为 $2^{-\frac{1}{nPerOct}}, nPerOct \in [1,2,4,8]$ 下 ORSIm Detector 的检测性能,确定最优采样率。其中,特征金字塔的最小尺寸由采样窗口的大小决定,最大尺寸为原始图像大小。

4.4 实验结果与性能分析

4.4.1 分类器的选择

表4.1列出了HOG、ACF、FourierHOG和SFCF四种不同特征描述子在线性支持向量机(Linear-SVM)[58]、随机森林(RF)[191]和AdaBoost[68]三种广泛应用的分类器上的检测性能,最佳结果以粗体显示。为了公平比较,三种分类器的参数均是通过五次交叉验证择优选择的。总的来说,线性SVM的性能低于其他两种分类器,可能的原因如下:第一,Linear-SVM更合适处理线性可分的样本。第二,RF和AdaBoost两种方法均考虑了特征之间的相互作用,更适合处理目标的非线性特征。第三,对于AdaBoost分类器,一方面,它是一种基于增强学习的分类器,可以通过加权多个最优弱分类器来生成强分类器,通常情况下,每个弱分类器都是非线性的,因此,该分类器能够拟合很复杂的分界面,所以它在识别和分类方面比Linear-SVM具有更强大的性能。另一方面,RF和AdaBoost隶属于增强学习的两种不同的集成方式,RF是通过Bagging的方式将许多不同的弱分类器组合起来的,每个子分类器赋有等量的权重;而AdaBoost是通过不Boosting的方式,通过迭代地更新权重来自适应地加权每个弱分类器,使后一次迭代中的弱分类器更多地关注在难分样本上。基于以上分析,Adaboost分类器更适合目标类内、类间差距较大的光学遥感图像目标检测。

表4.1 三种分类器下的ORSIm Detector性能比较

数据集	分类器	特征提取方法			
		HOG[35]	ACF[180]	FourierHOG	SFCF
TAS航摄车辆数据集-车辆	LinearSVM[58]	0.6530	0.6872	0.8319	0.8518
	RF[191]	0.7120	0.7312	0.8677	0.8829
	AdaBoost[68]	0.7438	0.7653	0.9042	**0.9312**
NWPU VHR-10数据集-飞机	Linear SVM[58]	0.7438	0.7667	0.8001	0.8512
	RF[191]	0.7005	0.7498	0.8726	0.9168
	AdaBoost[68]	0.7798	0.8037	0.9020	**0.9431**

4.4.2 性能分析

实验将 ORSIm Detector 与七种广泛应用的高效算法进行比较,依次是 Exemplar-SVMs[183]、Rotation-aware[159]、Collection of Part Detectors(COPD)[97]、Bag of Word-Support Vector Machine (BOW-SVM)[185]、快速特征金字塔(Fast Pyramid Feature,FPF)[180]、You Only Look Once(YOLO2)[103] 以及 Fourier HOG[160],进一步评估本章所提框架的有效性。

彩图 4.6

为了公平比较,所有方法均采用相同的预处理。图 4.6 给出了八种不同的方法在两个数据集上的 PR 曲线,可以得出以下结论。第一,BOW-SVM 和 FPF 的检测性能最差,它们忽略了局部特征之间的空间关系,且对旋转目标的特征能力受限。第二,Exemplar-SVMs 和 Rotation-aware 方法的检测性能相似,可能的原因是两种方法均使用标准 HOG 特征和离散化采样。第三,尽管 YOLO2 网络可以借助于 Darknet 网络架构来学习目标的深度语义信息,但该方法在遇到尺寸较小的物体以及相邻物体之间距离过近的情况时,检测性能会大幅下降。第四,ORSIm Detector 在两个数据集上的检测结果均优于其他七种方法,表明了算法的有效性和优越性。其中,SFCF 特征的设计和精炼保证了 ORSIm Detector 对方向变化的鲁棒性,快速特征尺度化检测保证了 ORSIm Detector 对尺度变化的鲁棒性。虽然 ORSIm Detector 的检测性能略高于 FourierHOG 算法,但 FourierHOG 算法是通过将目标检测退化为正样本图像的特征点分类,间接实现目标的定位。另外,该算

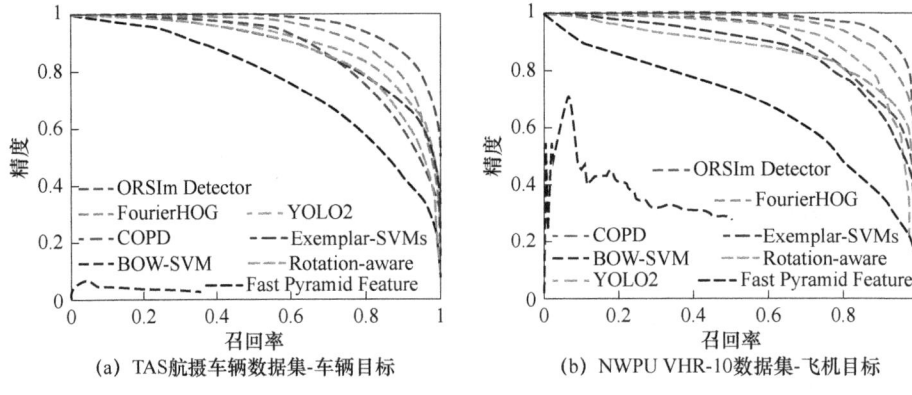

图 4.6 八种不同方法在两个数据集上的 PR 曲线

法建立在训练样本和测试样本均已知准确标注的基础上,并不适用于常规的基于图像区域的目标检测。

表 4.2 列出了以上八种方法在两个数据集下的性能比较,可以看出,快速特征金字塔的方法比密集采样图像金字塔方法快 5 倍之多。尽管 ORSIm Detector 的速度无法与 FPF 和 YOLO2[①] 相比,但其检测精度较高,适用于精度要求高于速度的光学遥感图像目标检测。

表 4.2 八种方法在两个数据集下的性能比较

方法	图像金字塔	TAS 航摄车辆数据集-车辆				NWPU VHR-10 数据集-飞机			
		平均召回率	平均 F1 值	平均精度	时间 /fps	平均召回率	平均 F1 值	平均精度	时间 /fps
Exemplar-SVMs	Standard pyramid	0.782 9	0.816 2	0.852 5	0.92	0.802 8	0.803 2	0.803 7	0.67
Rotation-aware	Standard pyramid	0.776 4	0.788 0	0.800 1	1.28	0.817 6	0.805 4	0.793 5	0.61
COPD	Standard pyramid	0.762 1	0.782 3	0.803 7	1.05	0.751 7	0.798 4	0.851 3	1.06
BOW-SVM	Standard pyramid	0.082 9	0.107 7	0.153 8	1.16	0.035 8	0.062 7	0.251 2	1.17
YOLO2 (GPU)	—	0.832 5	0.857 0	0.883 0	9.12	0.849 2	0.872 7	0.897 5	9.13
FourierHOG	Standard pyramid	0.882 0	0.897 8	0.914 2	0.83	0.877 8	0.889 7	0.902 0	0.66
FPF	fast pyramid	0.621 4	0.685 9	0.765 3	8.98	0.625 6	0.640 4	0.655 9	8.05
ORSIm Detector	fast pyramid	**0.912 6**	**0.930 1**	**0.948 3**	4.94	**0.911 2**	**0.932 1**	**0.953 9**	4.72

图 4.7 给出了 ORSIm Detector 在两个数据集下的部分可视化检测结果。其中,绿色、红色边框分别代表正确检测和错检的结果。由图 4.7 可以得出以下结论。第一,对于 TAS 航摄车辆数据集,一小部分屋顶被错误地识别为车辆。此外,

---

[①] 实验结果是使用 tensorflow 在 GPU 上运行所得的,详细请参考网址 https://github.com/simo23/tinyYOLOv2。

对于边缘模糊且纹理特征不明显的部分车辆样本,例如白色的运输车,存在一定的漏检。可能的原因是有限的训练样本集使得目标的类别分布不均衡。第二,相比较复杂城市场景中的车辆目标,NWPU VHR-10 数据集中飞机目标的分辨率较高,边缘相对于背景较为明显,因此,检测性能较好。

彩图 4.7

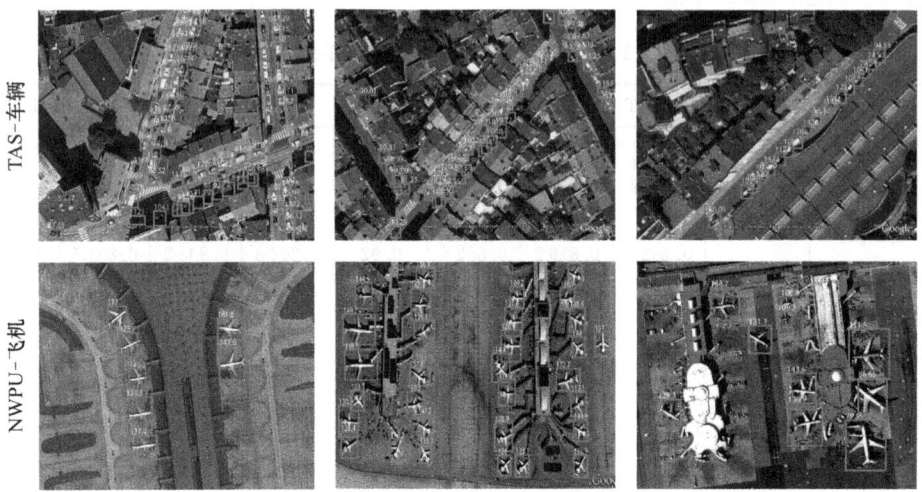

图 4.7 ORSIm Detector 在两个数据集下的部分可视化检测结果

4.4.3 敏感性分析

本章从两个方面分析了 ORSIm Detector 对参数的敏感性,并通过五次交叉验证来择优选择 ORSIm Detector 的最终参数。

1. 参数设置

图 4.8 和图 4.9 分别给出了不同参数配置下 ORSIm Detector 在 TAS 航摄车辆数据集和 NWPU VHR-10 数据集上的性能比较,其中,LUV 颜色空间在两个数据集上的性能均优于其他两个颜色空间(如图 4.8(a)和图 4.9(a)所示),其与梯度幅度通道特征以及旋转不变特征通道的并联融合后的结果进一步验证了 LUV 颜色空间的优越性(如图 4.8(b)、图 4.8(c)、图 4.9(b)和图 4.9(c)所示)。

频域旋转不变特征构造较为复杂,主要控制因素为径向基半径(即卷积核的半径)、傅里叶阶次($k \in \{0 \sim m\}$)、采样窗口和平滑方式。其中,径向基半径、傅里叶

第 4 章 基于空频联合的光学遥感图像目标鲁棒特征设计和检测

阶次以及目标的采样窗口三个参数在适当范围内的变化对 TAS 航摄车辆数据集频域特征相对不敏感，而对 NWPU VHR-10 飞机目标敏感，这是由于 TAS 数据集车辆目标的尺度变化小且纹理特征较少，而飞机目标的尺度变化较大且纹理特征丰富。从图 4.8(d)～(f)和图 4.9(d)～(f)中可以看出，两个数据库的尺度值设定为 $m=4$，TAS 航摄车辆数据集中车辆半径 $r=6$，最小采样窗口设置为 32×28；而 NWPU VHR-10 飞机目标 $r=8$，最小采样窗口设置为 80×80 最合适。图 4.8(g)～(h)和图 4.9(g)～(h)给出了不同半径的平滑对目标检测性能的影响，半径为 $\mathrm{rad}\in\{0, 1, 2, 3\}$，前后平滑的半径等于 1 时性能最优。其中，前平滑表示单一通道特征计算之前局部特征的相关程度，而后平滑表示多域信道特征集成之后邻域的大小。前者对应于特征的"局部平滑"，而后者代表"全局平滑"。在快速特征尺度化检测阶段，8 倍频尺度的快速特征金字塔的检测性能最优，如图 4.8(i)和图 4.9(i)所示，该结果与文献[180]中的结果基本一致（详细介绍请参考文献[180]）。最后，由于 ORSIm Detector 的检测性能会随着弱分类器数量的增加而提升，但计算成本也会增加且容易过拟合，为了权衡，弱分类器的最大数量宜设置为 2 048。

彩图 4.8

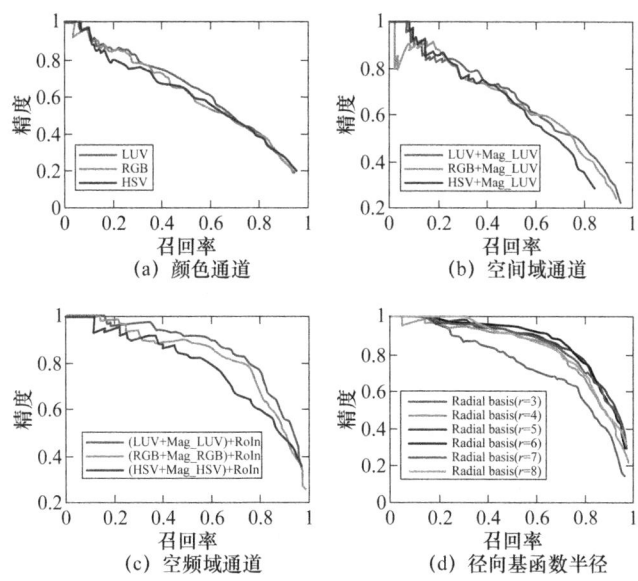

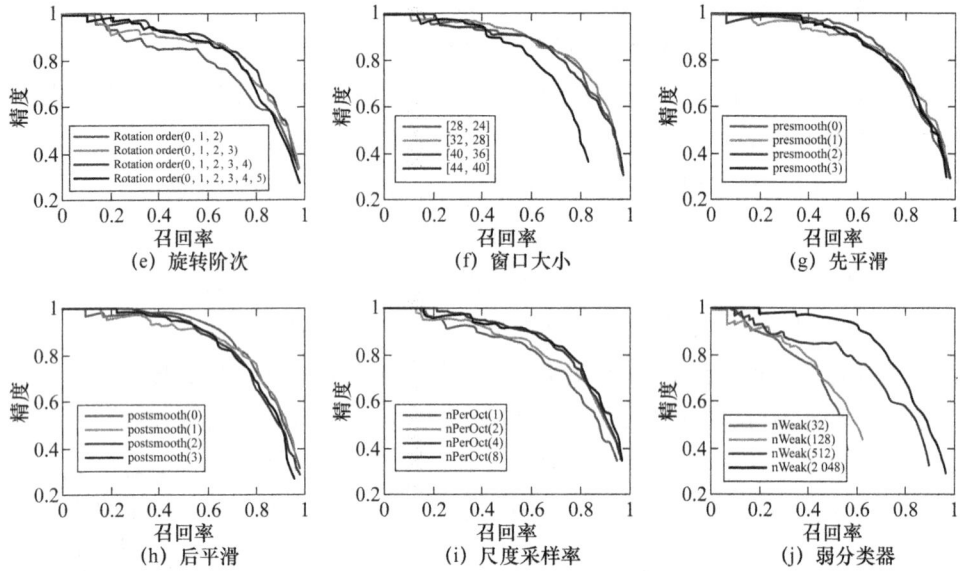

图 4.8 不同参数下 ORSIm Detector 对 TAS 航摄车辆-车辆目标的性能比较

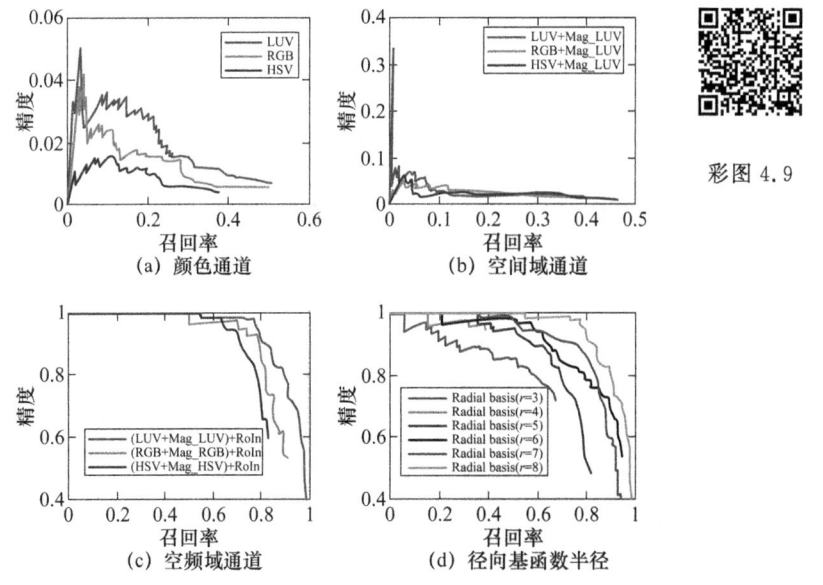

彩图 4.9

第4章 基于空频联合的光学遥感图像目标鲁棒特征设计和检测

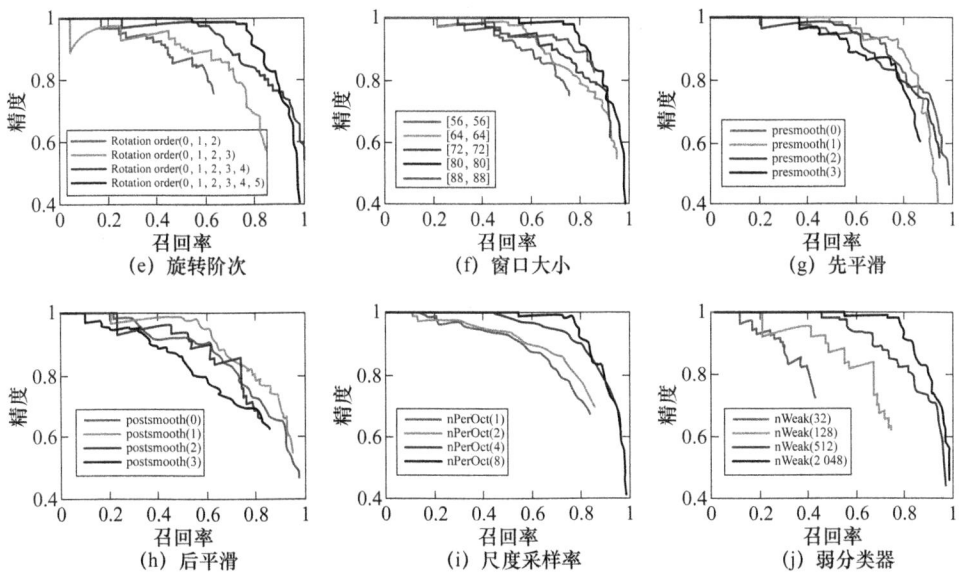

图 4.9　不同参数下 ORSIm Detector 对 NWPU VHR-10-飞机目标的性能比较

2. 空间分辨率

图像分辨率是影响检测性能的另一个重要因素。针对两个数据集中目标尺寸的差异,本章设置不同的采样率,以分析 ORSIm Detector 检测性能的变化情况。如图 4.10 所示,当采样率低于 0.5 时,两个数据集的检测性能开始显著下降;而当采样率为 1/2(即原始分辨率的 50%)时,模型对下采样目标的检测仅存在微小性能损失。为此,图 4.11(a)给出一个退化场景示例,场景中包含一些错误检测的飞机样本,检测器将真实的飞机和具有光照阴影的飞机尾巴混淆,产生红色标记的误检结果。这种情况是目标检测中比较常见的语义歧义问题,而不是由于模型对输入图像的空间分辨率敏感引起的[189]。针对该问题的可行解决方案是使用两步非极大值抑制(Two-step NonMaximum Suppression, Two-step NMS)[189]对检测结果进行后处理,可有效剔除误检框,优化检测结果,如图 4.11(b)所示。基于以上分析可以得出,对于 TAS 航摄车辆数据集中的车辆目标和 NWPU VHR-10 数据集中的飞机目标,分辨率降低导致信息损失,ORSIm Detector 的性能对采样率呈现阶段性敏感,以 1/2 采样率为间隔,大于此值则不敏感,小于此值则敏感。

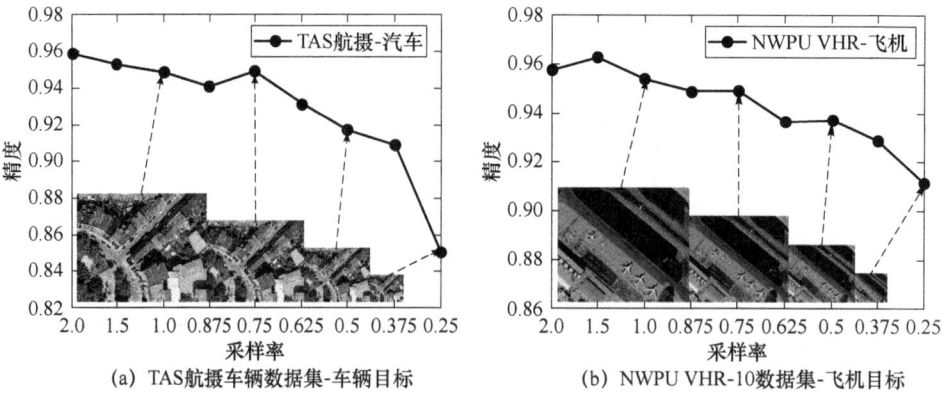

(a) TAS航摄车辆数据集-车辆目标　　(b) NWPU VHR-10数据集-飞机目标

图 4.10　ORSIm Detector 对不同空间分辨率图像的敏感性分析

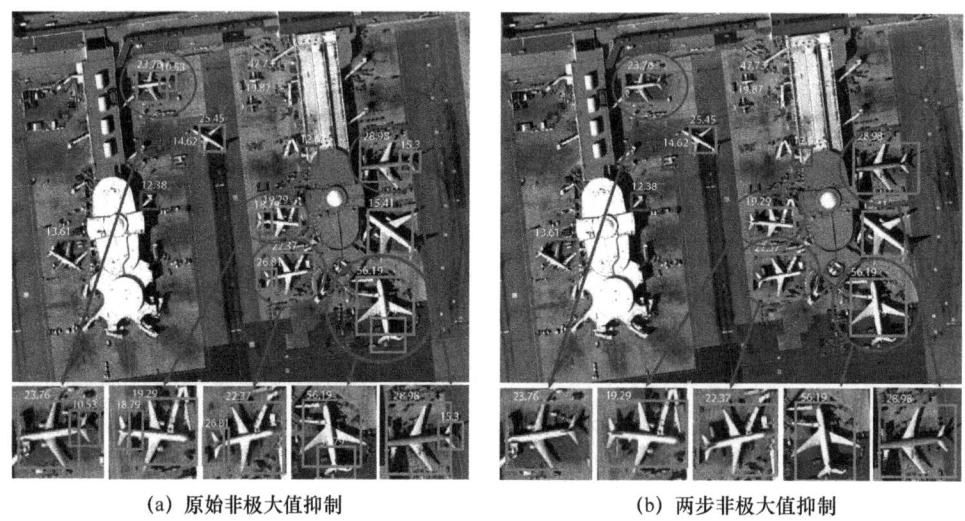

(a) 原始非极大值抑制　　　　　　(b) 两步非极大值抑制

图 4.11　ORSIm Detector 使用原始非极大值抑制和两步非极大值抑制的可视化检测结果对比

本 章 小 结

彩图 4.11

本章针对人工标注样本的标签存在单一性,无法直接表征目标的尺度和方向性的问题,提出一种基于鲁棒特征设计的光学遥感图像目标检测方法(ORSIm Detector),该方法集成了空频域联合通道特征设计(SFCF)、分类器设计和快速特征尺度化。其中,SFCF 特征由极坐标傅里叶分析基础上的频域旋转不变通道特征和原始空间域旋转不变通道特征两部分组成。为了精炼 SFCF 特征,采用累积通道特征(ACF)对特征进行后处理。在测试阶段,幂律定理的引入实现了在不损失性能的情况下以很小的成本计算精细采样的特征金字塔,提升了多尺度目标检测的速度。两个不同的机载数据集上的实验结果验证了 ORSIm Detector 的有效性,与现有的主流方法相比,ORSIm Detector 的性能最优且对目标任意角度的方向变化鲁棒。在未来的工作中,我们将这种旋转不变的思想与深度学习融合,旨在构建端对端的旋转不变的自动特征学习框架,进一步提升模型在复杂遥感场景中的泛化能力与检测效率。

第 5 章
基于多粒度角度表示方法的遥感图像旋转目标检测

5.1 引　　言

第 4 章设计了一种人工设计空频域鲁棒特征的光学遥感图像目标检测方法，该方法结合了常用分类器进行目标定位与分类。随着人工智能的爆炸式发展，主流的检测框架逐步转向基于自动特征学习的深度学习架构，并从双阶段目标检测架构向端到端的单阶段目标检测架构发展。近年来，单阶段无锚框目标检测算法以其兼顾高精度和高效率的范式成为业内主流算法模型。目前，对于方向多样性目标的检测，大多数基于深度学习的框架预测旋转目标边界框的角度信息采用回归方式，角度周期性变化会存在歧义预测问题，即两个矩形框在视觉上是近乎一致的，但角度数值差距较大，这会不可避免地影响光学遥感图像目标的检测精度。另外，采用分类方式对角度信息建模的现存方法存在角度预测头厚重、超参数不稳定等问题。为了解决上述问题，本章提出了一种多粒度角度表示方法（Multi-grained Angle Representation，MGAR），针对旋转边界框的表征方式进行重新建模与拟合。该方法包括粗粒度角度分类和细粒度角度回归两个部分。粗粒度角度分类通过离散角度编码避免了角度预测中的歧义问题，并通过对角度分类的粗粒度化表示减少了预测时的复杂程度。本章在粗粒度角度分类的基础上使用了细粒度角度回归方法来细化角度预测。此外，本章设计了一个新的损失函数，通过 IoU 引导自适应的重加权机制来提高角度预测的准确性。

5.2　基于锚框思想的单阶段旋转目标检测框架

与双阶段目标检测算法相比，单阶段目标检测算法可以在速度和精度之间取得更好的平衡,当在后续设计更为轻量级的模型用于实际部署时,选择单阶段目标检测算法会更为方便。因此,本章采用广泛使用的经典单阶段目标检测方法 YOLOv3[88] 作为基准框架,并对其进行针对旋转目标检测任务的改进,如图 5.1 所示。MGAR 方法的基线框架架构包括三个部分,分别是骨干网络、特征金字塔 FPN 和解耦预测头。解耦头包含三个多任务分支,分别是位置回归分支、角度分类分支和对象分类分支。为避免过于复杂的网络对本章所提方法的影响,本章选择更为简洁的基于锚框思想的 YOLOv3 模型来更方便地实现旋转目标检测并且更为公平地将所提算法与其他算法对比。主流的单阶段目标检测模型通常由三个部分组成,分别是基础骨干网络、颈部网络和预测头部网络。YOLOv3 采用 Darknet53[88] 作为基础骨干网络,FPN 作为颈部网络,并采用高度耦合的预测头。本章所采用的基准框架在此之上进行改进,具体改进方法为:在骨干网络和 FPN 之间添加了空间金字塔池化(Spatial Pyramid Pooling,SPP)[192]结构,以实现更好的特征融合;将高度耦合预测头转化为解耦预测头,以避免过于耦合的预测层对不同预测参数的影响。除此之外,每个 FPN 层的输出被分解为三个多任务预测分支:回归分支、类别分类分支和角度预测分支。

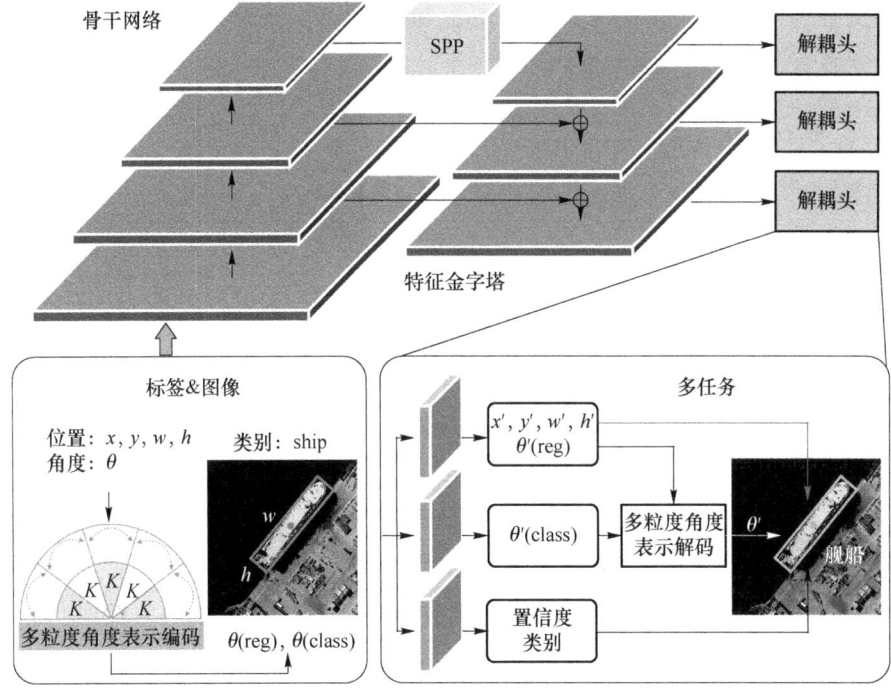

图 5.1　MGAR 方法的基线框架架构

5.3 基于多粒度角度表示方法的旋转框表征

为了解决第 2.3.3 节分析的现存问题，本章提出了一种多粒度角度表示方法（MGAR）对旋转边界框的角度部分进行表征。本章所提出的多粒度角度表示方法将角度分为两个部分，第一部分是粗粒度角度分类（Coarse-Grained Angle Classification，CAC），第二部分是细粒度角度回归（Fine-Grained Angle Regression，FAR）。CAC 首先将角度划分为多个粗略类别，并确定旋转框的角度属于哪个类别。FAR 在角度具体分类类别范围内进行精细连续回归。

MGAR 首先将角度信息分为两个部分进行表示。一部分是粗粒度的分类部分，表示为 θ_{class}；另一部分是细粒度的回归部分，表示为 $\theta_{Regression}$。对于旋转检测器的预测，所提出的 MGAR 具有编码和解码过程。本章使用 θ_{gt} 表示 $[0°,180°)$ 范围内的真实角度标签，$\theta_{encodeClass}$ 表示角度编码分类标签，$\theta_{encodeRegression}$ 表示角度编码回归标签，$t'_{\theta_{class}}$ 表示预测头中角度分类部分的预测结果，$t'_{\theta_{reg}}$ 表示预测头中角度回归部分的预测结果。相应地，解码信息由 $\theta_{decodeClass}$ 和 $\theta_{decodeRegression}$ 表示。最终的角度预测结果由 θ' 表示。具体的编码和解码过程如下：

$$k = \left\lfloor \frac{\theta_{gt}}{\omega} \right\rfloor \tag{5.1}$$

$$\theta_{encodeClass} = \text{One-hot}(k) \tag{5.2}$$

$$\theta_{encodeRegression} = \theta_{gt} - k \cdot \omega \tag{5.3}$$

$$\theta_{decodeClass} = \omega \cdot \text{Argmax}(\text{Sigmoid}(t'_{\theta_{class}})) \tag{5.4}$$

$$\theta_{decodeRegression} = (t'_{\theta_{reg}})^2 \tag{5.5}$$

$$\theta' = \theta_{decodeClass} + \theta_{decodeRegression} \tag{5.6}$$

其中，$\omega = AR/C_\theta$ 表示角度分类部分的离散化粒度。AR 表示角度范围，即 $0° \sim 180°$。C_θ 表示需要划分角度的粗粒度类别数。k 表示角度所属的具体类别，本章使用 Square（平方）函数来拟合 $t'_{\theta_{reg}}$，它比 Linear（线性）函数更平滑。角度的细粒度回归范围为 $[0,\omega)$。更为形象化的 MGAR 编解码方式如图 5.2 所示。MGAR 分为 CAC 和 FAR 两部分。CAC 编码角度分类标签，而 FAR 编码角度回归标签。图中列举了角度编码具体实例。

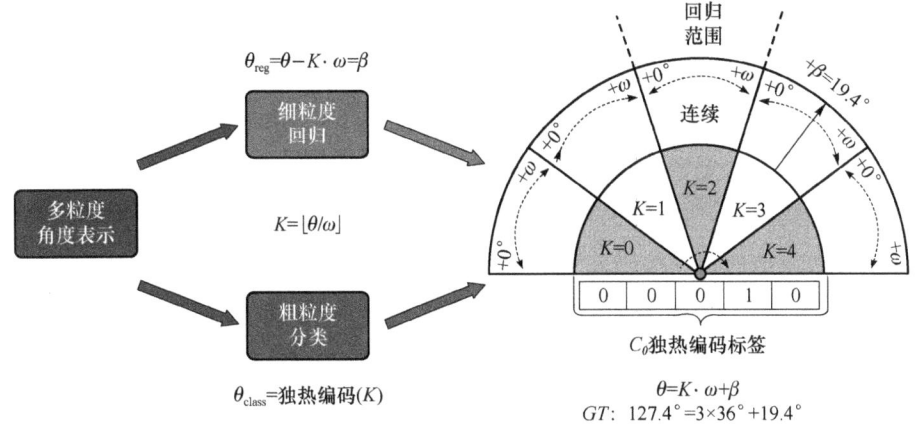

图 5.2 MGAR 编解码方式

5.3.1 粗粒度角度分类编码分析

在粗粒度角度分类编码中,分类粒度的选择直接影响模型的学习效率和泛化能力。当 $C_\theta=1$ 时,角度分类的总类比仅有一种,角度回归范围为 $[0°,180°)$。此时,MGAR 退化为基于回归的方法。当 $C_\theta=180$ 时,角度回归范围为 $[0°,1°)$,角度分类部分相当于基于分类的角度编码方法 CSL。理论上,C_θ 的范围为 $[1,180]$,但在实际应用中需要考虑两个问题。第一个问题是,当 C_θ 无法被 180 整除时,ω 不是整数,这使得角度分类分支在解码时会无法避免地产生浮点计算误差。为避免此误差,C_θ 应该是可以被 180 整除的类别数。第二个问题是,当分类粒度过细时,例如在 $C_\theta=180$ 时,角度分类类别过多,增加了模型训练的难度。CSL 引入了基于高斯窗口函数的 One-hot 标签编码,将硬标签转化为软标签。虽然 CSL 克服了 FAC 在学习上的困难,但它也引入了对数据集敏感的超参数窗口大小这一超参数,需要根据不同的数据集进行调整。本章提出的方法采用 CAC。具体而言,引入的超参数 C_θ 对数据集不敏感,且 $C_\theta \in [3,4,5]$。当类别数量较少时,可以使用独热编码标签获得足够好的分类结果,而不需要添加额外的窗口函数对标签进行平滑处理。

DCL 方法通过二进制编码和格雷码编码来减少角度分类标签的长度。然而,所引入的超参数 C_θ 对数据集敏感,且编码误差不能被忽略。这两种编码方法的最大编码误差如下所示:

$$\text{MAX(error)} = \frac{\omega}{2} = \frac{90}{C_\theta} \tag{5.7}$$

平均编码误差如下所示：

$$E(\text{error}) = \int_a^b \frac{x}{b-a} dx = \int_0^{\frac{\omega}{2}} \frac{x}{\frac{\omega}{2}-0} dx = \frac{\omega}{4} = \frac{45}{C_\theta} \tag{5.8}$$

各种方法的特定误差情况如表 5.1 所示。本章提出的 MGAR 在编码角度时不会产生编码误差。具体而言，MGAR 将连续的角度信息编码到回归部分，避免了基于分类方法的角度编码方法在编码 θ_{gt} 时引起的不同误差。

表 5.1 四种角度表示方法的比较结果

方法	C_θ	最大编码误差	平均编码误差	引入的超参数	超参数敏感性
Regression	1	0	0	—	—
CSL	180	0.5	0.25	窗口函数尺寸	是
DCL	256	0.351 562 5	0.175 781 25	C_θ	是
MGAR	3	0	0	C_θ	否

5.3.2　细粒度角度回归编码分析

MGAR 的 FAR 依靠 CAC 将角度范围从原始的 $[0°,180°)$ 减小到 $[0°,\frac{180°}{C_\theta})$。缩小角度回归范围可以显著提高检测精度，降低回归的不稳定性。同时，回归值范围是连续的，可以更精细地回归角度信息，并且避免了损失突变的问题。此外，MGAR 相比只基于分类的方法可以更精确地拟合旋转边界框。

在不同的角度表示方法下，单阶段检测网络预测头对于角度预测的厚度并不一致，厚度会影响网络运算的效率。本章使用 Th 来表示预测层的厚度，使用 A 表示锚框数。对于 CSL，预测层的厚度如下所示：

$$\text{Th}_{\text{CSL}} = A \cdot \text{AR}/\omega = A \cdot C_\theta \tag{5.9}$$

对于 DCL，预测层的厚度如下所示：

$$\text{Th}_{\text{DCL}} = A \cdot [\log_2(\text{AR}/\omega)] = A \cdot [\log_2(C_\theta)] \tag{5.10}$$

对于本章所提出的 MGAR，预测层的厚度如下所示：

$$\text{Th}_{\text{MGAR}} = A \cdot (\text{AR}/\omega + 1) = A \cdot (C_\theta + 1) \tag{5.11}$$

其中，C_θ 的取值为 [3,4,5]。对于基线框架，当 C_θ 取每种方法所允许的最小值时，表 5.2 列出了几种编码方法的预测层厚度、浮点运算（FLOPs）和参数量。

表 5.2　在相同的基准框架下比较三种方法的预测层厚度、FLOPs 和参数量

方法	C_θ	锚框数量	预测层厚度	FLOPs/G	参数量/M
基线＋CSL	180	9	1 620	141.806 4	75.935 6
基线＋DCL	32	9	45	139.447 5	75.935 6
基线＋MGAR	3	9	**36**	**139.434 0**	**74.987 8**

注：单位 G 为千兆（Giga），表示 1×10^9；单位 M 表示 1×10^6；黑色加粗表示最好结果。

从表 5.2 中结果可以看出，所提出的 MGAR 方法在角度表示方面需要的预测层厚度相比 CSL 减少了约 97%，需要的 FLOPs 也减少了约 2.37 G。MGAR 所需的预测层厚度与 DCL 相当。然而，DCL 方法引入了二进制和格雷码编码，导致在解码角度信息时会引入额外的时间开销。总体而言，所提出的 MGAR 方法有助于减少计算量，提高模型的计算效率，特别是在模型后续进行轻量化工作时十分有利。

5.3.3　损失函数

对于所提出的方法，本章使用六个参数 $(x,y,w,h,\theta_{\text{class}},\theta_{\text{reg}})$ 来表示旋转边界框，在此处 θ_{class} 和 θ_{reg} 表示 θ 的两个部分，(x,y) 表示旋转边界框中心点的相对坐标，w 和 h 分别表示旋转边界框的长边与短边。对于其他五个需要回归的参数，回归公式如下所示：

$$t_x=(x-x_a)/w_a,\quad t_y=(y-y_a)/h_a \tag{5.12}$$

$$t_w=\log(w/w_a),\quad t_h=\log(h/h_a) \tag{5.13}$$

$$t_{\theta_{\text{reg}}}=\sqrt{\theta_{\text{reg}}} \tag{5.14}$$

$$t'_x=(x'-x_a)/w_a,\quad t'_y=(y'-y_a)/h_a \tag{5.15}$$

$$t'_w=\log(w'/w_a),\quad t'_h=\log(h'/h_a) \tag{5.16}$$

$$t'_{\theta_{\text{reg}}}=\sqrt{\theta'_{\text{reg}}} \tag{5.17}$$

其中，(x_a,y_a)、w_a、h_a 分别表示锚点框的中心坐标、长边和短边，$(x,y,w,h,\theta_{\text{regression}})$ 表示真值旋转边界框的参数，$(x',y',w',h',\theta_{\text{regression}})$ 表示最终的预测值，$(t_x,t_y,t_w,t_h,t_{\theta_{\text{regression}}})$ 是网络的最终输出值。

本章所使用的多任务损失函数由五个部分组成：位置回归、置信度分类、类别分类、角度类别分类和角度回归。除此以外，本章为 FAR 设计了一种基于 IoU 感知的 FAR 损失函数（IoU-aware FAR-Loss，IFL），利用自适应重加权机制来提高

角度预测的准确性。在所提出的 MGAR 方法中使用的具体损失函数如下所示：

$$L = \frac{\lambda_1}{N}\sum_{n=1}^{N}\text{obj}_n \cdot L_{\text{IoU}}((x',y',w',h'),(x,y,w,h)) +$$

$$\frac{\lambda_2}{N}\sum_{n=1}^{N}L_{\text{conf}}(\text{conf}',\text{conf}) +$$

$$\frac{\lambda_3}{N}\sum_{n=1}^{N}\text{obj}_n \cdot L_{\text{cls}}(p,t) + \quad (5.18)$$

$$\frac{\lambda_4}{N}\sum_{n=1}^{N}\text{obj}_n \cdot L_{\text{cls}}(\theta'_{\text{class}},\theta_{\text{class}}) +$$

$$\frac{\lambda_5}{N}\sum_{n=1}^{N}\text{obj}_n \cdot L_{\text{reg}}(\theta'_{\text{reg}},\theta_{\text{reg}}) \cdot (|-\log(\text{IoU})|+1)$$

其中，超参数 $\lambda_i(i=1,2,3,4,5)$ 控制不同损失部分的权重分配，对于所有数据集，本章分别将它们设置为 2,2,5,2,0.5。obj_n 用于区分指定的标签是前景还是背景，在 $n=1$ 时表示前景即正样本，在 $n=0$ 时表示背景即负样本。对于四个参数 x,y,w,h，本章使用 GIoU 损失[109]进行回归。conf 表示目标的置信度，它预测了目标属于前景的概率，本章使用 Focal 损失[100]计算该损失。对于目标本身类别，本章将 p 视为预测的类别概率，t 视为真实类别，并采用交叉熵函数计算类别损失。与此同时，采用相同的交叉熵损失函数用于粗粒度分类角度，以学习编码角度类别信息。对于角度回归，本章设计了一种 IFL 损失，它引入了基于 Smooth L1 损失[94]的目标 IoU 分数，并使用 $|-\log(\text{IoU})|+1$ 来自适应重新加权损失。IFL 可以更平滑地指导角度回归。

5.4 实验数据与设置

本章选择公开遥感数据集进行实验，以验证所提出的 MGAR 的有效性。首先介绍硬件和软件平台、实现细节和实验数据集；其次进行消融实验；最后在公共数据集上进行比较和讨论。

5.4.1 实验数据集

为了公平地比较所提方法的有效性，本章选取了目前在遥感领域常用的五个旋转目标检测数据集：HRSC2016[123]、DOSR[128]、UCAS-AOD[124]、DIOR-R[127]以及 DOTA[125]。这些数据集大小不一，侧重点不一，可以充分验证与比较算法性能。HRSC2016 和 DOSR 是针对船舶目标的数据集，二者均有针对船舶的细粒度标注，可以考察算法分类性能与对具有极大长宽比目标的检测性能。UCAS-AOD 侧重于对小目标的检测性能。DIOR-R 和 DOTA 是两个大型的遥感数据集，包含类型丰富、尺度差异大的目标，且背景变化复杂，可以有效地验证算法性能。下面介绍了各个数据集的具体信息。

(1) HRSC2016

HRSC2016[123]是一个面向船只检测的数据集，包括近海和远海两个主场景，共有 2 976 个船只目标。图像尺寸从 300×300 像素到 1 500×900 像素不等。该数据集被分为包含 436 幅图像的训练集、包含 181 幅图像的验证集以及包含 444 幅图像的测试集。

(2) DOSR

DOSR[128]是一个用于定向船只识别的数据集。该数据集主要采集自 Google Earth，包括 1 066 幅光学遥感图像和 6 127 个船舶实例。图像尺寸从 600×600 像素到 1 300×1 300 像素不等，对地分辨率在 0.5 m 和 2.5 m 之间。数据集包含丰富的场景，包括近海场景和远海场景。数据集包含 20 个细粒度的船型分类，分别是：潜艇(Submarine,Sub)；油轮(Tanker,Tan)；散货船(Bulk Cargo Vessel,BCV)；辅助船(Auxiliary Ship,Aux)；游艇（Yacht,Yac）；军舰（Military Ship,Mil）；驳船（Barge,Bar）；平底交通船(Flat Traffic Ship,FTS)；栈板驳船(Deck Barge,DeB)；游轮（Cruise,Cru）；货柜船（Container,Con）；货船（Cargo,Car）；运输船（Transport,Tra）；甲板船(Deck ship,DeS)；飘浮吊车(Floating Crane,Flo)；渔船(Fishing Boat,Fis)；拖船(Tug,Tug)；通信船(Communication Ship,Com)；多体船(Multihull,Mul)；快艇（Speedboat,Spe）。该数据集的目标类别分布属于长尾分布。

(3) UCAS-AOD

UCAS-AOD[124]包含 1 510 幅航拍图像，包括飞机和汽车两个类别，共计 14 596 个实例。图像尺寸大多数为 659×1 280 像素。按照通常的分割方式，UCAS-AOD 数据集被分为包含 755 幅图像的训练集、包含 302 幅图像的验证集以及包含 452 幅图像的测试集。

(4) DIOR-R

DIOR-R[127]数据集是在 DIOR 数据集基础上增加了面向方框的注释而得到

的。该数据集包含 23 463 幅图像和 190 288 个物体实例,分为 20 个类别。所有图像的尺寸都为 800×800 像素。

（5）DOTA

DOTA[125] 数据集是一个经典的旋转目标遥感场景数据集,共包含 2 806 幅尺寸从 800×800 像素到 4 000×4 000 像素不等的大型遥感图像。DOTA 数据集包含 15 个类别,包括：飞机（Plane,PL）；棒球场（Baseball Diamond,BD）；桥梁（Bridge,BR）；地面跑道（Ground Field Track,GFT）；小型车辆（Small Vehicle,SV）；大型车辆（Large Vehicle,LV）；船舶（Ship,SH）；网球场（Tennis Court,TC）；篮球场（Basketball Court,BC）；储罐（Storage Tank,ST）；足球场（Soccer-Ball Field,SBF）；环岛（Roundabout,RA）；港口（Harbor,HA）；游泳池（Swimming Pool,SP）；直升机（Helicopter,HC）。DOTA 数据集原始图像尺寸较大,在实际训练时需要对图像进行裁剪,不同算法在进行裁剪时的方法不一样,为公平起见,选用类似的方法对数据集进行处理,并在实验细节中给出具体的数据清洗操作。除此以外,DOTA 数据集并没有放出测试集的 GT 标签,需要将测试结果返回官网进行线上测试,这一方法极大地确保了公平性与验证的有效性,因此 DOTA 是目前旋转图像遥感目标检测领域最具权威性的数据集。

5.4.2　实验预处理与实验环境

本章所有实验均在一台服务器上进行,该服务器配备了 AMD EPYC 7542@2.9-GHz 作为 CPU、128 GB 内存和两张 NVIDIA GeForce RTX 3090 24 GB 作为 GPU。此外,为验证所提出的方法有利于轻量级部署,本章还在嵌入式边缘计算设备 NVIDIA Jetson AGX Xavier 上对其进行了测试。本章使用 Pytorch[193] 1.10.1 实现了所提方法。

所有数据集都使用训练集和验证集进行训练。HRSC2016、UCAS-AOD 和 DIOR-R 数据集的输入图像尺寸为 800×800 像素。由于 DOSR 数据集具有较大的平均图像尺寸和密集场景,因此网络输入大小为 1 024×1 024 像素。对于 DOTA 数据集,由于原始图像尺寸较大,使用步长为 200 像素的 800×800 像素剪裁原始图像。此外,在剪裁时,采用的缩放比例为[0.5,1.0,1.5],将尺寸为 896×896 像素的图像用作训练和测试的网络输入。采用数据增强策略缓解过拟合问题,包括水平和垂直翻转,色调、饱和度和值(HSV)色调的随机颜色转换,随机混合(mixup)[194]以及 90°、180°和 270°三个方向的随机旋转。对于批次大小(Batch Size,BS),当输入图像大小为 800×800 像素时为 16,当输入图像大小为 1 024×1 024 像素时为 8。在训练过程中采用动量为 0.9,权重衰减为 1×10^{-5} 的随机梯度下降(SGD)优化器。初始学习率为 1×10^{-5},最终学习率为 1×10^{-5}。

对于遥感图像旋转目标检测算法,主流的评价指标是平均精度均值(mean Average Precision,mAP),与水平边界框保持一致,旋转 IoU 的计算方式使用算法 1.2。本章使用基于 PASCAL VOC 的两种 mAP 计算方法:PASCAL VOC07[195] 和 PASCAL VOC12[196],并在表头中标注了具体使用的 mAP 计算方法。通常,mAP 是根据 IoU 阈值为 0.5 进行计算的。在某些需要比较更高准确性的情况下,会使用在 IoU 阈值为 0.75 和 0.85 时的 mAP 计算结果。本章使用每秒检测帧数(Frames Per Second,FPS)来评估检测速度。FLOPs 用于评估模型的理论计算复杂度,而参数数量用于评估模型的大小。

5.5 实验结果与性能分析

5.5.1 消融分析

当角度信息相同时,具有较大纵横比的旋转目标会导致计算 IoU 时产生较大偏差,进一步影响 mAP 结果。HRSC2016 数据集包含许多具有较大纵横比的船舶目标,有助于比较旋转边界框的拟合准确性。因此,本章选择 HRSC2016 数据集进行消融实验,比较回归、CSL、DCL 和提出的 MGAR 的拟合精度。本章以基于回归的方法为基线,在此基础上实现其他三种方法。上述四种方法除了超参数外,实验设置是一致的。对于 CSL,高斯函数的最佳窗口大小为 6。DCL 包含两种编码方式:二进制编码和格雷码编码。当超参数 $C_\theta \in [32,64,128,256]$ 时,DCL 表现最佳。对于提出的 MGAR,本章选择 $C_\theta \in [3,4,5]$ 进行比较。

1. 四种方法的比较结果

四种方法的最佳结果列在表 5.3 中。本节采用了三个精度指标来评估这四种方法的性能。mAP_{50}是常用的基础指标，mAP_{85}使用更严格的标准评估准确性，$mAP_{50:95}$旨在更全面地评估方法的整体表现。本章还比较了在基于回归的方法上添加SPP模块前后模型性能的差异，结果显示SPP有助于提高准确性。相比其他方法，本章提出的MGAR方法表现最好，mAP_{50}、mAP_{85}和$mAP_{50:95}$分别达到了97.62%、49.58%和68.83%。特别地，mAP_{85}分别比基线、CSL、DCL（二进制编码）和DCL（格雷码编码）高34.61%、5.86%、31.52%和7.49%，这表明FAR可以更准确地获取细粒度的角度信息。此外，对于速度指标，由于CSL、DCL和MGAR都有额外的解码操作，这增加了在非极大值抑制（NMS）阶段的时间成本，表5.3中列出的时间包括网络推断时间和后处理时间。从表5.3中结果可以得知，本章提出的方法是最快的，可以达到56.21 FPS，有利于后续对模型进行轻量化。总之，本章提出的MGAR在速度和准确性方面具有优势。

本章分析了不同方法中超参数C_θ的敏感性。表5.4列出了DCL（格雷码编码）、DCL（二进制编码）和MGAR在各自最优超参数范围内的结果。结果显示，C_θ的不同值对DCL有很大影响。可以看出，提出的MGAR具有最好的平均指标结果和最小的标准差，这表明本章所提出的MGAR的超参数是不敏感的。相比之下，两种DCL方法不太稳定，对C_θ的敏感性更高，这会导致在不同数据集调整参数时隐性地增加训练时间成本。

表5.3　HRSC2016数据集上的消融实验结果

方法	SPP	C_θ	$mAP_{50}(07)/\%$	$mAP_{85}(07)/\%$	$mAP_{50:95}(07)/\%$	速度/FPS
Regression		1	91.42	11.57	49.99	51.73
Reg.（基线）	√	1	92.02	14.97	52.86	51.44
基线+CSL	√	180	97.41 (+5.39)	43.72 (+28.75)	68.35 (+15.49)	50.53 (−0.91)
基线+DCL(binary)	√	128	93.86 (+1.84)	18.06 (+3.09)	56.23 (+3.37)	52.63 (+1.19)
基线+DCL(gray)	√	64	97.44 (+5.42)	42.09 (+27.12)	68.18 (+15.32)	53.24 (+1.80)
基线+MGAR	√	5	**97.62** (+5.60)	**49.58** (+34.61)	**68.83** (+15.97)	**56.21** (+4.77)

注：速度是在NVIDIA GeForce RTX 3090上的测试结果。速度（10次测试的平均值）包括网络推理速度和后处理速度。网络输入图像的尺寸为800×800像素，黑色加粗表示最好结果。

表 5.4 在 HRSC2016 数据集上对超参数稳定性的比较实验结果

方法	C_θ	$mAP_{50}(12)/\%$	$mAP_{85}(12)/\%$	$mAP_{50,95}(12)/\%$
基线＋DCL(二进制编码)	32	94.15	13.97	53.28
	64	90.10	7.95	46.80
	128	93.86	18.06	56.23
	256	93.67	15.34	54.6
	$\mu \pm \sigma$	93.84±1.91	19.81±4.27	55.85±4.13
基线＋DCL(格雷码编码)	32	97.02	32.13	65.65
	64	97.44	42.09	68.18
	128	97.26	34.54	65.91
	256	97.28	24.28	62.32
	$\mu \pm \sigma$	97.25±0.15	33.26±6.35	65.52±2.09
基线＋MGAR	5	97.62	49.58	68.83
	4	97.19	48.88	68.77
	3	97.46	48.66	68.66
	$\mu \pm \sigma$	**97.42±0.17**	**49.04±0.39**	**68.75±0.07**

注：μ 表示平均值，σ 表示标准差。

MGAR 基于粗略分类和精细回归的方法，有效地结合了分类的灵活性和回归的准确性，降低了 FAC 和大规模回归的学习难度。图 5.3 可视化了四种方法在复杂场景中的检测结果，可以看出，MGAR 在细节上表现更好。

彩图 5.3

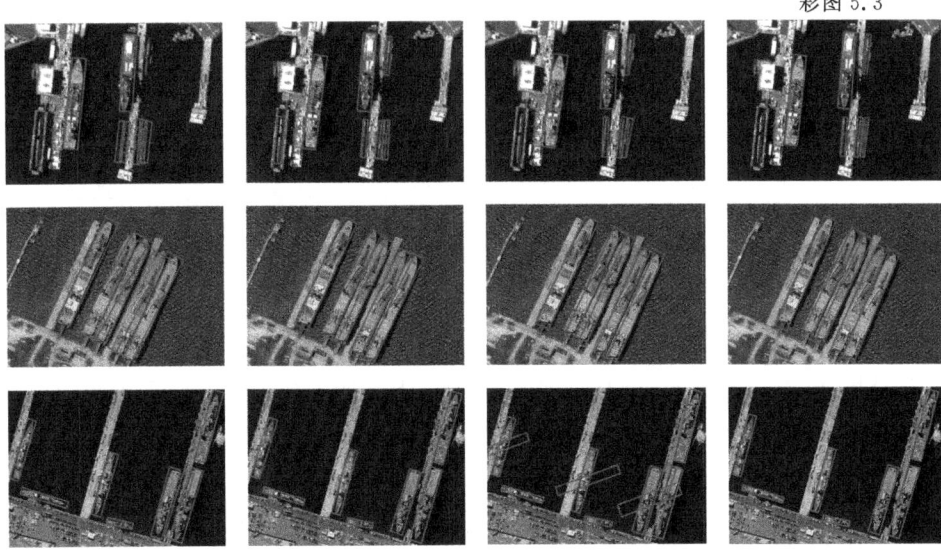

(a) 基于回归的方法　　(b) 基于CSL的方法　　(c) 基于DCL的方法　　(d) MGAR方法

图 5.3　对 HRSC2016 数据集中复杂场景的四种方法的可视化结果进行比较

2. 粗粒度角度分类的影响

超参数 C_θ 主要影响角度分类的精度。对于提出的 MGAR 方法，C_θ 的值理论上决定了检测头的厚度，进而影响模型的速度。为了更全面地分析 C_θ 对 MGAR 方法的影响，本章分析了更大值的 C_θ 的结果。考虑到 C_θ 不能被 180° 整除带来的浮点误差，本章讨论了 $C_\theta = [6,9,10,12,15,18,20,30,45,60,90]$ 的情况。表 5.5 展示了实验结果。

表 5.5　在 HRSC2016 数据集上对其他 C_θ 的消融实验

方法	C_θ	$mAP_{50}(12)/\%$	$mAP_{85}(12)/\%$	$mAP_{50,95}(12)/\%$
基线＋MGAR	6	96.95	47.64	68.57
	9	97.32	46.45	68.12
	10	97.39	43.41	66.45
	12	97.79	38.99	65.82
	15	97.39	18.87	58.16
	18	97.72	22.10	61.14
	20	97.50	22.43	61.69
	30	97.93	29.64	65.46
	45	97.75	39.88	67.29
	60	97.68	37.48	66.90
	90	97.71	37.15	66.48

C_θ 对三个精度指标的影响如图 5.4 所示。可以观察到随着 C_θ 的增加，mAP_{50} 有部分提高，而 mAP_{85} 和 $mAP_{50,95}$ 在一定程度上有所下降。这主要是因为角度类别增加了网络分类的难度。为了缓解这个问题，CSL 通过引入高斯窗口函数来平滑独热编码标签。然而，这种方法引入了一个额外的窗口大小超参数，进一步增加了参数选择和不可见的训练成本。因此，为了平衡精度、速度和参数稳定性，本章提出的 MGAR 的 C_θ 选择范围限制为 $[3,4,5]$。

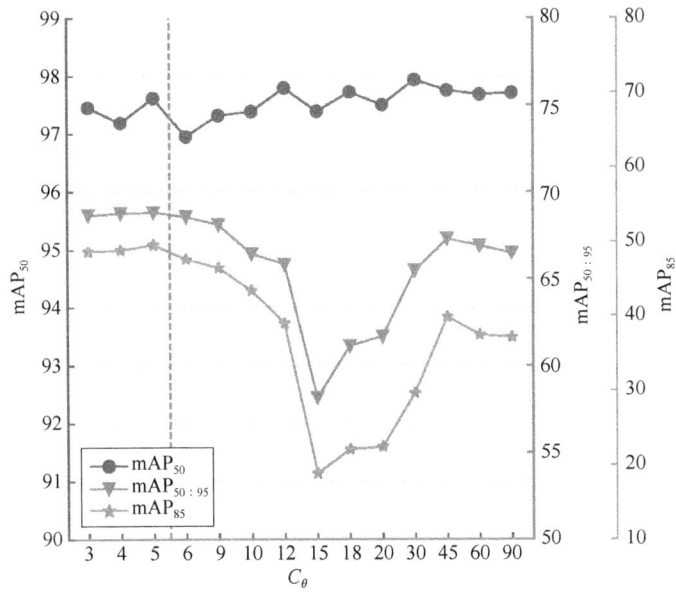

图 5.4 关于超参数 C_θ 的指标 mAP 的趋势

3. 细粒度角度回归的影响

对于角度回归,提出的 MGAR 对于 FAR 有一个明确的回归范围 $[0,\omega)$。对于角度回归的预测值,本章有很多拟合函数可供选择,例如 Linear(线性)函数、Sigmoid 函数、Square(平方)函数和 Exp(指数)函数。Sigmoid 函数可以准确拟合角度回归范围,而其他函数理论上具有 $[0,+\infty)$ 的回归范围。表 5.6 列出了不同拟合函数的性能。Linear 函数和 Square 函数的性能优于 Sigmoid 和 Exp 函数,Square 函数在训练期间相比 Linear 函数更平滑。总的来说,Square 函数表现最好,因此本章最终选择它来拟合角度回归的值。对于角度回归的损失函数,本章比较了均方误差(Mean Square Error,MSE)损失和 IFL,结果列在表 5.7 中。从表 5.7 中的结果可知,IFL 的表现优于 MSE。

表 5.6 比较不同回归拟合函数在 MGAR 上的表现

方法	C_θ	拟合函数	mAP_{50} (12)/%	mAP_{75} (12)/%	mAP_{85} (12)/%	$mAP_{50:95}$ (12)/%
基线+MGAR	3	Linear	97.36	**82.74**	47.29	**68.88**
		Sigmoid	97.18	79.76	43.59	67.14
		Square	**97.46**	82.05	**48.66**	68.66
		Exp	96.78	74.99	38.74	64.56

表 5.7 比较不同回归损失函数在 MGAR 上的表现

方法	C_θ	Loss	mAP$_{50}$(12)/%	mAP$_{75}$(12)/%	mAP$_{85}$(12)/%	mAP$_{50:95}$(12)/%
基线＋MGAR	3	MSE	93.68	67.74	25.26	58.68
		IFL	**97.46**	**82.05**	**48.66**	**68.66**

5.5.2 对比实验与分析

1. 在 HRSC2016 数据集上的结果

本章在 HRSC2016 数据集上对比了所提方法与其他遥感图像旋转目标检测方法,实验结果如表 5.8 所示。为方便起见,本章在下面的表格中使用"MGAR"表示"基线＋MGAR"。实验结果表明,提出的 MGAR 取得了较好的性能,在 mAP(VOC07)和 mAP(VOC12)指标下分别达到了 90.32% 和 97.46%。另外,本章还比较了不同方法在更好的检测性能下的结果,如表 5.9 所示。该方法在 mAP$_{75}$ 和 mAP$_{85}$ 这两个更严苛的精度评估指标下分别实现了 79.19% 和 46.25% 的最佳结果,相比 KLD[197] 和 GWD[166] 更优。

表 5.8 比较不同方法在 HRSC2016 数据集上的表现

方法	骨干网络	mAP$_{50}$(07)/%	mAP$_{50}$(12)/%
R^{2}CNN[198]	ResNet101[75]	73.07	79.73
RoI-Transformer[144]	ResNet101	86.20	—
Gliding Vertex[147]	ResNet101	88.20	—
BBAVectors[199]	ResNet101	88.6	—
CenterMap OBB[200]	ResNet50	—	92.8
RetinaNet-R[146]	ResNet101	89.18	95.21
R^{3}Det[146]	ResNet101	89.26	96.01
R^{3}Det-DCL[165]	ResNet101	89.46	96.41
S^{2}ANet[201]	ResNet101	90.17	95.01
Oriented RepPoints[202]	ResNet50	**90.40**	97.26
MGAR(C_θ=5)	DarkNet53	90.32	**97.46**

第5章 | 基于多粒度角度表示方法的遥感图像旋转目标检测

表5.9 比较不同方法在HRSC2016数据集上的高精度表现

方法	$mAP_{50}(07)/\%$	$mAP_{75}(07)/\%$	$mAP_{85}(07)/\%$
RetinaNet(GWD)[166]	85.56	60.31	17.14
RetinaNet(KLD)[197]	87.45	72.39	27.68
R3Det(GWD)[166]	89.43	68.88	15.02
R3Det(KLD)[197]	89.97	77.38	25.12
MGAR($C_\theta=5$)	**90.32**	**79.19**	**46.25**

2. 在DOSR数据集上的结果

为进一步验证所提出方法的性能,本章选择一个具有更多数据样本、更复杂场景和更小对象的细粒度长尾船舶数据集DOSR。该数据集还向遥感图像旋转目标检测方法提出了更有挑战性的细粒度分类要求。在表5.10中,本章报告了每类船舶目标的AP。由表5.10可知,本章提出的方法优于其他方法,实现了62.22%的最佳mAP结果和26.17 FPS的最快速度。

表5.10 不同方法在DOSR数据集上的性能

方法	BCV	Fis.	DeB.	Yac.	FTS.	Mul.	Tug.	Com.	Spe.	Car.	Cru.
FR-FPN-O[128]	37.14	8.79	7.98	47.30	25.59	48.20	48.11	50.80	28.54	80.57	49.81
R²CNN[198]*	56.47	36.86	38.84	57.14	26.19	54.55	58.98	32.03	39.27	76.70	52.99
RRPN[163]*	62.89	42.80	33.15	47.15	43.66	52.50	74.57	27.27	31.19	83.30	57.52
SCRDet[145]*	65.21	54.26	44.62	53.33	49.62	38.31	66.67	40.74	32.19	86.66	61.50
RetinaNet-O[146]*	49.52	26.24	36.86	50.63	27.16	35.00	70.45	49.74	33.68	68.70	35.87
R³Det[146]*	65.60	44.78	28.49	64.21	49.14	53.03	68.16	38.83	35.97	84.24	63.36
SCRDet++[203]*	61.22	44.45	36.06	67.58	62.80	61.62	**81.09**	66.09	63.51	76.28	66.14
RSDet[162]*	55.27	10.76	22.84	59.78	52.45	47.30	58.78	63.64	57.72	75.32	39.60
ReDet[161]*	64.28	43.17	27.87	**75.65**	65.05	41.59	80.10	37.67	**67.95**	85.06	62.40
EIRNet[128]	67.52	**55.65**	48.59	68.53	**70.48**	57.36	75.52	58.26	42.53	**87.87**	**67.00**
MGAR†	**68.12**	41.68	**51.98**	71.78	63.64	**81.82**	78.96	63.64	66.22	86.41	59.01

方法	Flo.	Tan.	Des.	Sub.	Con.	Bar.	Tra.	Aux.	Mil.	mAP/%	速度/FPS
FR-FPN-O[128]	8.64	65.40	15.54	10.03	56.69	12.21	69.35	10.78	32.18	35.68	4.92
R²CNN[198]*	5.85	50.84	42.41	13.64	75.57	46.08	66.85	43.54	36.85	45.58	2.85
RRPN[163]*	33.10	64.89	20.55	54.55	78.61	**52.95**	78.26	36.06	36.63	50.58	2.71
SCRDet[145]*	21.95	**87.68**	32.84	54.55	**80.58**	49.91	73.68	42.78	49.46	54.29	3.84

113

续表

方法	Flo.	Tan.	Des.	Sub.	Con.	Bar.	Tra.	Aux.	Mil.	mAP /%	速度 /FPS
RetinaNet-O[146]*	11.93	38.11	2.04	0.00	55.99	12.16	66.27	29.66	34.06	36.70	3.72
R^3Det[146]*	34.35	71.63	26.70	57.61	74.77	42.70	74.03	27.19	48.48	52.66	4.89
SCRDet++[203]*	13.91	77.01	58.98	32.73	70.00	18.75	76.22	**47.27**	44.22	56.33	2.85
RSDet[162]*	16.94	33.13	14.23	45.69	68.82	26.19	75.30	33.96	45.04	45.15	2.77
ReDet[161]*	37.54	83.44	36.58	34.85	76.64	44.31	86.03	38.04	57.48	57.32	12.00
EIRNet[128]	55.30	74.90	56.65	**59.60**	78.63	30.46	78.34	45.98	48.59	61.39	3.68
MGAR†	**55.31**	82.39	**63.27**	21.82	75.55	25.97	**88.93**	40.33	**57.65**	**62.22**	**26.17**

注：FPS 代表每秒帧数。为了与其他方法保持一致，实验在同一设备（NVIDIA GeForce GTX 1080Ti）上测试速度。† 表示 $C_\theta = 3$，黑色粗体表示最好结果。* 表示数据来自文献[128]。

3. 在 UCAS-AOD 数据集上的结果

UCAS-AOD 数据集包含密集排列的小型车辆和飞机，有助于比较方法对小型物体的检测效果。如表 5.11 所示，本章提出的方法可以实现 90.01% 的 mAP 性能，表现出了优异的性能。

表 5.11 比较不同方法在 UCAS-AOD 数据集上的表现

方法	汽车	飞机	$mAP_{50}(07)/\%$
YOLOv3-R[88]	74.63	89.52	82.08
RetinaNet-R[146]	84.63	90.51	87.57
Faster R-CNN-R[94]	86.87	89.86	88.36
RoI-Transformer[144]	87.99	89.90	88.95
DAL[204]	89.25	90.49	89.87
S^2ANet[201]	**89.56**	90.42	89.99
MGAR($C_\theta=5$)	89.40	**90.63**	**90.01**

4. 在 DIOR-R 数据集上的结果

DIOR-R 包含航空场景中的 20 个对象类别。表 5.12 列出了 DIOR-R 上的实验结果。本章的方法实现了 66.89% 的最佳 mAP 性能。

第 5 章　基于多粒度角度表示方法的遥感图像旋转目标检测

表 5.12　比较不同方法在 DIOR-R 数据集上的表现

方法	骨干网络	$mAP_{50}(07)/\%$
RetinaNet-O[146]	ResNet-50	57.55
Faster RCNN-O[94]	ResNet-50	59.54
Gliding Vertex[147]	ResNet-50	60.06
RoI-Transformer[144]	ResNet-50	63.87
AOPG[127]	ResNet-50	64.41
Oriented RepPoints[202]	ResNet-50	66.71
MGAR(C_θ=5)	Darknet-53	**66.89**

5. 在 DOTA 数据集上的结果

本章利用 DOTA 数据集评估了提出的方法在大型数据集上的性能。本章将提出的 MGAR 与其他两阶段方法、细化阶段方法和单阶段方法进行了比较。表 5.13 展示了详细结果。在输入尺寸为 896×896 像素的情况下,本章的方法获得了 78.29% 的 mAP,比大多数两阶段方法和精化阶段方法都要好。同时,本章所提出的 MGAR 在单阶段方法中取得了最佳的结果。值得注意的是,本章所提出的 MGAR 在速度方面表现最佳,是所有比较方法中最快的。另外,本章还在 DOTA 测试集上可视化了一些检测结果,如图 5.5 所示。本章提出的 MGAR 具有出色的检测性能。

表 5.13　比较不同方法在 DOTA 数据集上的表现

方法	阶次	骨干网络	PL	BD	BR	GTF	SV	LV	SH	TC	BC
Faster RCNN[94]	两阶	R-50	88.44	73.06	44.86	59.09	73.25	71.49	77.11	90.84	78.94
ROI-Trans.[144]	两阶	R-101	88.53	77.91	37.63	74.08	66.53	62.97	66.57	90.50	79.46
SCRDet[145]	两阶	R-101	89.98	80.65	52.09	68.36	68.36	60.32	72.41	90.85	87.94
Gliding Vertex[147]	两阶	R-101	89.64	85.00	52.26	77.34	73.01	73.14	86.82	90.74	79.02
ReDet[161]	两阶	ReR-50	88.79	82.64	53.97	74.00	78.13	84.06	88.04	90.89	87.78
Ori. RCNN[148]	两阶	R-50	89.84	95.43	**61.09**	79.82	79.71	**85.35**	88.82	90.88	86.68
RSDet[162]	两阶	R-101	89.80	82.90	48.60	65.20	69.50	70.10	70.20	90.50	85.60
R^3Det[146]	细化	R-152	89.80	83.77	48.11	66.77	78.76	83.27	87.84	90.82	85.38

续表

方法	阶次	骨干网络	PL	BD	BR	GTF	SV	LV	SH	TC	BC
S²ANet[201]	细化	R-50	89.07	82.22	53.63	69.88	80.94	82.12	88.72	90.73	83.77
	细化	R-101	88.89	83.60	57.74	**81.95**	79.94	83.19	**89.11**	90.78	84.87
Oriented Reppoints[202]	细化	R-50	87.02	83.17	54.13	71.16	80.18	78.40	87.28	**90.90**	85.97
	细化	R-101	88.86	**88.86**	55.27	76.92	74.27	82.10	87.52	**90.90**	85.56
	细化	Swin-T	88.72	80.56	55.69	75.07	**81.84**	82.40	87.97	90.80	84.33
DRN[205]	单阶	H-104	89.71	82.34	47.22	64.10	76.22	74.43	85.84	90.57	86.18
RIDet[206]	单阶	R-101	88.93	78.45	46.87	72.63	77.63	80.68	88.18	90.55	81.33
PolarDet[207]	单阶	R-101	89.65	87.07	48.14	70.97	78.53	80.34	87.45	90.76	85.63
GGHL[208]	单阶	D-53	89.74	85.63	44.50	77.48	76.72	80.45	86.16	90.83	**88.18**
GWD[166]	单阶	R-152	86.96	83.88	54.36	77.53	74.41	68.48	80.34	86.62	83.41
KFIoU[209]	单阶	R-152	89.46	85.72	54.94	80.37	77.16	69.23	80.90	90.79	87.79
CSL[164]	两阶	R-152	**90.25**	85.53	54.64	75.31	70.44	73.51	77.62	90.84	86.15
DCL[165]	细化	R-152	89.26	83.60	53.54	72.76	79.04	82.56	87.31	90.67	86.59
MGAR* ($C_\theta=3$)	单阶	D-53	89.84	85.75	51.59	77.00	76.38	74.81	86.40	90.73	87.70
MGAR† ($C_\theta=5$)	单阶	D-53	89.81	85.22	52.51	77.52	77.63	76.19	87.20	90.84	87.93

方法	阶次	骨干网络	ST	SBF	RA	HA	SP	HC	mAP/%	速度/FPS
Faster RCNN[94]	两阶	R-50	83.90	48.59	62.95	62.18	64.91	56.18	69.05	14.9
ROI-Trans.[144]	两阶	R-101	76.75	59.04	56.73	62.54	61.19	55.56	67.74	7.80
SCRDet[145]	两阶	R-101	86.86	65.02	66.68	66.25	68.24	65.21	72.61	9.51
Gliding Vertex[147]	两阶	R-101	86.81	59.55	70.91	72.94	70.86	57.32	75.02	13.10
ReDet[161]	两阶	ReR-50	85.75	61.76	60.39	75.96	68.07	63.59	76.25	—
Ori. RCNN[148]	两阶	R-50	87.73	72.21	70.80	82.42	78.18	**74.11**	80.87	8.10
RSDet[162]	两阶	R-101	83.40	62.50	63.90	65.60	67.20	68.00	72.20	—
R³Det[146]	两阶	R-152	85.51	65.67	62.68	67.53	78.56	72.62	76.47	10.53
S²ANet[201]	细化	R-50	86.92	63.78	67.86	76.51	73.03	56.60	76.38	17.60
	细化	R-101	87.81	70.30	68.25	**78.30**	77.01	69.58	79.42	13.79
Oriented Reppoints[202]	细化	R-50	86.25	59.90	70.49	73.33	72.27	58.97	75.97	16.10
	细化	R-101	85.33	65.51	66.82	74.36	70.15	57.28	76.28	14.23
	细化	Swin-T	87.64	62.80	67.91	77.69	**82.94**	65.46	78.12	-

续表

方法	阶次	骨干网络	ST	SBF	RA	HA	SP	HC	mAP/%	速度/FPS
DRN[205]	单阶	H-104	84.89	57.65	61.93	69.30	69.63	58.48	73.23	-
RIDet[206]	单阶	R-101	83.61	64.85	63.72	73.09	73.13	56.87	74.70	13.36
PolarDet[207]	单阶	R-101	86.87	61.64	70.32	71.92	73.09	67.15	76.64	25.00
GGHL[208]	单阶	D-53	86.25	67.07	69.40	73.38	68.45	70.14	76.95	42.30
GWD[166]	单阶	R-152	85.55	**73.47**	67.77	72.57	75.76	73.40	76.30	13.86
KFIoU[209]	单阶	R-152	86.13	73.32	68.11	75.23	71.61	69.49	77.35	13.79
CSL[164]	两阶	R-152	86.69	69.60	68.04	73.83	71.10	68.93	76.17	8.89
DCL[165]	细化	R-152	86.98	67.49	66.88	73.29	70.56	69.99	77.37	10.39
MGAR* ($C_\theta=3$)	单阶	D-53	87.48	63.25	69.70	75.79	80.88	71.07	77.85	**59.17**
MGAR† ($C_\theta=5$)	单阶	D-53	**88.01**	66.25	67.88	76.24	78.53	72.51	78.29	58.14

注: 骨干网络 R-50、R-101、R-152、ReR-50、H-104、D-53、Swin-T 分别代表 ResNet50[87]、ResNet101[87]、ResNet152[87]、ResNet50[161]、Hourglass104[210]、DarkNet53[88] 和 Swin Transformer Tiny[211]。"单阶"、"两阶"和"细化"分别代表单阶段方法、两阶段方法和细化阶段方法。速度是在 NVIDIA GeForce RTX 3090 上的测试结果。速度(10 次测试的平均值)仅包括网络推断速度,不包括后处理(批量大小为 1)。测试其他方法时,使用它们的开源代码。由于部分代码没有公开,某些方法的速度无法测试,其速度用"—"表示。* 表示网络输入图像的尺寸为 800×800 像素。† 表示网络输入图像的尺寸为 896×896 像素。

彩图 5.5

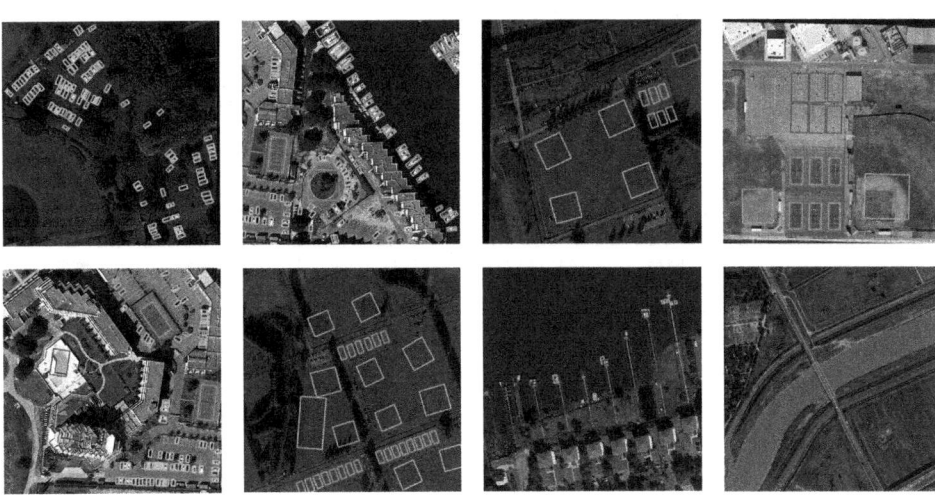

图 5.5 在 DOTA 数据集上"基线＋MGAR"方法的可视化结果

6. 轻量化部署

为验证本章的方法在轻量级设备上的部署优势,本章将基准框架中的骨干网替换为轻量级 CNN MobileNetv2[212],并在嵌入式设备 NVIDIA Jetson AGX Xavier 上进行了测试。这个实验是在 HRSC2016 数据集上进行的。结果列在表 5.14 中。本章提出的 MGAR 在精度方面达到了最高水平,并且在 FLOPs 和参数数量方面都比 CSL 和 DCL 少,理论上计算复杂度更低,存储消耗更少,在实际测试中同样也是速度最快。在嵌入式设备上,MGAR 比 CSL 快将近 3.4 FPS,比 DCL 快将近 1 FPS。速度和准确度的结果表明,提出的 MGAR 在轻量级嵌入式部署方面具有明显的优势。

表 5.14 不同方法在 HRSC2016 数据集上的实验结果

方法	骨干网络	mAP$_{50}$(12)/%	速度/FPS	FLOPs/G	参数量/M
基线＋CSL	MobileNetv2	89.54	17.68	9.634	9.21
基线＋DCL*	MobileNetv2	89.43	20.01	8.924	8.42
基线＋MGAR†	MobileNetv2	**89.67**	**21.09**	**8.915**	**8.41**

注:单位 G 为 Giga,表示 1×10^9;单位 M 表示 1×10^6。速度是在 NVIDIA Jetson AGX Xavier 上的速度。速度(10 次测试的平均值)包括网络推断速度和后处理。网络的输入图像尺寸为 800×800 像素。* 表示 $C_\theta=64$ 且使用格雷码。† 表示 $C_\theta=3$。

本章小结

本章提出了一种多粒度角度表示方法,该方法集成了 CAC 和 FAR 两部分。CAC 通过离散角度编码消除经典基于回归方法的角度模糊性,减少了预测层厚度,提高了模型计算效率。FAR 改进了角度预测,为具有大长宽比的物体带来更精确的预测,并进一步降低了计算消耗。此外,通过设计 IOU 感知的 FAR 损失函数(IFL),利用自适应权重机制引导角度回归更平滑、稳定地收敛。特别地,MGAR 引入的超参数对不同的数据集具有鲁棒性和非敏感性,避免了额外的调参成本,节省了训练时间。本章在 HRSC2016、DOSR、UCAS-AOD、DIOR-R 和 DOTA 等多个公开遥感数据集上进行了实验验证,结果表明,MAGR 在检测精度和速度方面都表现优异。此外,在嵌入式设备上的轻量化实验显示,MAGR 在保证检测性能的同时显著降低了模型的计算复杂度,证明其在实际场景中的应用价值。

第 6 章
基于任务解耦知识蒸馏的遥感图像目标检测

6.1 引　　言

　　随着遥感目标检测对于实时性边缘计算平台处理需求的提升,遥感图像旋转目标检测算法轻量化的工作越发重要,对于工业化实际部署有着重要作用,也为未来星载/机载遥感图像实时在轨处理提供了技术基础。然而前述基础框架的网络设计未专门针对轻量化检测方法,仅通过设计旋转不变描述子和多粒度角度编码提升模型对光学遥感图像中方向敏感目标的检测精度。因此,本章提出了基于任务解耦知识蒸馏约束的遥感图像方向多样性目标检测方法(Task-wise Instance Decoupling Knowledge Distillation,TIDK),TIDK 通过显式地拆分遥感图像目标检测为目标分类、位置回归、方向旋转、标签分配四个子任务,从而高效利用复杂高性能模型引导轻量化模型进行知识传递。在此基础上,本章设计了一个角度距离-纵横比查找表来优化样本分配过程,通过离散量化的方式为一个目标分配一个实例级权重来专门优化,此权重同时被引入目标识别的检测损失中,以增加方向和形状预测的敏感性。角度距离-纵横比定向实例权重被引入标签分配和重加权损失中,以提高轻量化模型对于角度距离和纵横比的敏感性。最后,引入样本分配对齐,通过显式约束复杂教师模型和轻量化模型在动态对齐系数分布之间的距离,实现样本分配空间的强制约束对齐,所提方法可高效传递教师模型目标特征知识,有效补偿轻量级模型的检测性能,提升模型对方向多样性目标的检测能力。

6.2 无锚范式的遥感图像方向多样性目标基准框架

本章设计了一个无锚范式的遥感图像方向多样性目标基准框架,如图 6.1 所示。该框架的基线网络为主流单阶段无锚框的目标检测网络,主要包含三个部分:第一部分骨干网络(Backbone)主要负责从输入图像中提取语义特征图;第二部分颈部网络(Neck)用于聚合不同尺度特征图,以提升特征表达能力;第三部分预测网络(Head)根据具体的需求来实现不同的功能,传统的预测头主要进行类别预测以及边界回归,多任务检测可以集成方向预测以及语义分割等任务。

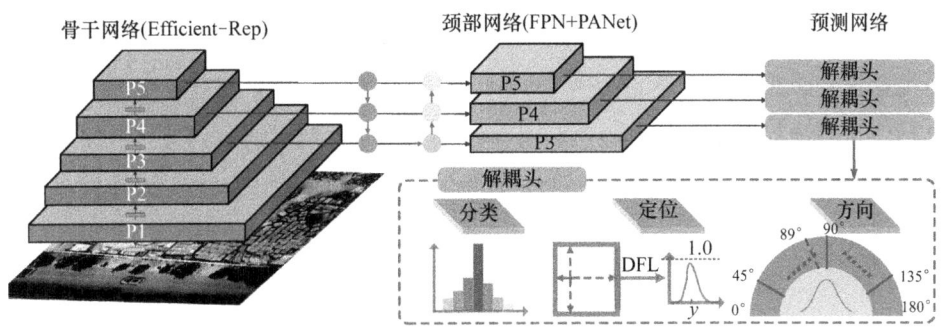

图 6.1 单阶段 Anchor-Free 方向多样性目标检测算法网络结构

(1) 骨干网络

骨干网络采用 Efficient-Rep[213]作为基线网络,借鉴了 RepVGG[214]的重参数化的思想解耦模型训练和推理。训练阶段通过堆叠多分支结构来大幅提高网络的准确性,推理阶段将多分支结构的卷积算子权重等价转换为单 3×3 卷积算子。Efficient-Rep 系列网络采用神经网络的思想,通过控制宽度因子和深度因子两个超参调节模型参数量和复杂度。

(2) 颈部网络

颈部结构采用融合 FPN 和 PANet,以优化目标检测网络。其中,FPN[89]通过构建多尺度特征金字塔增强不同尺度目标的检测能力,而 PANet[90]则通过其丰富的特征聚合路径进一步增强特征的表达能力。该方法满足了单阶段目标检测算法对检测性能与计算效率的双重需求且简洁高效。

(3) 预测网络

预测网络通过解耦检测头将不同的预测任务独立到各自的子网络中进行处理,并允许每个检测头独立优化,有效避免了不同预测任务之间的相互干扰,提升了整个检测系统的灵活性和效率。解耦检测头被细分为三个多任务预测分支:分类分支、定位分支和方向分支。分类分支主要负责预测目标的类别,并通过置信度得分来区分目标与背景;定位分支则采用分布式焦点损失(Distribution Focal Loss,DFL)[215]技术,将传统的框表示方法从四元狄拉克分布转换为概率分布,这种方法能够不引入任何先验条件直接学习底层的通用分布 $P(x)$,更高效地表达了位置的不确定性。分布越扁平和分散,不确定性越高;分布越尖锐和集中,不确定性越低。

此外,所生成的边界框分布可作为强监督信号,用于指导学生检测器,帮助其解决定位的模糊性问题,并提升学生网络所学习的特征表示的质量。边界框的四个变量被定义为回归变量 $e \in \mathcal{B} = \{t, b, l, r\}$,具体包括上、下、左、右四个方向。通过标注这些边界的最小值($\boldsymbol{p}_{\text{reg}}^{\tau} = \text{Softmax}(\boldsymbol{S}_{\text{reg}}, \tau)$, $\boldsymbol{q}_{\text{reg}}^{\tau} = \text{Softmax}(\boldsymbol{T}_{\text{reg}}, \tau)$)与最大值($y_{n-1}$),网络模型被训练来预测边界框的值 $\hat{y}$($y_0 \leqslant \hat{y} \leqslant y_{n-1}$),从而学习到目标的精确位置。

$$\hat{y} = \int_{-\infty}^{\infty} P(x) x \mathrm{d}x = \int_{y_0}^{y_{n-1}} P(x) x \mathrm{d}x \tag{6.1}$$

为了适配卷积神经网络的输出格式,将 $[y_0, y_{n-1}]$ 离散化成 $\boldsymbol{y}_{\text{reg}} = \{y_0, y_1, \cdots, y_{n-1}\}$。DFL 头生成的回归变量在 $\mathcal{B}$ 中的逻辑回归分布定义为 $\boldsymbol{y}_{\text{reg}}$。其中,离散通用分布性质为 $\sum_{i=0}^{n-1} P(y_i) = 1$,估计的回归至可以表示为

$$\hat{y} = \sum_{i=0}^{n-1} P(y_i) y_i \tag{6.2}$$

其中,n 设置为 15。对于 DFL 头参数 n,本章与 Generalized Focal Loss(GFL)[215] 和定位蒸馏[216] 设置保持相同。

在方向分支,使用圆形平滑标签(Circular Smooth Label,CSL)[164] 的旋转框表征方法,这种方法使用角度分类替代了传统的回归方式。CSL 将连续的角度回归转换成离散分类的方式,实现了角度方向信息的离散化编码。通过将角度划分成不同粒度的分类间隔,CSL 允许根据实际需求设计不同数量的类别,例如,将 0°~180° 的角度范围划分成 180 个标签,每个标签代表 1° 的间隔,这反映了分类的细粒度。当定位分类头第 120 个标签的置信度最高时,此时方向预测角度为 120°。

通过这种方式,方向分支利用角度分类头,将解耦头分支的预测方式从硬回归转变为基于分布的回归方式。通过这样的设计,网络所有子任务头的范式可以规约成一类范式,即预测数据的软分布而不是单纯的硬回归。各个子任务之间的蒸馏策略可以和原始的知识蒸馏方法[217]进行对齐。图 6.2 给出了方向和定位信息预测编码转换方式。

彩图 6.2

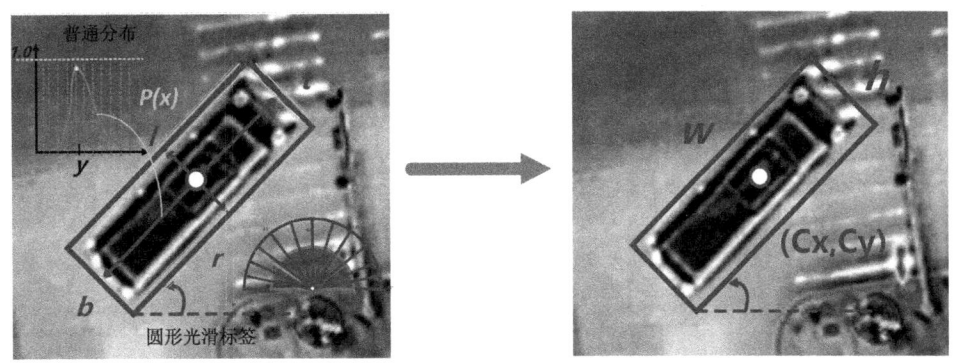

图 6.2 方向和定位信息预测编码转换方式

6.3 任务解耦知识蒸馏约束的方向多样性目标检测

本章提出了一种任务解耦知识蒸馏约束的方向多样性目标检测框架,图 6.3 给出了该框架的流程图。具体地,TIDK 框架通过显式地将目标分类、位置回归、方向旋转以及标签分配四个子任务解耦开来,高效地利用复杂高性能模型指导轻量化模型进行知识传递。为进一步优化样本分配过程,本章提出了一个基于角度距离与纵横比的查找表,通过离散量化方式为每个目标分配实例级权重,专注于优化检测性能。该权重被引入红外目标识别的检测损失函数中,以增强模型对方向和形状预测的敏感性。此外,提出的样本分配蒸馏方法通过让轻量化模型模仿复杂网络的锚点分配分布,有效减小了空间对齐误差。

彩图 6.3

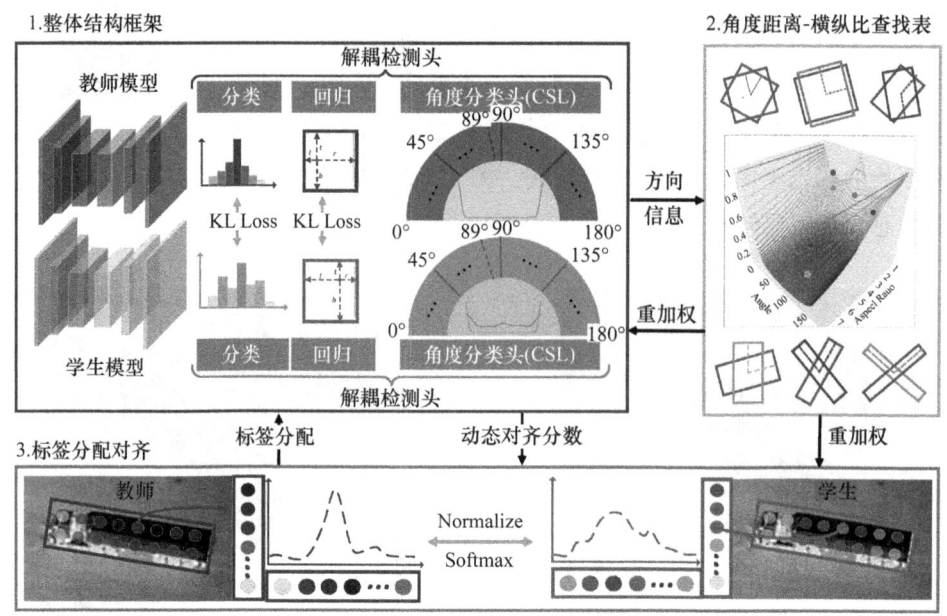

图 6.3　任务级解耦知识蒸馏框架

6.3.1　检测头解耦蒸馏

1. 分类蒸馏

预测网络的分类分支引入了图像分类任务中的知识蒸馏方法[217],允许轻量级的学生模型通过模仿复杂且参数量较大的教师模型的软标签输出来提升其性能。教师模型通常是一个复杂而庞大的高精度模型,这种模型在大规模数据集上进行了充分训练,积累了丰富的先验知识。通过这种方式,教师模型的知识可以被转移到学生模型上,指导其训练过程,使学生模型在保持轻量级的同时,也能达到较高的预测精度。

在分类任务中,给定教师模型和学生模型的输出标签为 $\{T_{\text{class}}, S_{\text{class}}\} \in \mathbb{R}^n$。为了使这些输出标签能够转换为含有更丰富信息的概率分布,可采用温度系数 τ 和 Softmax 函数来处理,以生成教师模型和学生模型的软标签分布 q_{class}^{τ} 和 p_{class}^{τ}。

$$p_{\text{class}}^{\tau} = \text{Softmax}(S_{\text{class}}, \tau), q_{\text{class}}^{\tau} = \text{Softmax}(T_{\text{class}}, \tau) \tag{6.3}$$

其中,当 $\tau=1$ 时,该函数等价于原始的 Softmax 函数。当 $\tau \to 0$ 时,概率分布趋于狄拉克分布,而当 $\tau \to \infty$ 时概率分布趋于均匀分布。训练过程中,学生模型通过最小化损失函数,模仿真实标签和教师模型软标签。其中,真实标签采用二元交叉熵(Binary Cross Entropy Loss, BCE),后者利用 KL 散度(Kullback-Leibler-Divergence, KL)来约束。从实验结果的角度来看,当 $\tau>1$ 时,概率分布变得更平滑,有助于携带更多的信息。

2. 定位蒸馏

定位蒸馏的主要思想来自 LD[216],它通过使用 DFL 检测头将预测回归的四个输出变量(l,t,r,b)建模为一般概率分布,进而转换成离散概率分布。这种方法能够携带更多信息,有助于解决定位模糊问题。定位分支在未解码之前的输出格式已经对齐分类分支的输出格式,因此可以将用于图像分类的知识蒸馏范式迁移到定位预测上来。在知识蒸馏过程中,由学生模型和教师模型预测的相同边界框 B 的四个变量的 DFL logits 分别定义为 $\boldsymbol{S}_{\text{reg}}$ 和 $\boldsymbol{T}_{\text{reg}}$。利用 Softmax 将 $\boldsymbol{S}_{\text{reg}}$ 和 $\boldsymbol{T}_{\text{reg}}$ 转化为概率分布 $\boldsymbol{p}_{\text{reg}}^{\tau}$ 和 $\boldsymbol{q}_{\text{reg}}^{\tau}$。

$$\boldsymbol{p}_{\text{reg}}^{\tau}=\text{Softmax}(\boldsymbol{S}_{\text{reg}},\tau), \quad \boldsymbol{q}_{\text{reg}}^{\tau}=\text{Softmax}(\boldsymbol{T}_{\text{reg}},\tau) \tag{6.4}$$

其中,τ 为蒸馏温度,Softmax 表示带有分布系数的 Softmax 函数。KL 散度衡量了两个分布向量 $\boldsymbol{p}_{\text{reg}}^{\tau}$ 和 $\boldsymbol{p}_{\text{reg}}^{\tau}$ 之间的相似性。

3. 角度蒸馏

预测网络检测头采用五参数表示法描述旋转框,即中心坐标、检测框的高宽和角度编码,也就是(C_x,C_y,w,h,θ)。角度编码通过使用圆形平滑标签(Circular Smooth Label,CSL)技术,将角度回归范围划分成 180 个区间,进而将回归任务转换到分类任务。通常,角度 θ 定义为从正 x 轴逆时针旋转至旋转框第一条边的夹角。然而,这种定义在框的长短边交换时会引起角度的突变。为了避免上述问题,本章采用了基于旋转框长边的角度表示方法,如图 6.4 所示,θ 定义旋转框长边相对于负 x 轴逆时针旋转的角度,取值范围为[0°,180°)。此方法不存在角度突变情况,且每个 θ 值唯一对应一种旋转状态。与其他角度表示相比,基于长边的 θ 表示具有如下优点:θ 值连续变化,没有突变情况,更平滑且更有利于学习,取值范围限定在半圆内,也就是[0°,180°),消除了角度周期性,每个 θ 值代表唯一的旋转状态。因此,基于长边的五参数表示方法不仅是描述旋转框的最佳选择,还能够与圆形平滑标签相对应,使教师模型更有效地引导学生模型进行方向的学习。

基于以上内容,本章提出角度蒸馏(Angle Distillation,AD),这是一种专门为方向多样性目标检测任务设计的新型知识蒸馏方法。角度蒸馏将定位蒸馏转化为使用角度分类分支的分类蒸馏。与原始的 CSL 标签相比,教师模型的高斯特征更加突出,不依赖于任何先验窗口超参数。将角度蒸馏与 CSL 标签结合起来,可以为学生模型在处理难例样本时进行角度回归提供更多可能性。同定位蒸馏的思路一致,角度蒸馏使用带有蒸馏温度参数 τ 的 Softmax 函数来软化学生模型和教师模型的分布,通

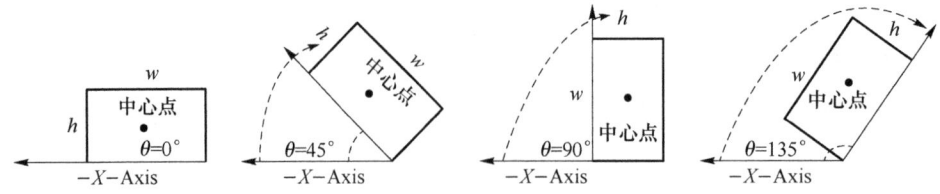

图 6.4 五参数长边 180°定义方法

过让概率分布承载更多的信息,学生模型可以从教师模型和真值标签中进行联合学习,从而让轻量化的学生模型的检测精度提高。$\{\boldsymbol{S}_\theta, \boldsymbol{T}_\theta\} \in \mathbb{R}^{W \times H \times \theta_{\text{class}}}$ 表示学生模型和教师模型检测头的方向分支预测的角度软标签。θ_{class} 代表角度分类的数目,这里设置为 180°。w 和 h 分别为检测头分支预测特征图的高度和宽度。

$$\boldsymbol{p}_\theta^\tau = \text{Softmax}(\boldsymbol{S}_\theta, \tau), \quad \boldsymbol{q}_\theta^\tau = \text{Softmax}(\boldsymbol{T}_\theta, \tau) \tag{6.5}$$

$$L_\theta = L_{\text{CE}}(\boldsymbol{S}_\theta, \boldsymbol{\theta}_{\text{csl}}) + \lambda_\theta L_{\text{KL}}(\boldsymbol{p}_\theta^\tau \parallel \boldsymbol{q}_\theta^\tau) \tag{6.6}$$

其中,$\boldsymbol{\theta}_{\text{csl}}$ 代表圆形平滑标签,L_{CE} 表示交叉熵损失,L_{KL} 代表 KL 散度,λ_θ 用于平衡这两种损失,蒸馏区域仅选择从标签分配中得到的正样本区域。图 6.5 显示了教师模型在不同温度下的软标签分布。图 6.5 可视化了圆形标签和教师模型的软性知识标签的区别,其中真值为 0°。随着温度的增加,分布从高斯分布过渡到均匀分布。当温度在某个范围内时,角度蒸馏可以使分布变得更加平滑,使角度分布携带更多信息。

彩图 6.5

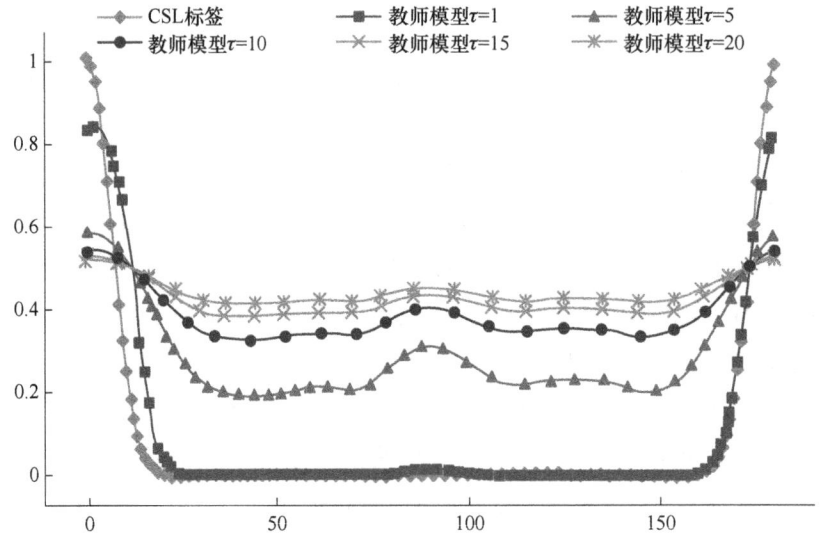

图 6.5 教师模型的软性标签分布和的可视化

6.3.2 角度-纵横比实例离散量化权重

为了增强模型对方向定位的敏感度,可在样本分配中引入前导相位感知权重。通过预先计算角度-纵横比查找表,可以利用网络预测水平检测框的交并比值(Intersection of Union,IoU)近似预测旋转检测框的 IoU 值。假设锚点预测的 OBB 与真值框(Ground Truth,GT)的 HBB 相同,只有方向信息 θ 存在区别。通过对方向信息解耦并单独优化,可充分解决矩形和正方形检测框目标周期歧义性而导致的损失函数突变的问题。网络预测角度(θ_{pred})和角度标签(θ_{gt})之间角度差的绝对值被定义为 $\Delta\theta$,此值和图 6.6 中的角度距离(Angle Distance)是一致的。$\mathcal{AR}$ 是真值框的纵横比。

$$|\Delta\theta| = |\theta_{\text{pred}} - \theta_{gt}| \tag{6.7}$$

$$\mathcal{AR} = \frac{w_{gt}}{h_{gt}} \tag{6.8}$$

其中,w_{gt} 和 h_{gt} 分别是真值框的长边和短边。

图 6.6 给出了不同纵横比条件下,旋转 IoU 值随角度差异变化的情况。角度距离指当前预测旋转框与真实框之间的角度绝对差。通过调整纵横比,可以近似旋转 IoU 在不同角度差异下的变化。图 6.6 中还清晰地揭示了角度周期性问题和类正方形物体的周期性突变问题。角度周期性问题指的是,当两个矩形框具有相同的中心坐标和长宽时,假设它们的角度分别为 1.4°和 175.3°,这两个矩形框在视觉上几乎一致,并且通过 IoU 度量的相似性也很高。然而,当角度差异过大时,角度损失会显著增加,导致损失函数的突变。类正方形物体的周期性突变问题则是指,纵横比较大的矩形目标的周期近似等于 180°,当纵横比接近 1 时,周期迅速突变到 90°,无法用一个固定周期来描述所有情况。

一种常见的方法是使用正弦函数进行近似拟合,但其缺点在于需要手动调整纵横比阈值(r),以匹配周期。当纵横比处于特定的范围内时,如图 6.7 中纵横比为 1.2 的情况,正弦函数无法正确表示该纵横比下的旋转 IoU 曲线。

$$W^*(\theta) = |\sin(\mathcal{V}(\mathcal{AR}) \cdot (\Delta\theta))| \tag{6.9.a}$$

$$\mathcal{V}(\mathcal{AR}) = \begin{cases} 2, & \mathcal{AR} > r \\ 1, & \text{其他} \end{cases} \tag{6.9.b}$$

为了解决上述问题,可以将角度距离和纵横比分别进行采样离散化,这两个分别用于二维查找表(Look Up Table,LUT)的两个独立的 x 轴和 y 轴。假设 OBB

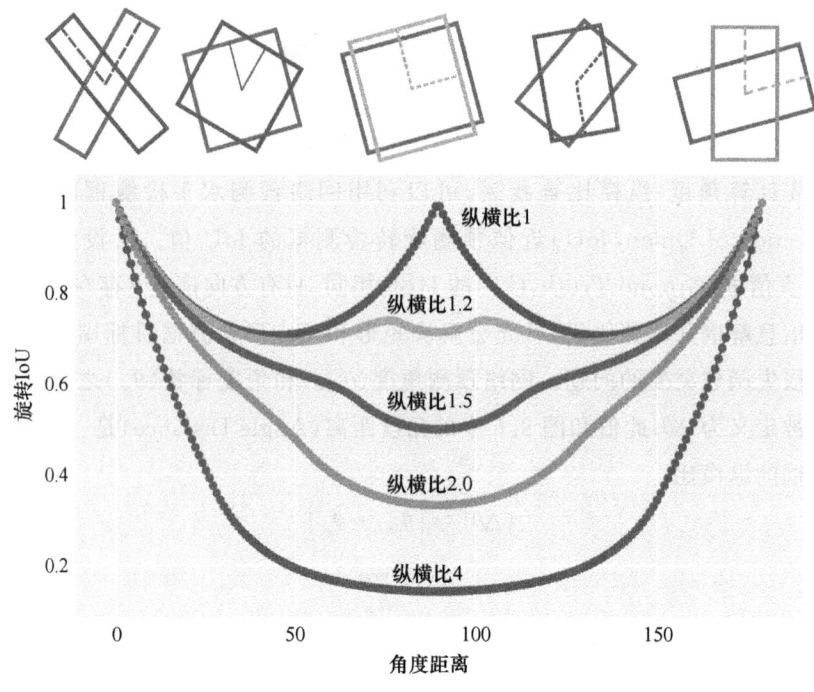

图 6.6 具有不同纵横比的目标的旋转 IoU 随角度距离的变化情况

和 GT 共享相同的 HBB 表示,二者的主要区别在于角度距离和纵横比。保持 GT 的纵横比不变,对角度距离进行离散采样,预先计算不同离散角度距离下的旋转 IoU 值。在离散化角度距离的基础上,进一步对纵横比进行采样,计算不同离散纵横比的旋转 IoU 值(即 OBB 和 GT 相交面积和并集面积的比值)。由此,可定义一个二维查找表,称为角距离-纵横比查找表(Angular-Aspect Ratio LUT,AAL)。该表的 x 轴和 y 轴分别表示角度距离和纵横比,z 轴则表示对应的旋转 IoU 值。LUT 表中的值和每个边上的采样点数分别用 W 和 H 表示。角度距离的采样范围由角度表示方法决定。

角度蒸馏详细介绍了长边 180° 的定义,因此角度距离的采样范围被定义为[0,180°)。纵横比的采样边界范围则高度依赖于数据集的先验分布。为了避免极端纵横比和正方形物体,纵横比的采样范围被限定在[1,8]。LUT 表中的采样点数决定了 AAL 权重的粒度,而分辨率则定义了 LUT 表采样的精细程度。分辨率越高,AAL 的建模能力也越强。为了直观展示二维离散 LUT 的效果,图 6.7 右侧的图通过在两个轴向上分别采样 10 个点,构成了一个 10×10 分辨率的 LUT 表,每个二

彩图 6.7

维点的值代表定量分配的权重。

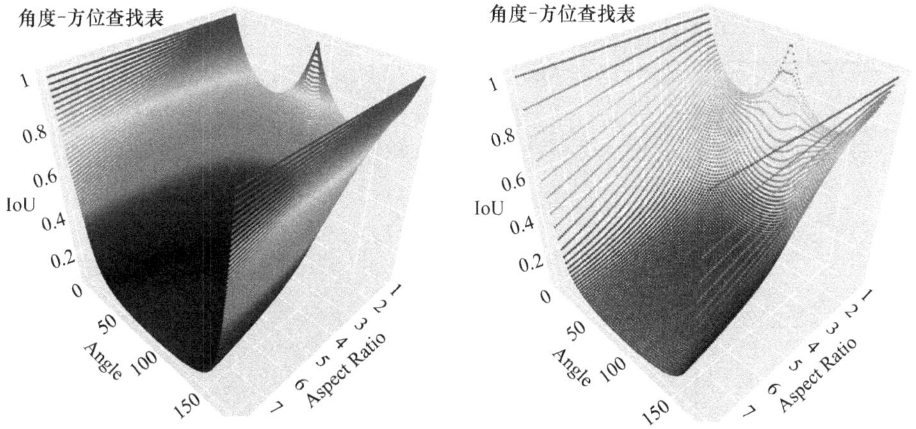

图 6.7 不同分辨率的 AAL 三维立体图以及二维 LUT 示意图

图 6.7 中给出不同分辨率查找表的三维可视化(最左面的分辨率为 400×400，中间的分辨率为 100×100)，这些可视化展示了通过离散建模可以实现的精细程度。采样点的数量在 LUT 表中表示了 AAL 权重的精细程度。分辨率定量表示 LUT 表采样的精细程度。分辨率越高，AAL 的建模能力就越强。

为了更详细地描述 LUT 表的索引过程，本章通过可视化和公式展示相同的过程，以便于理解。图 6.8 给出了两个典型纵横比目标的索引过程，分别为矩形框和类正方形框。为了更好地进行可视化，LUT 表的分辨率设定为 10×10。但在实际应用

彩图 6.8

中，为了改善建模效果，LUT 表的分辨率通常选择更大，一般设定为 400×400。

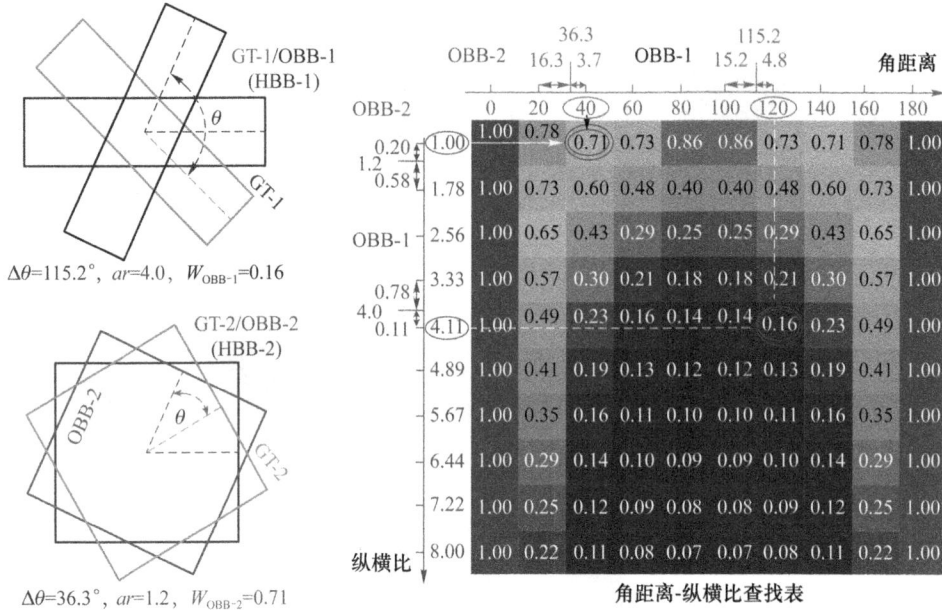

图 6.8　AAL 离散采样索引权重过程

$$\Delta\theta_{\text{index}} = \text{round}(\text{clip}(\Delta\theta, 0.0, 180.0) \cdot W/180) \tag{6.10}$$

$$\mathcal{AR}_{\text{index}} = \text{round}\left(\frac{(\text{clip}(\mathcal{AR}, \mathcal{AR}_{\min}, \mathcal{AR}_{\max})) - \mathcal{AR}_{\min}) \cdot H}{\mathcal{AR}_{\max} - \mathcal{AR}_{\min}}\right) \tag{6.11}$$

$$w(\Delta\theta, \mathcal{AR}) = \text{LUT}[\Delta\theta_{\text{index}}][\mathcal{AR}_{\text{index}}] \tag{6.12}$$

其中，round 表示四舍五入到固定小数位，clip 代表将给定值限制在指定范围内。最小和最大的纵横比分别用 $\mathcal{AR}_{\min}$ 和 $\mathcal{AR}_{\max}$ 来表示。上述公式描述了 LUT 表中的离散索引背后的数学表示过程。图 6.9 给出了两个不同纵横比的典型示例。随后，AAL 权重被引入任务对齐标签分配（Task-Aligned Label assigmet，TAL）[218] 中的样本分配函数的动态对齐系数中，以引导网络在实例级别上关注质量较高的 OBB。因此，模型被引导优化不同纵横比旋转框的建模方式，有效缓解角度周期性和突变性导致的训练不稳定问题。旋转动态任务对齐分数可以表示为

$$S = c^{\alpha} \cdot \mu^{\beta} \cdot w^{\gamma} \tag{6.13}$$

其中：S 代表动态对齐得分；c 是神经网络的实例分类分数；μ 代表网络所预测 OBB 的水平框与 GT 框对应的水平框的 IoU 得分；w 代表该实例的 AAL 离散权重；α，β，γ 分别是上述三个子任务的加权因子。通过定量调整加权因子值，模型能够对不同纵横比旋转框的预测能力进行评估。同时，模型可以精细地定量评估不同纵

横比下的角度偏移。模型的参数设置与 TAL[218] 相同,并采用简单的实例级正则化来调整 $\hat{S}$ 的尺度分布。$\hat{S}$ 被用来替代锚点的二元标签,从而重新加权分类分支、定位分支和方向预测分支的损失函数。标签分配与重加权损失能够联合优化这三个任务,确保它们的最佳锚点分配趋于一致。总之,AAL 权重被纳入样本分配和重加权损失中,以增强模型对角度距离和纵横比的敏感性。它不依赖于特定的阈值参数,并为当前实例目标提供了可量化的指标。

彩图 6.9

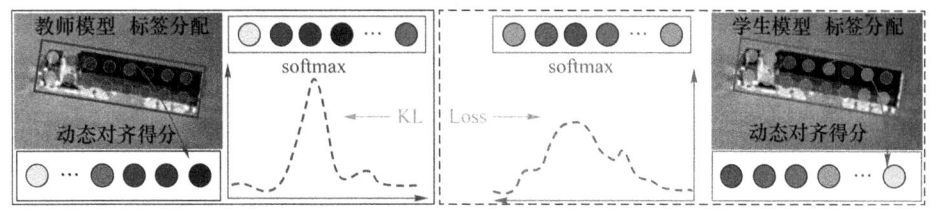

图 6.9　标签分配蒸馏的流程

6.3.3　标签分配蒸馏

在基于锚点的无锚目标检测算法中,通常会为一个实例分配多个正样本点,以解决正负样本不平衡的问题。标签分配方法依赖于模型自身的能力来计算锚点的可量化分数,通过可量化得分的 Top-k 排序来确定正样本锚点。对于简单实例,学生模型和教师模型的预测输出来自相同的锚点选择。但对于较难的实例,学生模型的锚点选择输出可能与教师模型的选择有所不同。

然而,基于软标签的知识蒸馏方法依赖于学生模型的正样本锚点,从而对前景目标进行蒸馏。但由于教师模型的部分正样本点与学生模型的正样本点在空间上不匹配,教师模型检测头输出的软标签与真值标签之间相互制约。这种锚点标签分配的空间不匹配是复杂模型与轻量化模型在锚点建模能力上的差异所导致的。因此,引入样本对齐蒸馏方法(SAD),通过最小化模型对齐度量分数分布的距离,可以实现实例级别的空间对齐,提升学生模型处理困难实例的能力,并增强教师模型软标签与真值标签的一致性,同时利用动态对齐系数分布作为基准,约束教师和学生模型的基准分布。

$$\hat{s}_i^j = \frac{\exp(\bar{s}_i^j)}{\sum_{i=1}^{N_j} \exp(\bar{s}_i^j)}, \quad \hat{t}_i^j = \frac{\exp(\bar{t}_i^j)}{\sum_{i=1}^{N_j} \exp(\bar{t}_i^j)} \qquad (6.14)$$

其中，exp(·)表示计算浮点参数 x 的以 e 为底的指数函数值。对于一个特定实例 j，真值框内所有锚点的数量定义为 N_j，学生模型对第 j 个实例的第 i 个锚点的对齐分数表示为 s_i^j，而教师模型对相同锚点的对齐分数表示为 t_i^j，利用 Mask-Softmax 函数对实例内所有锚点的动态对齐分数进行标准化，记作 $\hat{s}_i^j$ 和 $\hat{t}_i^j$。如图 6.9 所示，外侧实线矩形框代表教师模型的标签锚点分配，外层虚线矩形框代表学生模型的标签锚点分配。

此外，通过使用标准化过程，可以减少实例尺度和动态对齐分数对于结果的影响。SAD 通过最小化教师模型和学生模型的标签分配分布之间的 KL 散度，来优化样本学习建模过程。SAD 损失函数定义如下：

$$\mathcal{L}_{\mathrm{LA}} = -\frac{1}{K}\sum_{i=1}^{K}\sum_{j=1}^{N_j} \hat{t}_i^j \log \frac{\hat{t}_i^j}{\hat{s}_i^j} \tag{6.15}$$

6.3.4 损失函数

任务解耦知识蒸馏使用多任务损失函数，主要包括四个部分：位置回归、类别分类、角度定位和标签分配蒸馏。在所有的蒸馏损失中，η 超参数用于平衡监督损失和蒸馏约束。在训练初期，学生更容易从教师提供的软标签中学习，随着训练的深入，学生的性能逐渐接近教师，此时监督约束对学生的帮助更为显著。因此，η 采用余弦衰减方式，动态调整硬标签和教师软标签的影响。

$$\eta = -0.999 \cdot \left[1-\cos\left(\frac{\pi \cdot E_i}{E_{\max}}\right)\right] \cdot 0.5 + 1 \tag{6.16}$$

其中，E_i 代表当前训练的轮次，$E_{\max}$ 代表训练的所有轮次。对于位置回归，本章使用了 GIOU(·)[109] 回归旋转框的中心点、高度和宽度，并且利用式(6.14)中的归一化的动态对齐得分来重加权监督定位和位置蒸馏定位损失，计算公式如下：

$$\mathcal{L}_{\mathrm{IoU}} = 1 - \mathrm{GIoU}(\mathcal{B}, \overline{\mathcal{B}}) \tag{6.17}$$

$$\mathcal{L}_{\mathrm{reg}} = \sum_{i=1}^{N_{\mathrm{pos}}} \hat{S}_i (\mathcal{L}_{\mathrm{IoU}} + \eta \lambda_{\mathrm{reg}} L_{\mathrm{KL}}(\boldsymbol{p}_{\mathrm{reg}_i}^{\tau} \parallel \boldsymbol{q}_{\mathrm{reg}_i}^{\tau})) \tag{6.18}$$

类别损失采用了 VFL(Varifocal Loss)[219]，该函数可以使用预测框与真值框之间的 IoU 作为分类标签，并使得分类得分与回归质量相关。利用 $\hat{S}$ 替换原始的二进制标签，可以确保在后处理的非最大值抑制阶段，预测框的排序更加一致，以达到过滤出优秀预测框的目的。$\boldsymbol{p}_{\mathrm{class}}^{\tau}$ 和 $\boldsymbol{q}_{\mathrm{class}}^{\tau}$ 分别表示学生模型和教师模型的分类软标签。

$$\mathrm{VFL}(p,\hat{S}) = \begin{cases} -\hat{S}(\hat{S}\log(p) + (1-\hat{S})\log(1-p)), & \hat{S} > 0 \\ -\alpha p^{\gamma}\log(1-p), & \hat{S} = 0 \end{cases} \quad (6.19)$$

$$\mathcal{L}_{\text{class}} = \sum_{i=1}^{N_{\text{pos}}} \mathrm{VFL}(p_i, \hat{S}_i) + \eta \lambda_{\text{cls}} L_{\text{KL}}(\boldsymbol{p}_{\text{class}}^{\tau} \parallel \boldsymbol{q}_{\text{class}}^{\tau}) \quad (6.20)$$

角度预测损失和角度蒸馏部分保持一致。类似于位置损失,本章引入了动态对齐度指标分数,以重新加权每个锚点的角度损失:

$$\mathcal{L}_{\theta} = \sum_{i=1}^{N_{\text{pos}}} \hat{S}_i (L_{\text{CE}}(\boldsymbol{S}_{\theta_i}, \boldsymbol{\theta}_{\text{csl}_i}) + \eta \lambda_{\theta} L_{\text{KL}}(\boldsymbol{p}_{\theta_i}^{\tau} \parallel \boldsymbol{q}_{\theta_i}^{\tau})) \quad (6.21)$$

$$\mathcal{L} = \lambda_1 \mathcal{L}_{\text{reg}} + \lambda_2 \mathcal{L}_{\text{class}} + \lambda_3 \mathcal{L}_{\theta} + \lambda_4 \mathcal{L}_{\text{LA}} \quad (6.22)$$

因此,最终的多任务损失函数包括上述四部分。其中,$\lambda_1 : \lambda_2 : \lambda_3 : \lambda_4$ 被设置为 $2.5 : 1.0 : 0.05 : 0.5$,蒸馏系数 ($\lambda_{\text{reg}} : \lambda_{\text{cls}} : \lambda_{\theta}$) 被设置为 $0.5 : 1.0 : 2.0$。关于损失函数的超参数设置,监督损失参数与 MGAR[220] 保持一致,而蒸馏损失参数可参考与 LD[216] 相关的设置。

6.4 实验数据与设置

6.4.1 实验数据集

本章将在两个公开的光学遥感图像数据集(DIOR-R 可见光数据和 DroneVehicle 可见光红外多模态数据)上对不同参数设置下的 TIDK 进行测试,并将其与多种经典的方法进行对比,进而验证 TIDK 的有效性和优越性。

(1) DroneVehicle 数据集[126]

DroneVehicle 数据集是一个大型的无人机航拍遥感数据集,包含 28 439 对可见光-红外图像,包括 5 个类别,953 087 个实例。其中,区域场景分为城市道路、高速公路和住宅区,照明条件分为黑夜、晚上和白天,拍摄高度分为 80 m、100 m 和 120 m,拍摄角度分为 15°、30°和 45°,图片分辨率为 840×712。此外,考虑到航拍图像中物体的不同方向,标签使用定向标注框(Oriented Bounding Box, OBB),以更准确、紧凑地表示物体轮廓。所有图像的尺寸为 640×512 像素。

(2) DIOR-R[127]数据集

DIOR-R 数据集是由西北工业大学发布的大型遥感目标检测数据集,其包含 23 463 幅 800×800 像素的遥感图像,共标注了 190 288 个不同类型、不同尺度的遥感地物目标。其中,训练集包含 5 862 幅遥感图像,验证集包含 5 863 幅遥感影像,测试集包含 11 738 幅遥感影像。数据集中的目标共有 20 个类别,分别为飞机(c1)、机场(c2)、棒球场(c3)、篮球场(c4)、桥梁(c5)、烟囱(c6)、水坝(c7)、高速公路服务区(c8)、高速公路收费站(c9)、高尔夫球场(c10)、田径场(c11)、港口(c12)、立交天桥(c13)、船舶(c14)、体育馆(c15)、储油罐(c16)、网球场(c17)、火车站(c18)、车辆(c19)、风力发电机(c20)。由于 DIOR 数据集涵盖的遥感场景丰富,并且目标尺度变化更多样,因此选择该数据集作为本章消融实验的数据集,以验证所提方法对于复杂背景下多尺度遥感目标的检测性能。在实验中,为了方便表示,上述目标类别将用括号内的代码表示。DIOR 数据集的原始版本采用了水平边界框 HBB 的标注形式,2022 年 DIOR 数据集的有向边界框 OBB 的标注形式得以发布。

(3) DOTAv1.0[125]数据集

DOTAv1.0 数据集是由武汉大学发布的遥感目标检测数据集,DOTAv1.0 版本是当前该领域最常用的任意方向遥感目标检测数据集,其包含了 2 806 幅尺寸从 800×800 像素到 4 000×4 000 像素的遥感图像,采用有向边界框标注了 15 类、超过 188 000 个目标。DOTA 数据集的目标类别为:飞机(Plane,PL);棒球场(Baseball Diamond,BD);桥梁(Bridge,BR);田径运动场(Ground Field Track,GFT);小型车辆(Small Vehicle,SV);大型车辆(Large Vehicle,LV);船(Ship,SH);网球场(Tennis Court,TC);篮球场(Basketball Court,BC);储油罐(Storage Tank,ST);足球场(Soccer-Ball Field,SBF);环岛(Roundabout,RA);港口(Harbor,HA);游泳池(Swimming Pool,SP);直升机(Helicopter,HC)。

6.4.2 数据预处理与实验环境

在本章所使用的两个数据集中,DroneVehicle 和 DIOR-R 数据集的输入图像尺寸为 800×800 像素,训练的总轮数固定为 100。对于 DOTA 数据集,由于其平均图像尺寸较大且场景更密集,网络输入尺寸设置为 1 024×1 024 像素。为了处理大尺寸的原始图像,实验使用 1024×1024 像素的窗口进行裁剪,步长为 200 像素。如果 DOTA 数据集处于多尺度训练模式,所有图像将按比例因子[0.5,1.0,

1.5]调整为 1 024×1 024 像素,训练的总轮数固定为 36。

为防止过拟合,实验引入了多种数据增强技术,旨在增强训练数据的多样性。这些技术包括水平和垂直翻转、在 HSV 色彩空间进行随机色彩转换、mixup 技术[221]、随机旋转及马赛克增强等。在批量处理方面,输入图像尺寸为 800×800 像素时,批量大小设置为 32;尺寸为 800×800 像素时,则为 16。优化器采用动量为 0.843 的 AdamW,权重衰减率为 0.05,学习率为 8×10^{-3}。训练分为两个阶段:第一阶段为完全监督的学生网络训练,不借助教师网络的任何信息;第二阶段则以第一阶段的预训练权重为基础,启动教师网络,通过联合训练模型,利用教师网络的逻辑回归输出进行优化。两个阶段的训练轮数及数据增强策略保持一致。所有实验均在一台计算机上进行,该计算机配备有 AMD EPYC 7542@2.9GHz CPU、128GB 内存和两个 NVIDIA GeForce RTX 3090 24GB GPU。

6.5　实验结果与性能分析

6.5.1　消融分析

本章从角度蒸馏、角度-纵横比实例分配动态方向约束查找表、样本分配蒸馏三个方面展开分析不同模块对模型性能的影响,同时,通过控制数据增强和多尺度训练等外部因素,确保了所有实验条件的一致性。

1. 角度蒸馏

表 6.1 列出了使用一种适应性更强的教师模型软标签后学生模型的性能。具体地,引入角度蒸馏后,DroneVehicle 数据集上的 mAP_{50} 和 $mAP_{50,95}$ 分别提升了 1.02% 和 0.61%。此外,AAL 静态权重分配方法对模型性能进行了进一步优化,使得 mAP_{50} 提高了 1.3%,$mAP_{50,95}$ 提升了 0.68%。同时,SAD 模块通过利用教师与学生模型之间的对齐度量分数显示二者的接近性,有效挖掘了教师模型的隐含知识,减少了标签错误的发生率,从而提升了模型的整体准确性。

表 6.1　在 DroneVehicle 数据集上的 TIDK 框架组件消融实验与分析

模块	基础蒸馏	角度蒸馏	AAL	SAD蒸馏	Car	Freight car	Truck	Bus	Van	mAP_{50}(12)/%	$mAP_{50,95}$(12)/%
所选模块					97.10	50.71	67.2	91.91	44.30	70.20	44.60
			√		97.15	51.57	68.22	91.09	45.34	$71.04_{+0.84}$	$45.10_{+0.50}$
	√				97.26	52.81	69.03	92.95	45.15	$71.44_{+1.24}$	$45.79_{+1.19}$
	√			√	97.40	53.73	69.72	92.83	46.66	$72.07_{+1.87}$	$46.37_{+1.77}$
	√	√			97.26	55.21	70.52	93.47	49.94	$73.09_{+2.89}$	$46.98_{+2.38}$
	√		√		97.54	55.41	71.17	93.60	48.16	$73.17_{+2.97}$	$46.77_{+2.17}$
	√		√	√	97.65	55.44	71.22	93.66	48.20	$73.23_{+3.03}$	$46.82_{+2.22}$
	√	√		√	97.42	58.01	73.05	93.94	49.94	$74.47_{+4.27}$	$47.45_{+2.85}$
	√	√	√	√	97.64	58.08	73.87	93.85	50.35	$74.76_{+4.56}$	$47.91_{+3.31}$

注：基础蒸馏模块包括分类知识蒸馏和定位知识蒸馏，如图 6.7 所示。AAL 模块可以为没有教师模型的样本分配静态重新加权。因此，它可以独立进行消融分析，但其他模块需要与基础蒸馏模块结合使用。

图 6.9 给出了教师模型在不同温度条件下的软标签分布。随着温度的升高，标签分布从高斯分布逐渐过渡到均匀分布。当温度在一定范围内时，角度蒸馏有助于使分布变得更平滑，并且使角度分布包含更多信息。然而，当超出这一温度范围时，教师模型提供的软标签将无法提供有效的方向信息，并可能阻碍模型的进一步改进，甚至导致性能下降，如表 6.2 所示。

表 6.2　针对温度 τ 的消融研究

方法	τ	mAP_{50}(07)/%	$mAP_{50,95}$(07)/%	mAP(07)/%
基础蒸馏+角度蒸馏	1	73.07	47.34	44.37
	5	**73.17**	**47.99**	44.81
	10	73.15	47.62	**44.85**
	15	71.95	48.55	44.73
	20	72.64	46.64	43.86

与 KD 和 LD 相比，角度蒸馏对温度变化的敏感性在早期阶段显著降低。这是因为分类和位置的硬标签性质，即它们更离散且值有限。尽管 DFL 将回归输出明确转换为一个分布，但它涉及的数值仍然只有少数几个。CSL 本身已经足够柔软，足以用作标签分布。因此，角度蒸馏更适合在较低的温度范围使用。教师模型在过高的温度下提供的软标签会与 CSL 标签产生干扰，进而损害模型性能。

2. 角度-纵横比实例分配动态方向约束查找表

为了探究 AAL 对不同训练策略的影响，本章设计了两组实验，评估是否引入蒸馏约束对训练的影响。AAL 作为一种样本分配的重加权机制，其可以独立于蒸馏约束被应用。在纯监督训练环境下引入 AAL 后，模型在 mAP_{50} 和 $mAP_{50:95}$ 指标上分别提升了 0.84% 和 0.50%。同时，在引入基础蒸馏模块的实验中，AAL 在 mAP_{50} 和 $mAP_{50:95}$ 指标上分别提升了 1.73% 和 0.98%。由于 AAL 假设预测的旋转矩阵和标签对应于实际的水平检测框，AAL 对于提高模型在不同训练设置下的性能具有显著效果。但是，需要注意的是，模型在物体定位能力上还存在不足，过早引入 AAL 可能会对监督训练初期的标签分配造成干扰。在蒸馏阶段，学生模型不仅展现出优秀的样本建模能力，还遵循了教师模型设定的 SAD 约束。此阶段，通过 AAL 进行的权重调整有效地处理了具有不同长宽比的物体，尤其是对于长宽比显著的物体类别（如货车和卡车），实现了显著的性能提升。

消融实验分析了 LUT 表大小对模型性能的影响。随着采样率的增加，AAL 为对象分配更精细的权重因子，以适应不同的情景。如表 6.3 所示，LUT 表的大小增加，模型性能逐步提升，这一现象符合预期。本章还探讨了超参数对动态对齐分数的影响。因为分类分数、IoU 分数和 AAL 权重均为小于 1 的正数，超参数设置得越大，其对动态对齐分数的影响就越小。参照 TAL 的配置，通过给予分类分数相对较高的权重，再适当调整其他两个参数。当给定较大 AAL 的权重时，动态对齐分数容易受到离散采样误差的影响。经验表明，将 IoU 分数和 AAL 权重设置在相似的量级可以带来较好的效果。此外，由于动态对齐分数是多个小于 1 的正数的高阶组合，其最终值可能非常小，这可能会影响到后续的 TopK 处理过程。超参数的具体调整及其对模型性能的影响如表 6.4 所示。

表 6.3　在 DroneVehicle 数据集上针对 LUT 的分辨率的超参消融实验

方法	LUT 表的分辨率	$mAP_{50}(12)$/%	$mAP_{50:95}(12)$/%
TAL[218]任务对齐基线	—	66.69	42.92
基线＋AAL 重加权	50×50	67.09	42.46
	100×100	67.14	42.47
	200×200	68.84	43.63
	300×300	69.00	43.72
	400×400	70.44	43.73

注：为了快速验证结果，LUT 表格的分辨率实验的训练轮数固定为 50。100 轮训练可以参考之前的结果。TAL[218]标签分配器的参数与原始设置保持一致。

表 6.4 在 DroneVehicle 数据集上对动态对齐系数的超参数消融实验

方法	α	β	γ	$mAP_{50}(12)/\%$	$mAP_{50,95}(12)/\%$
TAL 任务对齐基线	1	6	0	73.09	46.98
基线＋AAL 重加权	1	6	1	72.93	46.83
	1	5	2	73.77	47.15
	1	4	2	73.90	47.19
	1	4	3	74.47	47.45

3. 样本分配蒸馏

SAD 方法依赖教师模型在锚点分类建模方面的能力来指导学生模型的标签分配,从而提升学生模型的学习效率。通过这种方式,教师模型可以更有效地传授知识给学生模型。SAD 通过优化学生模型的锚点分配,显著提高了轻量化模型在基准测试框架下的性能。如表 6.1 所示,应用 SAD 后,模型在 mAP_{50} 和 $mAP_{50,95}$ 指标上分别实现了 0.65% 和 0.58% 的性能提升。在角度感知模型中,我们也观察到了类似的效果,该模型在 mAP_{50} 上提升了 0.29%,而在 $mAP_{50,95}$ 上提升了 0.46%。与此同时,AAL 方法采用静态权重分配策略,这意味着它主要依赖于对样本权重进行优化,而不是从教师模型的软标签知识中获得直接益处。

因此,SAD 方法专注于挖掘教师模型的隐藏知识,从而提高学生模型在处理输入数据时的学习能力,这一过程不依赖于特定的模型特征或属性。SAD 通过明确地引导学生模型展现其从教师模型得到的样本建模能力,有效地提升了学生模型的性能。教师模型通过这种方式可以更有效地传授其经验和知识,主要通过优化学生模型对锚点的处理来实现性能提升。

6.5.2 对比实验与分析

为了确保教师模型和学生模型之间有足够的性能差距,基线网络的骨干网络在比较实验中使用了 Efficient-Rep-N,训练策略采用单尺度训练。实验结果表明,所提出的 TIDK 方法通过知识蒸馏独立地蒸馏多个任务,它使多个子任务的分布对齐,并有效利用了教师模型的隐藏知识,从而实现了最佳性能。实验结果见表 6.5。

第6章 基于任务解耦知识蒸馏的遥感图像目标检测

表6.5 不同知识蒸馏方法的对比实验

方法	mAP_{50}	$mAP_{75}(07)/\%$	$mAP_{50:95}(07)/\%$
基线网络	67.82	44.89	41.63
CWD[222]	68.28	44.35	42.07
LD[216]	68.47	45.14	42.03
KD[217]	69.84	46.31	43.47
NST[223]	69.40	45.33	42.51
AT[224]	69.06	44.85	42.47
RKD[225]	70.08	46.34	43.25
ReviewKD[226]	71.32	**48.39**	44.59
TIDK	**73.15**	47.62	**44.85**

由于DroneVehicle是可见光与红外双模态数据集,实验结果引入了其他方法的双模态融合的结果,例如MKD[227]以及UA-CMDet[126]等结果,并发现使用双模态融合的结果相较于仅使用红外模态可以提高4~5个百分点。表6.6表明任务解耦知识蒸馏方式(TIDK)相较于基线网络的完全监督训练策略,性能提高了3.80%。在模型参数量和推理速度上,TIDK方法不会改变任何的推理速度和参数量。TIDK蒸馏框架在单模态上以最小参数量和最快的推理速度可以和双模态复杂模型(如TSFADet[228])持平。因此,TIDK通过蒸馏技术有效地提高了学生模型的目标检测性能,同时保持了较高的处理速度和较小的模型尺寸,显著提升了mAP,这使其成为红外方向多样性目标识别任务的优选方法。综上所述,TIDK方法通过蒸馏技术有效地提高了学生模型的目标检测性能。它在保持较高的速度和较小的模型尺寸的同时,实现了显著的mAP提升。这使得TIDK方法成为完成红外方向多样性目标识别任务的有力选择。图6.10给出了TIDK蒸馏框架在DroneVehicle数据集上的可视化结果。

彩图6.10

表6.6 在DroneVehicle数据集上针对不同方法的对比实验

方法	RGB	Infrared	Car	Feright car	Truck	Bus	Van	mAP(07)/%	Speed/fps	Size/M
RetinaNet (OBB)[146]		√	79.86	28.05	32.84	67.32	16.44	44.90	14.53	218
Faster R-CNN (OBB)[94]		√	88.63	35.16	42.51	77.92	28.52	54.55	13.18	232
Faster R-CNN (Dpool)[94]		√	88.94	36.79	47.91	78.28	32.79	56.94	13.02	232
Mask R-CNN[229]		√	88.94	36.79	47.91	78.28	32.79	56.94	12.61	242
Cascade Mask R-CNN[230]		√	81.00	38.97	47.18	79.32	33.00	56.96	7.25	368

续表

方法	RGB	Infrared	Car	Feright car	Truck	Bus	Van	mAP(07)/%	Speed/fps	Size/M
Hybrid Task Cascade[231]		√	88.57	42.85	47.71	79.46	34.16	58.55	4.17	378
GGHL[208]		√	94.32	53.45	64.63	90.85	51.38	70.93	42.39	242
TS-Conv[208,232]		√	94.55	53.70	64.91	91.15	52.02	71.27	23.23	—
RoITransformer[144]	√		68.13	29.08	44.17	70.55	27.64	47.91	11.25	233
		√	88.85	41.49	51.53	79.48	34.39	59.15	11.25	233
ReDet[161]	√		69.48	31.46	47.87	77.37	29.03	51.04	9.11	125
		√	89.47	42.82	53.95	79.89	36.56	60.54	9.11	125
Gliding Vertex[147]	√		75.77	33.75	46.08	68.05	38.72	52.48	13.10	232
		√	89.15	42.95	59.72	78.75	43.88	62.89	13.10	232
YOLOv5-s[233]	√	√	86.85	34.40	23.82	79.71	24.01	49.76	73.52	14
YOLOX-s[234]	√	√	90.82	40.00	48.71	84.84	30.25	58.93	47.24	69
UA-CMDet[126]	√	√	87.51	46.80	60.70	87.08	37.95	64.01	9.12	234
MKD(LO-Det)[227]	√	√	92.48	43.19	51.26	88.10	36.81	62.37	62.09	27
MKD(GGHL)[227]	√	√	**93.49**	52.73	62.48	**91.93**	44.50	69.03	42.39	242
TSFADet[228]	√	√	89.90	63.70	67.90	89.80	54.50	73.10	—	104.7
C^2Former[235]	√	√	90.20	**64.40**	68.30	89.80	**58.50**	74.20	—	89.9
TIDK-T(teacher)	√	√	90.22	60.20	**74.80**	89.20	56.70	**74.20**	51.62	62
TIDK-S(student)	√	√	90.00	50.90	65.80	87.80	44.90	67.90	108.32	19
TIDK*	√	√	90.19	57.41	71.60	89.89	50.20	71.70(+3.80)	**108.32**	19

注:单位"M"表示百万。Speed 是在 NVIDIA GeForce RTX 3090 上的速度。速度是经过 10 次测试取平均值得到的结果。网络的图像输入大小为 800×800 像素。TIDK-T 和 TIDK-S 分别代表没有蒸馏的教师模型和学生模型,它们的主干网络分别为 Efficient Rep-L 和 Efficient Rep-S 模型。*表示经过蒸馏后的学生模型。

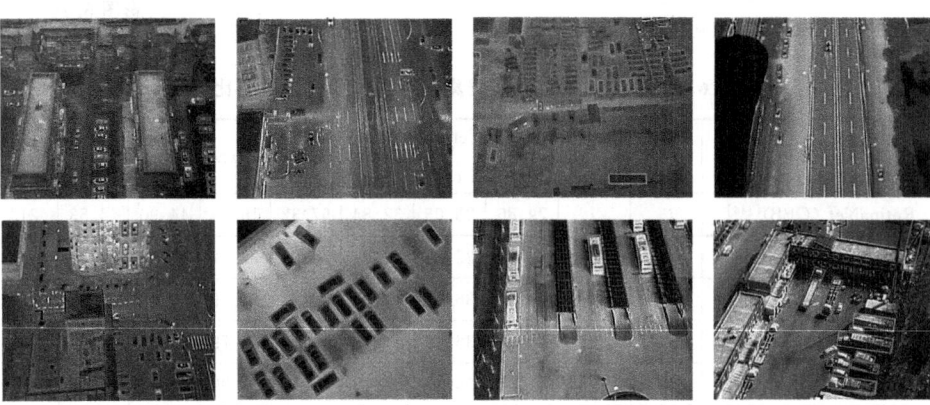

图 6.10　TIDK 蒸馏框架在 Drone-Vehicle 数据集上的可视化结果

此外，本章对 TIDK 方法与其他知识蒸馏算法也进行了比较，包括 KD[217]、注意力传递（AT）[224]、神经元选择性传递（NST）[223]、关系知识蒸馏（RKD）[225]、通道级别蒸馏（CWD）[222]、定位蒸馏（LD）[216]、ReviewKD[226]。为了公平比较，实验在相同的网络架构和训练策略中复现了所有方法。所选择的基于特征的蒸馏方法是在颈部特征聚合之后和特征金字塔网络层（FPN）[89]之前的三个层。由于一些方法是针对图像分类任务设计的，并在全连接层之后上进行的神经元知识蒸馏，实验仅保留了原始特征的维度而没有进行过多的转换。由于标签分配方法不同，只保留标签分配的正样本前景区域，而没有保留所有的前景区域和后景区域。

6.5.3　多源图像扩展实验与分析

1. DIOR-R 可见光数据集

为了进一步验证所提出的方法，本节使用了 DIOR-R 数据集，该数据集包含了自然环境中的 20 个目标类别。如表 6.7 所示，经过预训练后，所提出的方法在使用 TIDK 方法时取得了最佳结果，达到了 72.12% 的准确率，相比基线网络提高了 2.51%。在保留推理速度的同时，TIDK 框架也实现了最佳精度和最小参数量。

表 6.7　在 DIOR-R 数据集上针对不同方向多样性目标识别方法的对比实验

检测方法	骨干网络	mAP(07)/%
RetinaNet-O[146]	ResNet-50	57.55
Faster RCNN-O[94]	ResNet-50	59.54

续表

检测方法	骨干网络	mAP(07)/%
Gliding Vertex[147]	ResNet-50	60.06
RoI-Transformer[144]	ResNet-50	63.87
AOPG[127]	ResNet-50	64.41
Oriented RepPoints[202]	ResNet-50	66.71
GGHL[208]	DarkNet-53	66.48
MGAR[220]	Darknet-53	66.89
TS-Conv[208,232]	DarkNet-53	68.47
FRIoU[236]	ResNet-50	69.59
DCFL[237]	ReR101	71.07
TIDK-T(Teacher)	EfficientRep-L	**75.21**
TIDK-S(Ttudent)	EfficientRep-S	69.61
TIDK*	EfficientRep-S	**72.12(+2.51)**

2. DOTA-v1.0 可见光数据集

本节还利用 DOTA 数据集评估了 TIDK 方法与其他先进的单阶段、两阶段和实时目标检测算法的性能。具体而言,本章将 TIDK 与其他方法(如 Faster-RCNN[94])进行了比较。此外,实验引入了高效的实时目标检测算法(如 RTMDet[238])以及先进的实时目标检测算法(如 PPYOLOE-R[239])进行对比。

由于在 DOTA 数据集上进行了多尺度训练,多次实验发现具有不同尺度的模型之间的实际性能差异很小。如表 6.8 所示,本章设置了两组实验:单尺度训练和多尺度训练。在单尺度训练中,TIDK 将基线性能提高了 3.5%。而在多尺度训练中,基线性能提高了 0.74%,与教师模型之间仅有 0.4%的性能差距。鉴于 DOTA 数据集中不同尺度模型之间的性能差异较小,难以通过多尺度训练有效实现教师模型和学生模型之间的知识转移。因此,本章设置了两组实验:单尺度训练和多尺度训练。在单尺度训练中,TIDK 实现了 78.11%的 mAP$_{50}$,较基线提升了 3.5%。而在多尺度训练中,TIDK 实现了 79.26%的 mAP$_{50}$,相较于基线网络提升了 0.74%。这些实验结果充分展示了 TIDK 方法卓越的模型压缩能力和高效的模型训练策略。图 6.11 给出了 TIDK 蒸馏框架在可见光数据集上的可视化结果。

彩图 6.11

第6章 基于任务解耦知识蒸馏的遥感图像目标检测

表6.8 不同方法在DOTA数据集上的表现

方法	阶次	骨干网络	多尺度	PL	BD	BR	GTF	SV	LV	SH	TC	BC
ROI-Trans[144]	Two	R-101	√	88.53	77.91	37.63	74.08	66.53	62.97	66.57	90.50	79.46
SCRDet[145]	Two	R-101	√	89.98	80.65	52.09	68.36	68.36	60.32	72.41	90.85	87.94
Glid-Vertex[147]	Two	R-101	√	89.64	85.00	52.26	77.34	73.01	73.14	86.82	90.74	79.02
ReDet[161]	Two	ReR-50	√	88.79	82.64	53.97	74.00	78.13	84.06	88.04	90.89	87.78
Ori-RCNN[148]	Two	R-50	√	89.84	95.43	**61.09**	79.82	79.71	**85.35**	88.82	90.88	86.68
RSDet[162]	Two	R-101	√	89.80	82.90	48.60	65.20	69.50	70.10	70.20	90.50	85.60
R³Det[146]	Refine	R-152	√	89.80	83.77	48.11	66.77	78.76	83.27	87.84	90.82	85.38
S²ANet[201]	Refine	R-50		89.07	82.22	53.63	69.88	80.94	82.12	88.72	90.73	83.77
S²ANet[201]	Refine	R-101	√	88.89	83.60	57.74	**81.95**	79.94	83.19	**89.11**	90.78	84.87
Oriented Reppionts[202]	Refine	R-50		87.02	83.17	54.13	71.16	80.18	78.40	87.28	**90.90**	85.97
Oriented Reppionts[202]	Refine	R-101		88.86	**88.86**	55.27	76.92	74.27	82.10	87.52	90.90	85.56
Oriented Reppionts[202]	Refine	Swin-T		88.72	80.56	55.69	75.07	81.84	82.40	87.97	90.80	84.33
DRN[205]	One	H-104	√	89.71	82.34	47.22	64.10	76.22	74.43	85.84	90.57	86.18
RIDet[206]	One	R-101	√	88.93	78.45	46.87	72.63	77.63	80.68	88.18	90.55	81.33
PolarDet[207]	One	R-101	√	89.65	87.07	48.14	70.97	78.53	80.34	87.45	90.76	85.63
GGHL[208]	One	D-53		89.74	85.63	44.50	77.48	76.72	80.45	86.16	90.83	88.18
GWD[166]	One	R-152	√	86.96	83.88	54.36	77.53	74.41	68.48	80.34	86.62	83.41
KFIoU[209]	One	R-152	√	89.46	85.72	54.94	80.37	77.16	69.23	80.90	90.79	87.79
MGAR[220]	One	D-53	√	89.81	85.22	52.51	77.52	77.63	76.19	87.20	90.84	87.93
PPYOLOE-R[239]	One	CRN-M		89.23	79.92	51.14	72.94	81.86	84.56	88.68	90.85	86.85
PPYOLOE-R[239]	One	CRN-L		89.18	81.00	54.01	70.22	81.85	85.16	88.81	90.81	86.99
RTMDet[238]	One	CNX-S		89.18	80.45	52.09	71.35	81.55	84.05	88.79	90.89	87.83
RTMDet[238]	One	CNX-M		89.17	84.65	53.92	74.67	81.48	83.99	88.71	90.85	87.43
ESRTM[240]	One	CNX-S		89.00	76.04	43.23	69.13	80.41	82.05	87.97	90.84	83.89
LODet[241]	One	M-v2	√	89.66	83.02	38.55	77.09	72.57	71.86	82.47	90.78	78.05
SOCDet[242]	One	SOC	√	**90.32**	84.64	58.43	78.62	82.62	80.16	85.32	90.58	83.42
TIDK-T	One	Eff-Rep-L	√	87.70	84.87	57.92	78.86	80.96	85.94	88.70	90.86	**88.75**
TIDK-S	One	Eff-Rep-S		86.21	77.88	45.20	70.62	80.49	83.83	88.07	90.88	83.09
TIDK*	One	Eff-Rep-S		88.70	82.74	52.05	70.79	80.83	84.62	88.82	90.88	86.33

续表

方法	阶次	骨干网络	多尺度	PL	BD	BR	GTF	SV	LV	SH	TC	BC
TIDK-S	One	Eff-Rep-S	√	88.49	85.19	54.20	70.90	81.44	84.41	88.62	90.80	87.16
TIDK*	One	Eff-Rep-S	√	88.76	84.89	53.90	74.28	**81.91**	84.86	88.72	90.86	87.97

方法	阶次	骨干网络	多尺度	ST	SBF	RA	HA	SP	HC	mAP(12)/%	速度/FPS
ROI-Trans[144]	Two	R-101	√	76.75	59.04	56.73	62.54	61.29	55.56	67.74	7.80
SCRDet[145]	Two	R-101	√	86.86	65.02	66.68	66.25	68.24	65.21	72.61	9.51
Glid-Vertex[147]	Two	R-101	√	86.81	59.55	**70.91**	72.94	70.86	57.32	75.02	13.10
ReDet[161]	Two	ReR-50	√	85.75	61.76	60.39	75.96	68.07	63.59	76.25	—
Ori-RCNN[148]	Two	R-50	√	87.73	72.21	70.80	82.42	78.18	**74.11**	**80.87**	8.10
RSDet[162]	Two	R-101	√	83.40	62.50	63.90	65.60	67.20	68.00	72.20	—
R³Det[146]	Refine	R-152	√	85.51	65.67	62.68	67.53	78.56	72.62	76.47	10.53
S²ANet[201]	Refine	R-50	√	86.92	63.78	67.86	76.51	73.03	56.60	76.38	17.60
S²ANet[201]	Refine	R-101	√	87.81	70.30	68.25	**78.30**	77.01	69.58	79.42	13.79
Oriented Reppionts[202]	Refine	R-50		86.25	59.90	70.49	73.33	72.27	58.97	75.97	16.10
Oriented Reppionts[202]	Refine	R-101		85.33	65.51	66.82	74.36	70.15	57.28	76.28	14.23
Oriented Reppionts[202]	Refine	Swin-T		87.64	62.80	67.91	77.69	82.94	65.46	78.12	—
DRN[205]	One	H-104	√	84.89	57.65	61.93	69.30	69.63	58.48	73.23	—
RIDet[206]	One	R-101	√	83.61	64.85	63.72	73.09	73.13	56.87	74.70	13.36
PolarDet[207]	One	R-101	√	86.87	61.64	70.32	71.92	73.09	67.15	76.64	25.00
GGHL[208]	One	D-53		86.25	67.07	69.40	73.38	68.45	70.14	76.95	42.30
GWD[166]	One	R-152	√	85.55	**73.47**	67.77	72.57	75.76	73.40	76.30	13.86
KFIoU[209]	One	R-152		86.13	73.32	68.11	75.23	71.61	69.49	77.35	13.79
MGAR[220]	One	D-53	√	**88.01**	66.25	67.88	76.24	78.53	72.51	78.29	58.14
PPYOLOE-R[239]	One	CRN-M		87.48	59.16	68.34	73.78	81.72	68.10	77.64	—
PPYOLOE-R[239]	One	CRN-L		88.01	62.87	67.87	76.56	79.13	69.65	78.14	—
RTMDet[238]	One	CNX-S		86.98	59.58	62.28	75.90	81.96	61.04	76.93	—
RTMDet[238]	One	CNX-M		87.20	59.39	66.68	77.71	82.40	65.28	**78.24**	—
ESRTM[240]	One	CNX-S		84.82	55.34	65.24	70.63	74.35	43.54	73.10	96.81
LODet[241]	One	M-v2	√	83.56	47.74	67.83	64.21	67.83	64.16	71.26	62.07
SOCDet[242]	One	SOC		85.65	71.64	69.57	78.27	77.63	65.63	78.83	103.41

|第 6 章| 基于任务解耦知识蒸馏的遥感图像目标检测

续表

方法	阶次	骨干网络	多尺度	ST	SBF	RA	HA	SP	HC	mAP(12)/%	速度/FPS
TIDK-T	One	Eff-Rep-L	√	87.75	69.72	63.44	78.04	81.10	70.35	79.66	50.69
TIDK-S	One	Eff-Rep-S	√	86.91	59.04	61.71	71.99	81.14	54.36	74.76	105.32
TIDK*	One	Eff-Rep-S	√	87.44	64.66	66.86	76.01	82.61	68.35	**78.11** (+3.5)	105.32
TIDK-S	One	Eff-Rep-S	√	87.47	68.15	64.23	77.75	81.64	67.30	78.52	105.32
TIDK*	One	Eff-Rep-S	√	87.67	68.74	68.60	76.91	**83.30**	67.49	79.26 (+0.74)	105.32

注:骨干网络 R-50、R-101、R-152、ReR-50、H-104、D-53、Swin-T、Eff-Rep、SOC、CRN 和 CNX 分别代表 ResNet50[87]、ResNet101[87]、ResNet152[87]、ResNet50[161]、Hourglass104[210]、DarkNet53[88]、Swin Transformer Tiny[211]、Efficient-Repvgg[213]、卫星轨道计算(SOC)[242]、CSPRepResNet[239] 和 CSPNetXt[238]。其中,"One"、"Two" 和 "Refine" 分别表示一阶段方法、两阶段方法和细化阶段方法。速度是在 NVIDIA GeForce RTX 3090 上的测试结果。速度(10 次测试的平均值)仅包括网络推理速度,不包括后处理(批处理大小为 1)。在测试其他方法时,使用了它们的开源代码。* 表示经过蒸馏的学生网络。

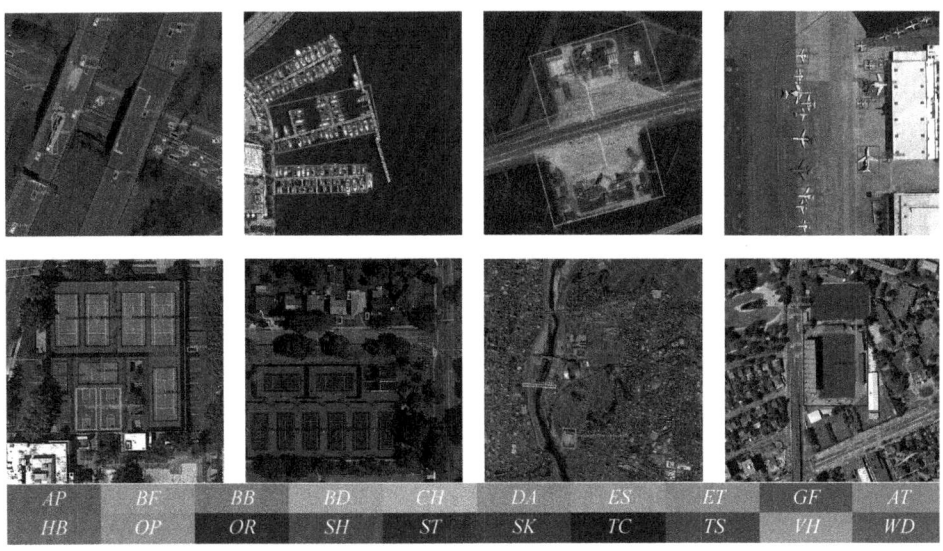

图 6.11 TIDK 蒸馏框架在可见光数据集上的可视化结果

本章小结

本章提出了任务解耦知识蒸馏框架,旨在提升轻量化红外识别网络的识别性能。该框架将目标分类、位置回归、方向定位、标签分配等四个子任务进行解耦蒸馏。本章构建了角度距离-纵横比查找表标签分配算法,利用学生模型定位的先验知识,定向优化方向分支。角度蒸馏模块通过引入圆形平滑标签,为识别模型在难例样本上提供更丰富的回归信息。角度距离-纵横比定向权重被嵌入标签分配和重加权损失中,以提高模型对于角度距离和纵横比的敏感性。样本分配对齐通过显式约束复杂教师模型和轻量化模型在动态对齐系数分布之间的距离,从而实现样本分配空间的对齐。TIDK 在红外目标识别数据集上取得了优秀的结果。蒸馏框架被迁移到可见光数据集上,所提出的方法在检测精度方面仍然具有竞争力。

第 7 章
多源主动微调网络光学遥感图像目标自动标注和检测

7.1 引　　言

本书第 3～6 章均在标签存在的情况下研究、分析、探讨,最终实现光学遥感图像目标检测。然而,光学遥感图像在数量和质量上的爆炸性提升、图像视角的特殊性,以及人们掌握的遥感图像专业知识有限,使得具有良好标注的数据集相对匮乏,影响模型的检测性能。因此,探索大量的标签缺乏数据下目标的自动标注和检测已经成为遥感图像目标检测的重点和难点。为了有效地解决上述问题,本章提出了一种多源主动微调网络(Multi-sensors Active Finetuning Network,Ms-AFt)光学遥感图像目标自动标注和检测方法。该方法以车辆目标为研究对象,通过集成迁移学习,基于多源数据的地面物体与地面的分离以及主动深度分类网络来实现车辆目标的自动标记和检测。Ms-AFt 首先使用已有数据集的预训练模型来检测待检测数据集中的车辆目标,获取其中与已有数据集图像中相似车辆目标的标签信息;其次,为了应对地面物体类别的多样性及其定位的准确性,使用基于多源数据分割的方法来分离地面物体,以构建非相似车辆候选集;再次,使用主动深度分类网络分类车辆候选集中的"有价值"的车辆目标;最后,待检数据集中筛选后的自动标注的车辆样本与已有数据集中的车辆样本共同组成最终的车辆训练集,实现了最终待测数据集的车辆检测。本章方法作为目标自动标注和检测的一个探索性工作,可为之后的工作提供一个可行的方向。

7.2 多源主动微调网络

具有良好标注的数据集在光学遥感图像目标检测中扮演了极其重要的角色，尤其是在使用基于数据驱动的深度学习算法时，它可以指导模型学习的优化方向，使得模型更容易收敛。近年来，虽然一些光学遥感图像数据集陆续被创建，且检测性能在不断被刷新（如西北工业大学标注的航天遥感目标检测数据集 NWPU VHR-10、法国国家信息与自动化研究所 INRIA 标注的航摄图像数据集、中科大模式识别实验室获取和标注的 UCAS-AOD 数据集、武汉大学团队标注的 RSOD 数据集以及武汉大学遥感国家重点实验室夏桂松和华科电信学院白翔联合标注的 DOTA 数据集等），但是，上述数据集中图像的判读都由专家挑选，并记录下精确的地理坐标，确保没有重复的图像。目录类别也由专家根据目标物体的普遍性和现实世界中的价值型来挑选，且目标的标签均通过手动标记，费时费力，为了保证标签的准确性和一致性，需要学习遥感图像的专业知识并经过多次检查和比对，因此，迫切需要找到一种有效的目标自动标记方法，有效利用大量的标签缺失数据来提升模型的泛化能力。

彩图 7.1

航空遥感图像的特殊性，例如尺度方向多样性、视角特殊性等，使得数据的自动标注一直是个具有挑战性的工作。遥感传感器的发展提高了多传感器数据的获取的可能性和普遍性，不同传感器数据之间的互补信息可以有效应对目标类别的多样性及其定位的准确性，避免单一传感器性能受限。基于以上分析，本章提出多源主动微调网络（Ms-AFt）光学遥感图像目标自动标注和检测方法，实现标签缺失的待检数据集中车辆目标的自动标记和检测。图 7.1 给出了 Ms-AFt 的详细网络架构，主要分为车辆迁移学习、目标与背景的分离以及主动深度车辆分类三部分。从车辆数据集的相似性出发，车辆迁移学习主要负责相似车辆的自动标注；而后两部分则主要实现非相似车辆的定位、筛选和自动标注。具体如下。

- 车辆迁移学习：使用已有数据集中车辆目标的预训练模型来检测待检测目标数据集中的车辆目标，实现与已有数据集中的车辆目标相似的车辆样本的自动标注。

第 7 章 多源主动微调网络光学遥感图像目标自动标注和检测

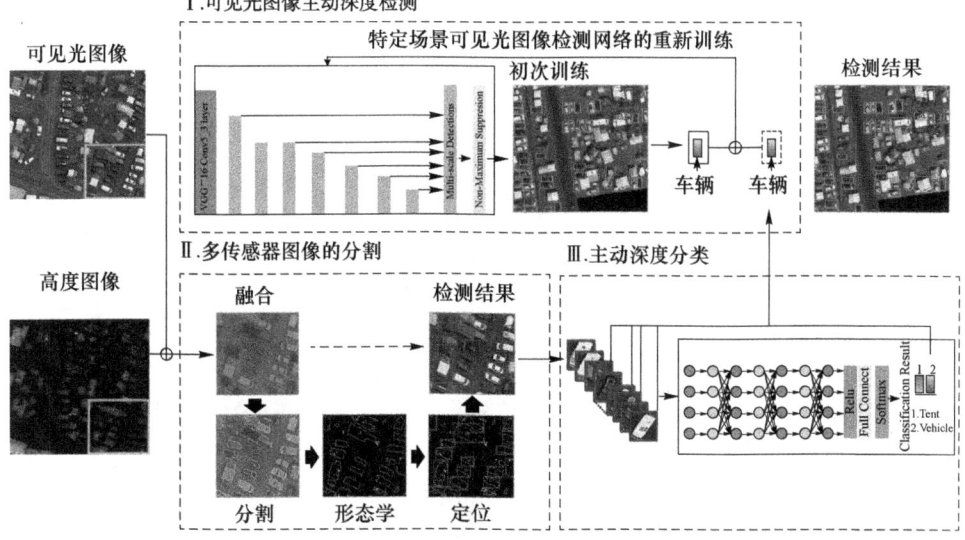

图 7.1 Ms-AFt 的详细网络架构

- 基于多源数据的地面物体与地面的分离:鉴于 VIS 图像易受照明、遮挡、阴影、背景杂波和其他因素的干扰,且过度依赖光谱信息会导致分割结果出现大量级联或者断裂区域,尤其是对于远程航拍图像,这会显著降低分割质量。相比之下,通过摄影测量数据重建的数字表面模型(Digital Surface Models,DSM)涵盖了地形以及除地面以外的其他地表的高程信息,能真实反映地面起伏情况。本章通过融合以上两种传感器数据,提升地面物体定位精度,实现地面物体与地面的有效分离,构建非相似车辆候选数据集。需要强调的是,Ms-AFt 方法有效分割的前提是 VIS 图像与 DSM 图像严格对准,且 DSM 的对地分辨率直接影响地面物体定位的准确度。
- 主动深度车辆分类:为了有效分类上一步中候选车辆数据集中的车辆目标,引入 ResNet18 分类网络并将其作为主动选择策略,以自动从非相似车辆候选集中分类出"有价值"的车辆。

最后,待检数据集中自动标注的车辆数据集以及已有数据集中的车辆目标共同组成最终的车辆训练集,实现待检数据集最终的车辆检测。图 7.2 以德国北部大型露营地立体航空图像为例,给出了本章车辆自动标注的可视化工作流程图。其中:第一行依次是 VIS 数据(左)、DSM 图像(中)和车辆样本的迁移

彩图 7.2

学习(右);第二行依次是自动标记的车辆样本(左)、基于多源数据的地面物体与地面的分离(中)和"有价值"车辆的自动分类(右)。接下来将对以上三部分进行详细分析和讨论。

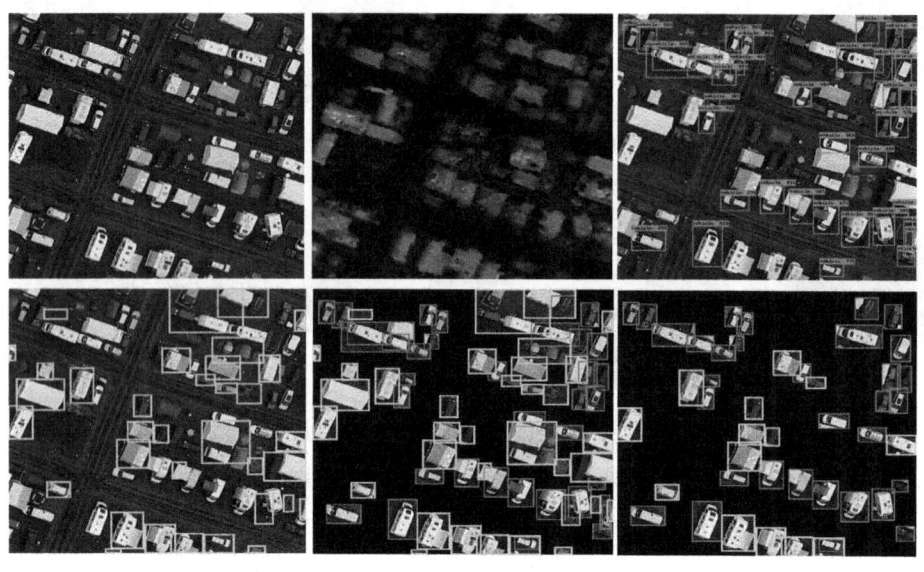

图 7.2　车辆自动标注的可视化工作流程

7.2.1　车辆样本的迁移学习

本章的动机是在标签缺失的情况下实现目标的自动标注和检测,因此,我们试图回答这样一个问题:在大量标签缺失数据存在的情况下,是否可以实现类似于 MSCOCO(Microsoft COCO: Common Objects in Context)、ImageNet 等大型标注数据集的检测性能?答案是肯定的,目前主流的方法是借助于公开或者容易获取标签的且和该任务相似的已有光学遥感图像数据集,采用迁移学习的方法,实现待检测数据集中目标的自动标注和检测。该方法可以实现有效检测性能的前提是在已有数据集和待检数据集图像中,目标及其背景均有很高的相似度,并且已有数据集中图像的数量级足够大。

DOTA 数据集是由 15 类目标组成的航空图像数据集,由武汉大学、华中科技大学和德国航空航天中心共同构建。该数据集包含来自不同平台和不同传感器的 2 806 幅航拍图像以及 188 282 个有标签的目标。每幅图像的大小约为 4 000×4 000 像素。到目前为止,它是遥感图像目标检测领域最大的开源数据集之一,该数据集的复杂度足以使其成为真实世界的反映图。图 7.3 给出了 DOTA 数据集以及本章所用三个待测数据集的示例图像,可以看出,DOTA 数据库中类别为 Small vehicle 和 Large Vehicle 的样本与本章所用数据集中的部分车辆样本存在一定的相似度。因此,本章第一步是对 DOTA 数据集的图像进行微调,保留标签信息至少包含一个车辆目标的图像,借助于迁移学习,实现待检数据集中与该数据集图像中的车辆相似的车辆目标的自动标注。一方面,可以从样本的共性层面自动扩充训练样本;另一方面,可以为后期"有价值的"车辆分类提供数据参考。

彩图 7.3

(a) DOTA数据集(一)　　　　　(b) DOTA数据集(二)

 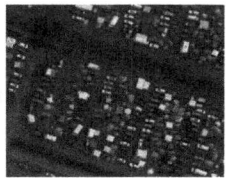

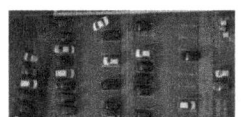 

(c) ISPRS Vaihingen数据集　　　(d) ISPRS Potsdam数据集

图 7.3 已知数据集(车辆部分)与待测数据集示例图

然而,迁移学习的检测性能与数据集之间的相似性密切相关,这使得该方法的通用性和泛化性能存在很大的局限性。对于标签缺失的数据集,提高车辆检测性能的可行性解决方案是采用基于多源数据分割的方法来分离地面物体,并构建非相似车辆候选集,之后,借助于主动深度车辆分类网络,分类候选集中的"有价值"的车辆目标,增加样本的多样性,扩充车辆训练集。

7.2.2　基于多源数据的地面物体与地面的分离

基于分割的方法是实现地面物体与地面分离的有效方法之一。经典的分割方法是在像素层对 VIS 图像进行分割,易受光照变化、遮挡、阴影及背景杂波等因素的干扰。另外,过度依赖光谱信息会导致分割结果出现大量破裂区域,尤其是对于远距离航拍图像,该问题会显著降低目标边界的完整度和定位精度。而基于摄影测量数据重建的 DSM 涵盖了地形以及除地面以外的其他地表的高程信息,能够真实表征地面起伏情况。例如,Maruyama 等[243]借助于 DSM 数据提取地震损毁建筑物；Li 等[244]通过改进分水岭分割的标记点控制方法从 DSM 数据中分离目标建筑物，均验证了高程信息在几何特征表达中的优势。本章采用标量加权方法，融合以上两种传感器数据，提升目标定位的准确性，进而提高地面物体与地面的可分离程度，构建候选车辆数据集。

像素级的分割是通过基于区域、线和角的方法以及其他变体来实现的[244]，缺乏在尺度变化大的场景图像内搜索和查找目标的能力。因此，本章试图从物体的刚性结构出发，采用超像素分割的方法实现密集物体的提取。该方法可以去除冗余信息，拟合边缘，处理速度会快几十倍、几百倍甚至更高，降低后续处理任务的计算复杂度，因此更适合定位目标数据集中密集排列的物体。图 7.4 给出了基于多源数据分割的车辆候选集的可视化生成流程图，主要步骤如下。

Step1：SLIC 超像素分割[245]

首先对多源数据进行 SLIC 超像素分割，图 7.4（a）给出了可视化示例图。SLIC 算法[246]以伯克利基准为边缘拟合标准，生成紧凑、近似均匀的超像素，在运算速度、物体轮廓保持、超像素形状方面具有较高的综合评价，能得到比较符合实际需要的分割效果。它围绕距离测量 D 迭代，直到两个聚类中心之间的距离小于某个阈值，最后返回每个聚类的超像素和相应的邻接矩阵，以加速 DBSCAN 聚类[247]。

彩图 7.4

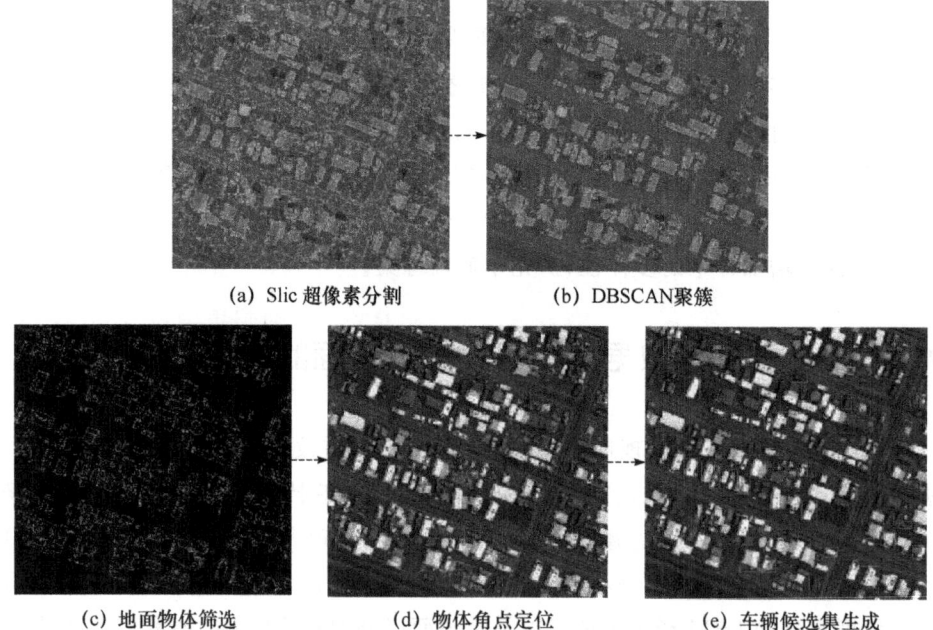

图 7.4　基于多源数据分割的车辆候选集的可视化生成流程图

距离 D 包括颜色距离和空间距离。对于每个搜索到的像素点,分别计算它和种子点(种子点的详细选择过程请参考文献[246])的距离,计算方法如下:

$$d_c = \sqrt{(l_j-l_i)^2+(a_j-a_i)^2+(b_j-b_i)^2}$$
$$d_s = \sqrt{(x_j-x_i)^2+(y_j-y_i)^2} \qquad (7.1)$$
$$D' = \sqrt{\left(\frac{d_c}{N_c}\right)^2+\left(\frac{d_s}{N_s}\right)^2}$$

其中,d_c 代表颜色距离,d_s 代表空间距离,N_s 是类内最大空间距离,定义为 $N_s=S=\sqrt{N/K}$,适用于每个聚类 c。最大的颜色距离 N_c 会因图像和聚类的变化而变化,本章取一个固定常数 m,其取值范围为[1,40],一般取 10 代替 N_c。最终的距离度量 D' 如下:

$$D' = \sqrt{\left(\frac{d_c}{m}\right)^2+\left(\frac{d_s}{S}\right)^2} \qquad (7.2)$$

由于每个像素点都会被多个种子点搜索到,所以每个像素点都会有一个与周围种子点的距离,取最小值对应的种子点作为该像素点的聚类中心。理论上来讲,上述步骤不断迭代直到误差收敛,可以理解为直到每个像素点聚类中心不再发生变化为止。

Step2:DBSCAN 聚簇

鉴于 DBSCAN 算法可以对任意形状的稠密数据集进行聚类,且对数据集中的异常点不敏感,本章采用 DBSCAN 算法,借助于 SLIC 生成的邻接矩阵,描述样本的接近度,图 7.4(b)给出了可视化示例图。通过密度可达关系可以得出最大密度的连通样本就是最终的聚类或聚类 lc 的类别。该算法不需要指定簇的个数,且速度较快,在邻域参数(ε,MinPts)给定的情况下,结果是确定的,只要数据进入算法的顺序不变,与初始值无关,就可以解决数据分布特殊(非凸、互相包络、长条形等)的问题。

Step3:地面物体筛选

为了有效消除图像中较高物体(例如树木、高层建筑物等)对最终车辆分类的影响,本章对 DSM 高程信息进行阈值化处理,保留图像中一定高度区间内的物体,并将每个簇的值定义为其平均高程信息,再将此结果与 Step2 中的聚簇结果进行融合编码。另外,通过增加区域形状以及面积的约束条件,可以降低区域中级联物体的个数,提升 Step4 车辆定位的准确度。最后,使用扩张及腐蚀联合的形态学算法对物体的边缘进行平滑,图 7.4(c)给出了可视化示例图。

Step4:物体角点定位及车辆候选集生成

地面物体的标签信息往往根据实际需求而定,在计算机视觉中,许多视觉概念(如区域描述、物体、属性和关系)都可以从标签中分析得出。目标检测的目的是分类和定位,但航空图像数据集中车辆的种类多样性会不可避免地增加严格车辆定位的复杂度。因此,本章首先构建被筛选区域的最小外接矩形,其次采用物体角点定位的方法获取车辆在每个筛选区域物体区域中的对角位置信息,最后实现物体的水平边界框定位,图 7.4(d)~(e)给出了可视化示例图。

7.2.3 主动深度车辆分类

为了有效分类第 7.2.2 节中候选车辆数据集中的车辆目标,引入主动深度车辆分类网络,该网络以 ResNet18 为骨干架构,通过主动选择策略自动从候选车辆集中筛选出"有价值"的车辆样本。图 7.5 给出了"有价值"车辆主动分类的流程图,主要步骤如下。

Step1:分类网络训练集构建

彩图 7.5

分类网络的车辆训练集主要包含三部分:DOTA 数据集中的车辆目标、第 7.2.1 节中的迁移车辆目标以及手动标注的待检数据集中用于分类的车辆目标,其中,训练样本的最大和最小尺寸根据待测数据而定。相比较而言,第三部分车辆数据在整个车辆训练集中发挥着决定性的作用,这部分车辆样本主要关注待检数据集中车辆样本的特性,包括各种尺度、方向、形状等,提升分类网络对待检测数据集中车辆目标的分类性能。

Step2:"有价值"的车辆选择

考虑到训练样本的分辨率较低,分类网络选用轻量级的 ResNet18 架构,图 7.6 给出了分类网络的详细架构。网络中包含全局平均池化(GAP),其作用是压缩空间维度并保留全局特征。为筛选"有价值"的车辆样本,在网络的末尾增加了 softmax 输出概率的阈值机制,通过设定阈值过滤低置信度分类结果。此外,为确保车辆样本的有效性,需剔除那些在分割中存在严重级联的车辆样本。这一预处理步骤可避免因样本质量缺陷导致的分类器训练偏差,提升模型对清晰完整车辆目标的检测能力。

第 7 章 多源主动微调网络光学遥感图像目标自动标注和检测

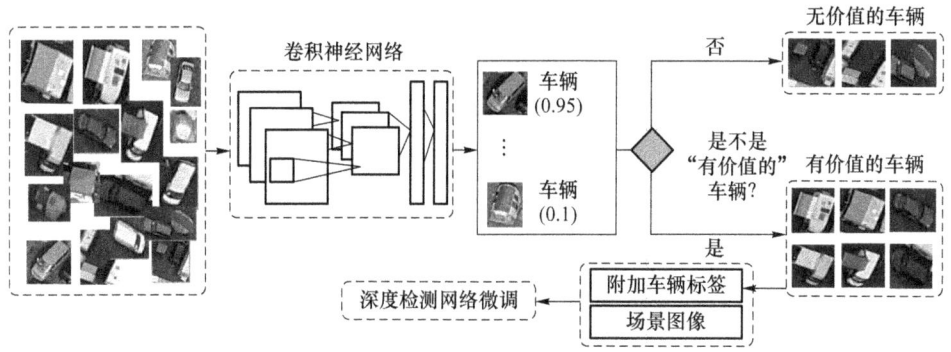

图 7.5　"有价值"车辆主动分类的流程图

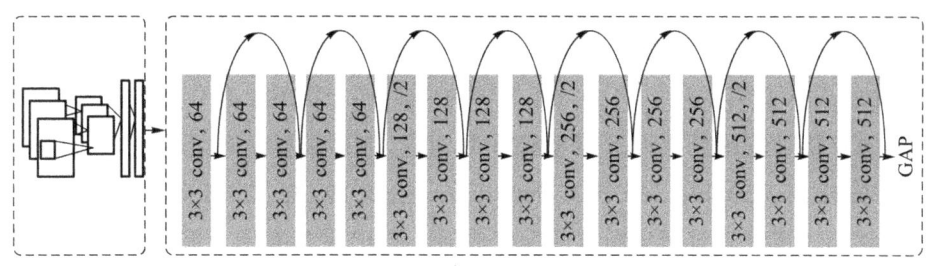

图 7.6　主动深度分类网络的详细架构

7.3　实验数据与设置

7.3.1　实验数据集

本章将针对两个公开的 ISPRS 2-D 语义分割基准数据集(Vailingen 数据集[①]和 Potsdam 数据集[②])以及一个非公开的 SAI-LCS (Stereo Aerial Imagery of a Large Camping Site) 数据集,对不同场景车辆目标下的多源主动微调网络进行测试。

---

① https://www.isprs.org/education/benchmarks/UrbanSemLab/2d-sem-label-potsdam.aspx。
② https://www.isprs.org/education/benchmarks/UrbanSemLab/2d-sem-label-potsdam.aspx。

1. ISPRS 2-D 语义分割基准数据集

(1) Vaihingen 数据集

Vaihingen 数据集包含 33 块大小不同的区域,每个区域由高分辨率的正射影像(True OrthoPhoto,TOP)及其对应的数字表面模型(DSM)组成,地面采样距离均为 9 cm。其中,TOP 是使用 Trimble INPHO OrthoVista 生成的,而 DSM 是使用 Trimble INPHO 5.3 软件通过密集图像匹配生成的。TOP 是具有三个波段(可用短波红外以及红色和绿色通道)图像的 8 位 TIFF 文件。图像中车辆停放的区域存在遮挡、阴影等,这些区域构成了不透明的墙,大幅增加了车辆检测的难度,尤其是黑色车辆。实验中,训练集包含 28 幅对齐的 VIS 和 DSM 场景图像,大约有 700 个车辆样本。测试集包含 5 幅 VIS 场景图像,148 个手动标记的车辆样本。

(2) Potsdam 数据集

Potsdam 数据集包含 38 块大小不同的区域,每个区域由高分辨率的正射影像(TOP)及其对应的数字表面模型(DSM)组成,地面采样距离均为 5 cm。其中,TOP 是使用 Trimble INPHO OrthoVista 生成的,而 DSM 是使用 Trimble INPHO 5.6 软件通过密集图像匹配生成的。TOP 是具有四个波段(可用短波红外以及红色、绿色和蓝色通道)图像的 12 位 TIFF 文件。该数据集图像的分辨率较高,部分图像的光线较弱,图像中车辆停放的区域存在稀疏的树枝遮挡,相比较其他两个数据集,车辆检测的难度较小。实验中,训练集包含 38 幅对齐的 VIS 和 DSM 场景图像,大约有 6 000 个车辆样本。测试集包含 5 幅 VIS 场景图像,1 874 个手动标记的车辆样本。

2. SAI-LCS 数据集

SAI-LCS 数据集是由德国航空航天中心(Deutsches Zentrum für Luft-und Raumfahrt,DLR)研究的直升机上的光学 4K 摄像系统①所采集,位于地面以上 600 m 的高拍摄的德国北部露营地航空图像的一个子集[248],场地面积为 $1.0 \times 1.5 \ km^2$。通过直升机上的三个摄像头,4K 摄像系统能够捕捉多视角图像,沿轨道

---

① 整个光学 4K 摄像系统分为空中部分和地面部分,左侧和右侧的摄像机可以获取在船上处理的航拍图像,并可以直接传输到地面站。根据飞行高度,可以实现 0.1 m 或者更好的地面分辨率。在地面上,数据可以通过移动天线接收,并通过基于网络的门户网站进行可视化,并在必要时进行进一步处理,以获得附加信息。实时性是许多危害管理场景中的关键问题之一,因此,该系统的主要优点是数据和分析结果可在实地获得,并可近似实时地传递给负责人员和应急服务部门。摄像机系统本身主要是在 DLR 研究项目 VABENE++(灾难和大型事件的交通管理) 中开发的,并且在过去五年内已经用于各种危机管理演习和操作。该系统通过了不同类型直升机认证,可供德国救援部队和警方使用。

重叠率为90%,轨道重叠60%。DSM是采用文献[248]中所述的自动处理链来获得的,图像的地面采样距离(GSD)约为11 cm。图像中车辆目标背景以草地为主,车辆类型丰富,涵盖汽车、运输车、运输拖车、露营车、露营拖车等,且所有车辆目标均无任何标签信息,这无疑加剧了车辆检测的难度。实验中,训练集包含40幅配准的VIS和DSM场景图像,大约有900个车辆样本。测试集包含60幅VIS场景图像和2 313个手动标记的车辆样本。

7.3.2 数据预处理与实验环境

检测网络中,每幅图像的尺寸均调整为608×608像素。需要注意的是,在裁剪过程中,完整的物体可能会被切成两部分。为了方便起见,步长设置为304,检测结果只保留大于0.7的IoU(Intersection over Union)。而在主动深度分类网络中,将车辆候选集中的所有目标的尺寸调整为60×60像素。为防止模型欠拟合,在两个网络训练之前,首先对训练集中的所有图像进行0°到270°且步长为90°的旋转。此外,为了提高网络对光照和大气的鲁棒性,对训练图像进行HSV〔色调(H)、饱和度(S)、明度(V)〕色彩空间转换。训练集中的负样本是通过随机采样不包含任何待检测目标的同分辨率图像来收集的。

本章所有的实验均在操作系统是Ubuntu 16.04、Intel单核i7 CPU、NVIDIA GeForce GTX-1080 GPU(24 GB内存)、8GB RAM的计算机上,使用TensorFlow框架实现。

7.3.3 实验设置

首先介绍多传感器数据选择。多源数据引入的目的是提升地面物体定位精度,而不是增强网络特征的判别性,因此多源数据仅应用于分割模块,并与VIS图像的定位结果进行对比。DSM图像未参与对比,原因在于其获取过程中因填充结果而导致边缘的可分割性下降。图7.7给出了多源图像和VIS图像分割结果对比示意图,其中,在椭圆区域内,融合数据的分割结果显著减少区域间的级联现象。另外,对于深色车辆,单独VIS图像会因目标与地面的对比度不足而难以准确定位,而DSM的高程信息可以在一定程度上提升目标与背景的可区分度。

彩图 7.7

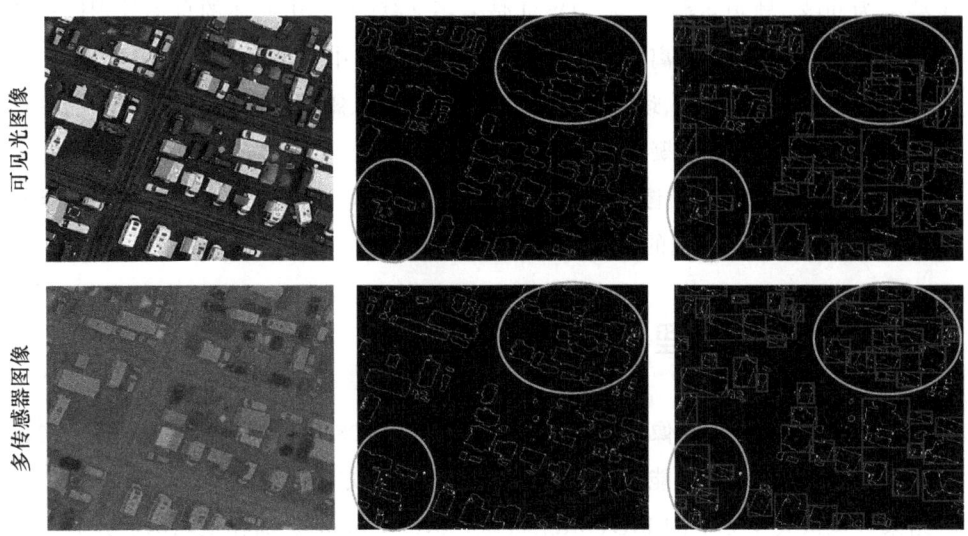

图 7.7 多源图像和 VIS 图像分割结果对比示意图

其次介绍地面物体的位置获取。为了降低地面物体定位的复杂度,实验中采用水平边界框(Horizontal Bounding Boxes,HBB)来定位地面物体的位置信息,常见的描述是(x_c, y_c, w, h),其中(x_c, y_c)代表中心位置,w和h代表宽度和高度。另外,为提升地面物体定位的准确度,引入区域连通性筛选机制,确保每个被筛选的区域中仅包含一个物体。

最后介绍主动深度分类网络选择。为了更好地从候选车辆中获取"有价值的"车辆样本,以确保网络的优化方向,从而提高车辆检测的性能,我们引入了四个预训练的分类网络,分别是 GoogleNet[249]、VGG-19[84]、Cascadenet18[250] 和 ResNet18[87]。表 7.1 给出了以上四种深度分类网络的车辆分类性能比较。为确保公平性,在训练集上对各网络参数进行了优化调整。可以看出,ResNet18 的性能优于其他三个网络,可能的原因是 ResNet 架构中的 shortcut 连接使其每一层都有生存的可能性,并且会根据实际需要丢弃,这使 ResNet 始终保持最佳性能,而其他三个网络均不可调整。另外,在输入图像的分辨率较低时,ResNet 的残差结构可有效缓解特征表达能力的下降,而 VGG-19 等依赖连续卷积层的网络对分辨率敏感,易因细节丢失导致分类精度骤降。具体地,ISPRS 数据集的召回率比 DLR 数据集的召回率要高得多,核心原因是,ISPRS 数据集的车辆类型更为通用且现有公开数据集中较容易覆盖被检测数据集中的车辆样本。

表7.1 四种深度分类网络的性能比较

数据集	方法	精度	召回率	F1值
ISPRS Vaihigen	VGG-19	0.93	0.67	0.78
	GoogleNet	0.95	0.76	0.84
	Cascadenet18	0.95	0.74	0.83
	ResNet18	**0.96**	**0.86**	**0.91**
ISPRS Potsdam	VGG-19	0.95	0.78	0.80
	GoogleNet	0.97	0.85	0.91
	Cascadenet18	0.96	0.82	0.88
	ResNet18	**0.99**	**0.90**	**0.92**
DLR SAI-LCS	VGG-19	0.92	0.52	0.68
	GoogleNet	0.96	0.70	0.81
	Cascadenet18	0.96	0.58	0.72
	ResNet18	**0.97**	**0.76**	**0.86**

7.4 实验结果与性能分析

实验将 Ms-AFt 嵌入到六种深度学习检测方法中,依次是 FRCNN_ResNet101(FRCNN-A)[87]、FRCNN_ResNet101_receptionV2(FRCNN-B)[249]、SSD[251]、YOLO1[99]、YOLO2[103]、R-FCN_ResNet101[252],以评估本章所提方法的有效性。为确保公平性,所有方法均采用相同的预处理流程与最优参数设置。实验中,两个数据集检测数据的标签均为语义分割的标签形式,如图 7.8(a)所示。为适配车辆检测任务,车辆目标的标签更新为从众多类别目标中分离出的二值图〔仅保留车辆目标(正样本),其余类别及背景统一视为负样本〕,如图 7.8(b)所示,因此,最终的量化结果是通过计算其与检测结果的重叠率,从而计算出目标的检测精度、召回率以及 F1 值的。

彩图7.8

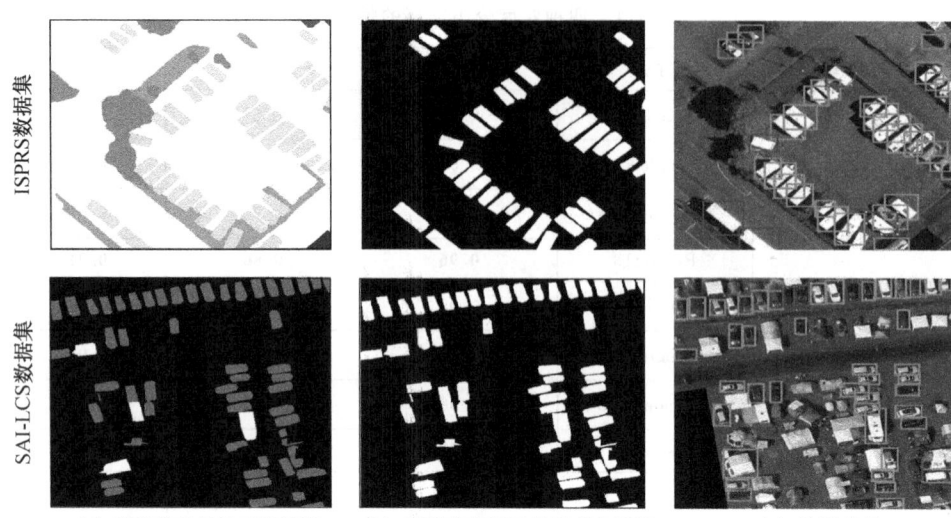

(a) 数据集目标的真实标签　　(b) 实验中车辆目标的真实标签　　(c) 检测结果

图 7.8　实验中不同数据集的量化结果评价参考

表 7.2~表 7.4 给出了三个数据集在以上六种深度学习检测方法下,两种输入图像形式的四种不同评价标准的量化结果,依次是召回率、精度、F1 值以及运行时间,最优结果以粗体显示,可以看出,整体上,三个数据集的量化结果有很大的相似性。具体地,第一,基于 one-stage 的 SSD 方法的性能最差,可能的原因是 one-stage 网络存在严重的正负样本失衡问题,该网络最终学习的样本中,大部分不利于最终网络的学习,最终导致整体网络的性能下降;而基于 two-stage 的网络架构,例如 FRCNN,最终进行训练的样本的数量为几百到几千,这些样本可以最大化网络学习的能力,最终提升网络的性能。第二,YOLO1 是一种实时的目标检测框架,在 608×608 分辨率的图像上,其检测时间约为 0.14 s。但该方法对目标的尺度和方向敏感。尽管 YOLO2 通过引入多尺度特征图来提升网络对物体尺度的鲁棒性,但对于小目标,该算法的泛化能力仍然有很大的改进空间。第三,基于 resnet101-based 网络架构的 FRCNN 的检测性能优于基于 Resnet_v2 网络架构的,可能的原因是空洞卷积无法在小尺寸目标中重建。但是,在相同的 resnet101 骨干架构下,R-FCN 的精度高于 FRCNN,但召回率和 F1 分数较低。因此,对于性能要求高于速度要求的光学遥感图像车辆检测,基于 two-stage 的 R-FCN 和 FRCNN 方法更合适。

第7章 多源主动微调网络光学遥感图像目标自动标注和检测

表 7.2 Vaihingen 数据集上六种网络的性能比较

	方法	真实标签数量	召回率	精度	F1值	运行时间/s
VIS 图像	SSD-Ft	148	0.400 5	0.692 5	0.507 5	0.14
	YOLO1-Ft	148	0.412 6	0.702 5	0.519 9	0.13
	YOLO2-Ft	148	0.425 8	0.720 0	0.535 1	0.15
	FRCNN-A-Ft	148	0.408 9	0.713 0	0.519 8	5.54
	FRCNN-B-Ft	148	0.405 1	0.703 9	0.514 2	5.98
	R-FCN-Ft	148	0.432 8	0.752 5	0.549 5	0.32
多源图像	SSD-Ms-AFt	148	0.422 1	0.735 8	0.536 5	0.14
	YOLO1-Ms-AFt	148	0.422 5	0.752 8	0.541 3	**0.13**
	YOLO2-Ms-AFt	148	0.452 1	0.771 2	0.570 0	0.15
	FRCNN-A-Ms-AFt	148	0.444 8	0.782 1	0.567 1	5.54
	FRCNN-B-Ms-AFt	148	0.434 1	0.752 5	0.550 6	5.98
	R-FCN-Ms-AFt	148	**0.475 9**	**0.801 2**	**0.597 1**	0.32

表 7.3 Potsdam 数据集上六种网络的性能比较

	方法	真实标签数量	召回率	精度	F1值	运行时间/s
VIS 图像	SSD-Ft	1 874	0.492 0	0.792 8	0.607 2	0.15
	YOLO1-Ft	1 874	0.500 8	0.822 5	0.622 5	0.14
	YOLO2-Ft	1 874	0.512 1	0.848 8	0.638 7	0.16
	FRCNN-A-Ft	1 874	0.523 0	0.851 2	0.647 9	6.34
	FRCNN-B-Ft	1 874	0.509 1	0.837 6	0.633 3	5.98
	R-FCN-Ft	1 874	0.555 9	0.737 8	0.634 7	0.36
多源图像	SSD-Ms-AFt	1 874	0.521 4	0.837 8	0.642 8	0.15
	YOLO1-Ms-AFt	1 874	0.502 8	0.845 9	0.630 7	**0.14**
	YOLO2-Ms-AFt	1 874	0.521 2	0.878 8	0.654 3	0.16
	FRCNN-A-Ms-AFt	1 874	0.563 0	0.879 9	0.686 6	5.98
	FRCNN-B-Ms-AFt	1 874	0.515 5	0.896 4	0.654 6	6.34
	R-FCN-Ms-AFt	1 874	**0.577 9**	**0.910 6**	**0.707 1**	0.36

表 7.4　SAI-LCS 数据集上六种网络的性能比较

	方法	真实标签数量	召回率	精度	F1 值	运行时间/s
VIS 图像	SSD-Ft	2 313	0.516 2	0.780 4	0.621 4	0.18
	YOLO1-Ft	2 313	0.587 9	0.800 7	0.678 0	0.16
	YOLO2-Ft	2 313	0.642 3	0.822 1	0.721 2	0.18
	FRCNN-A-Ft	2 313	0.659 7	0.838 0	0.738 3	6.36
	FRCNN-B-Ft	2 313	0.634 2	0.822 5	0.716 2	6.68
	R-FCN-Ft	2 313	0.751 8	0.816 4	0.782 8	0.40
多源图像	SSD-Ms-AFt	2 313	0.637 3	0.838 5	0.724 1	0.18
	YOLO1-Ms-AFt	2 313	0.701 2	0.822 5	0.757 0	**0.16**
	YOLO2-Ms-AFt	2 313	0.742 3	0.857 5	0.798 5	0.18
	FRCNN-A-Ms-AFt	2 313	0.730 0	0.860 1	0.787 1	6.36
	FRCNN-B-Ms-AFt	2 313	0.701 3	0.842 2	0.765 3	6.68
	R-FCN-Ms-AFt	2 313	**0.831 3**	**0.861 2**	**0.846 3**	0.40

7.4.1　ISPRS Vaihingen 数据集性能分析

图 7.9 给出了 ISPRS Vaihingen 数据集中部分代表性区域的可视化检测结果,其性能不如其他两个数据集,具体原因如下。① 场景复杂度与遮挡阴影干扰。Vaihingen 数据集以密集城区为主,建筑物周边树木茂密,车辆停放区域普遍存在严重遮挡与阴影。例如,图 7.9 左上角区域中,树木阴影形成"不透明屏障",导致黑色车辆与背景的差异极小,VIS 图像难以有效区分目标与阴影。② 数据规模与样本质量限制。Vaihingen 数据集的车辆样本数量级仅为百位(其他数据集可达千位级别),导致模型训练时缺乏足够的样本。摄影测量重建的 DSM 在车辆边缘易因点云稀疏或插值误差出现模糊,当车辆被树木部分遮挡时,DSM 可能无法完整捕捉车辆轮廓,导致融合后图像的目标区域断裂成多个噪点(如图 7.9 左上角白色车辆的 DSM 断层)。以上问题均会在一定程度上导致"有价值"车辆样本的数量大幅度减少,使得模型欠拟合,影响最终的检测性能。

彩图 7.9

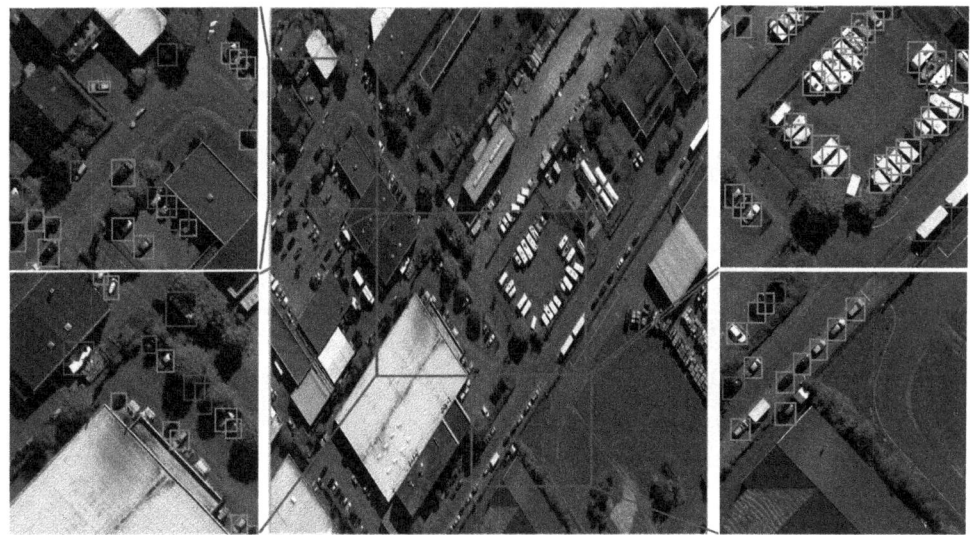

图 7.9　ISPRS Vaihingen 数据集中部分代表性区域的可视化检测结果

7.4.2　ISPRS Potsdam 数据集性能分析

图 7.10 给出了 Potsdam ISPRS 数据集中部分代表性区域的检测结果，其性能显著优于其他数据集，核心原因可归结为数据特性、迁移学习适配性及多源融合的优势互补三方面。① 数据分布与迁移学习的协同效应。Potsdam 数据集的车辆目标在尺度、视角（顶视为主）及形态上与 DOTA 数据集的"Small-vehicle"类别高度相似。由于 DOTA 是遥感目标检测领域的通用基准数据集，预训练模型已学习到此类车辆的典型特征（如矩形车身、车轮结构），因此在迁移学习阶段可快速收敛，自动标注结果的准确率比其他数据集高。② 场景复杂度与多源传感器的优势互补。Potsdam 以城郊及稀疏城区为主，仅少量车辆受树枝局部遮挡（如图 7.10 右下角白色车辆被树枝覆盖），多数车辆完全可见，两者融合后可精准定位目标，避免因遮挡导致的分割断裂。③ 样本规模与类内一致性。ISPRS Potsdam 数据集包含数千个车辆样本，是 Vaihingen（百位）的 10 倍以上，充足的样本量使模型能学习到车辆的复杂特征，降低欠拟合风险。

彩图 7.10

图 7.10　ISPRS Potsdam 数据集中部分代表性区域的可视化检测结果

7.4.3　SAI-LCS 数据集性能分析

图 7.11 给出了 SAI-LCS 数据集中部分代表性区域的检测结果，其检测难度显著高于其他数据集，核心问题源于数据分布差异、目标形态复杂性及场景干扰，具体分析如下。① 数据分布与 DOTA 基准的显著差异。SAI-LCS 包含"车辆＋帐篷"的混合场景，帐篷（尤其是硬质框架帐篷）与车辆（如房车）在顶视影像中形态相似（均为矩形结构）。数据集以草地为主，而 DOTA 以陆地/道路为主。② 典型误检场景与成因。部分居住帐篷（如矩形硬质帐篷）在 VIS 图像中呈现类似车辆的几何轮廓，导致分类网络误判。私家车附加帐篷后（如车顶帐篷），整体轮廓与房车高度相似，但属于临时组合物体，训练集中缺乏此类样本，导致漏检。白色伪房车与白色帐篷在 VIS 图像中光谱差异极小，DSM 无法区分车顶帐篷与独立帐篷的高程差异，需通过细粒度特征等信息增强区分能力。此外，停放过度拥挤也会导致部分样本的边缘模糊，影响物体的自动标记以及车辆样本的匹配。

彩图 7.11

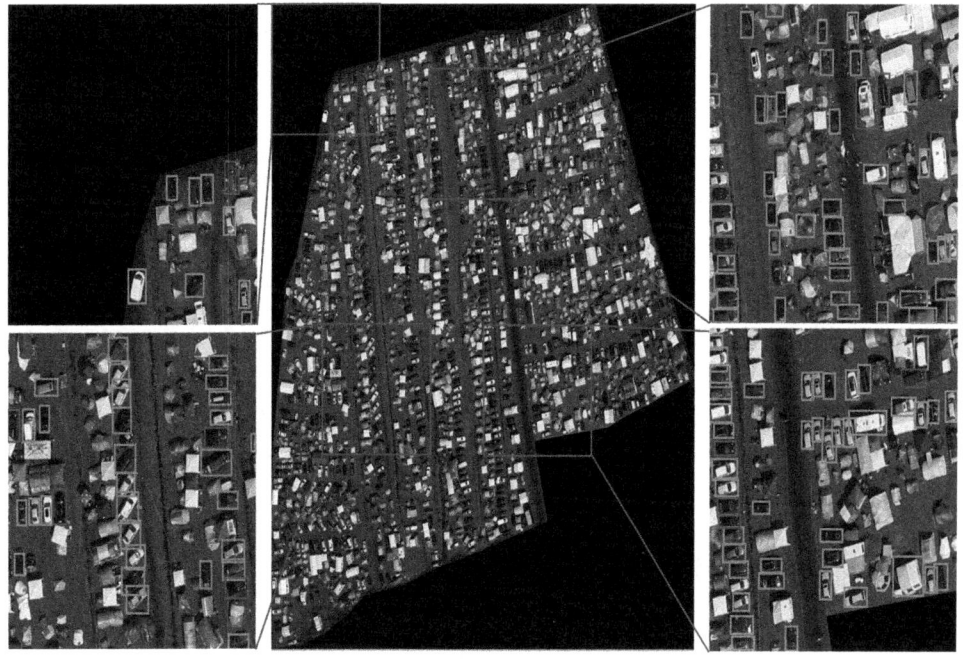

图 7.11 SAI-LCS 数据集中部分代表性区域的可视化检测结果

7.4.4 消融分析

Ms-AFt 框架包括三个分支,分别是微调分支、分割分支以及主动感知分支。本章实验分析探讨三个数据集的消融分析,以研究所提框架的有效性。表 7.5 给出了 Ms-AFt 框架在 R-FCN 网络下集成三个分支的量化结果比较。整体上,在三个数据集上,仅集成分割分支的车辆检测的性能低于仅集成网络微调的,可能的原因是分割分支生成的车辆训练样本不足,导致模型过拟合。重要的是,本章提出的 Ms-AFt 车辆检测的性能大大优于单分支检测。具体地,车辆存在严重遮挡的 Vaihingen 数据集的 F1 值仅提高 0.05;在 Potsdam 数据集中,充足的车辆可以使车辆检测的精度提高 0.2,而车辆多样性的不完备使得召回率只提高了 0.03;而对于 SAI-LCS 数据集,车辆多样性以及数量的增加使得模型可以更多地关注车辆的共性和特性,使得召回率有了大幅度的提升。

表 7.5　三个数据集上消融分析的结果

数据集	分支	召回率	精度	F1 值
ISPRS Vaihingen	微调分支	0.432 8	0.752 5	0.549 5
	分割分支	0.321 4	0.612 8	0.393 9
	主动感知分支	**0.475 9**	**0.801 2**	**0.597 1**
ISPRS Potsdam	微调分支	0.555 9	0.737 8	0.480 2
	分割分支	0.422 5	0.617 0	0.501 6
	主动感知分支	**0.577 9**	**0.910 6**	**0.707 1**
SAI-LCS	微调分支	0.526 0	0.842 9	0.647 7
	分割分支	0.469 5	0.548 0	0.505 7
	主动感知分支	**0.831 3**	**0.861 2**	**0.846 3**

7.4.5　分辨率分析

实验分析和讨论了不同分辨率的 DSM 图像对三个数据集车辆检测的性能的影响。实验中，依次对原始图像进行下采样和上采样，这样可在降低图像分辨率的同时很好地适应检测网络的输入。图 7.12 给出了不同 GSD 分辨率的检测性能对比示意图。总体上，当 GSD 降至初始值的 1/3 时，三个数据集的 F1 值明显降低，最大损失约为 0.25。具体地，Vaihingen 数据集对 DSM 图像的分辨率最敏感，GSD 的分辨率每降低 1/2，性能损失超过 0.10。这是由于该数据集的光谱图像中的车辆本身存在严重的遮挡(包括阴影、树木等)，且部分车辆排列密集，DSM 图像分辨率的降低会使被阴影遮挡车辆的定位准确性大幅降低，同时模糊的高度信息也不利于辅助密集排列车辆的定位，使得模型的检测性能大幅度下降。Potsdam 数据集包含大量深色的车辆目标，其可分离程度会随着 DSM 图像分辨率的降低而降低。与 Vaihingen 数据集相比，简单背景下稀疏排列的车辆的 Potsdam 数据集的车辆检测性能下降相对较少。SAI-LCS 图像中包含车辆和帐篷两类目标，它们之间的形状相似，且排列密集。在缺乏大量房车、露营车等准确标记的复杂车辆样本的情况下，DSM 图像分辨率的降低严重影响了地面物体区域的细化筛选以及高质量车辆的筛选。幸运的是，SAI-LCS 数据集中有较高的建筑物以及光照阴影的遮挡，DSM 图像分辨率降到一半时，车辆检测性能约损失 0.08。

彩图 7.12

| 第 7 章 | 多源主动微调网络光学遥感图像目标自动标注和检测

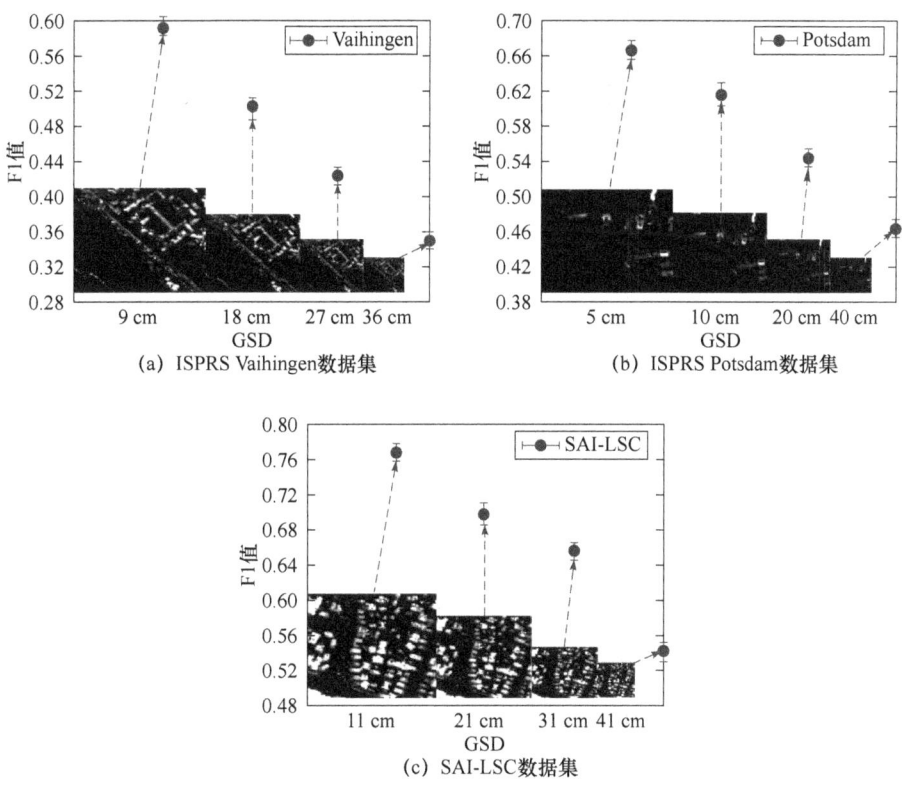

图 7.12 不同分辨率下主动微调网络的检测性能分析

本 章 小 结

考虑到手动标注方法对光学遥感图像中复杂变化的目标标注的复杂性和一致性,本章提出一种基于多源主动微调网络光学遥感图像目标自动标注和检测方法。该方法在多源数据的基础上,试图借助有标签的、任务独立的已知数据,实现对标签缺失的待测数据集中车辆目标的自动标注和检测。实验采用 HBB 的标注方式,在两个公开数据集和一个非公开数据集上验证本章算法的检测性能,结果达到了预期的目标。但是,检测结果的召回率还相对较低,且训练样本自动标注的精确度也有改进的余地,实验中采用的水平边界框标注的方法可以充分标注方向变化少的物体,但无法准确或紧凑地定位物体的方向信息,例如航拍图像中的文本和物体。在极端但实际上常见的情况下,如果两个边界框之间的重叠较大,现有技术的目标检测方法不能区分它们。为此,在未来的工作中将考虑为本章数据库样本自动标注更灵活的定向边界框(OBB),以降低对方向的敏感度。此外,通过细分车辆样本(例如汽车、运输车、房车、露营拖车),调整车辆匹配算法,抑制异常车辆样本,可以进一步提高物体自动标记的准确性。另外,还可以扩展其他网络以改善特征表示能力,最终从多分类的角度提升目标检测的性能。

第8章 总结及展望

8.1 总　　结

遥感技术的进步为光学卫星或航空图像中的目标检测提供了丰富的空间和背景信息,此外,高分辨卫星的成功发射以及光学遥感图像目标检测在军事侦察、农业环境监测等许多领域的广泛应用,使其热度与日俱增。本书以若干个公开的光学遥感图像数据集(NWPU VHR-10 数据集、TAS 航摄车辆数据集、ISPRS Vailingen 数据集和 ISPRS Potsdam 数据集等)和一个非公开的光学遥感数据集(德国北部大型露营地的立体航空图像数据集)为数据来源,围绕标签错误、标签单一以及标签缺失三种标签问题展开研究,详细讨论每种标签情况下目标检测存在的问题以及困难,进而有针对性地展开研究和讨论。本书的主要工作如下。

① 针对样本标签错误的问题,提出了一种基于伽马混合模型的光学遥感图像目标清洗和检测方法。伽马混合模型的提出是为了降低人工标注不准确而产生的标签错误样本对分类器性能的影响,以 AdaBoost 分类器为例,该模型可以紧密集成到分类器中,从根本上纠正由标签错误样本引起的训练分类器的偏差和方差。本书的伽马混合模型由两个伽马分布组成,分别代表标签准确样本和标签错误样本。两者的分布被确定后,标签错误样本的移除是通过估计其后验概率来实现的。为了进一步验证伽马混合模型在光学遥感图像目标检测中的有效性,集成鲁棒的浅层特征抽取和设计、基于伽马混合模型的分类器设计以及基于幂律定理的快速特征尺度化,构建了伽马混合模型卷积通道特征的目标检测方法。两个不同的机

载数据集上的实验结果表明,该方法能够在最大化标签错误样本的移除的同时,最小化分类性能的损失。

② 针对样本标签单一的问题,提出了一种基于鲁棒特征设计的光学遥感图像目标检测方法。该方法在 Viola 和 Jones(VJ)的开创性目标检测框架下,集成了空频域联合通道特征、分类器设计以及快速特征尺度化。其中,空频域联合通道特征由两部分特征组成,分别是笛卡尔坐标下的旋转且平移不变通道特征和在极坐标傅里叶分析的基础上构造的数学上连续的频域旋转不变通道特征;该特征被送入由若干深度值为 3 的决策树加权融合成的强分类器之前,需采用累积通道特征对特征进行精炼;在测试阶段,基于幂律定理的引入,可以实现快速特征尺度化,在不损失检测精度的同时,提升多尺度目标检测的速度。两个不同的机载数据集上的实验结果表明,该框架实现了真正意义上的旋转不变光学遥感图像目标检测。

③ 针对样本标签单一的问题,提出了基于多粒度角度表示方法的遥感图像旋转目标检测方法,该方法应用于面向任意方向的遥感图像旋转目标检测算法,并结合了 CAC 和 FAR。该方法可以消除以往基于回归的方法引入的角度模糊性,大幅提高模型效率,同时也能够更准确地预测具有大长宽比的物体。IFL 系统能够更好、更稳定地回归角度,而 MGAR 引入的超参数能够增加算法的鲁棒性和非敏感性,并且能够节省额外的训练时间。在对改进的单阶段方法 YOLOv3 进行实验后,多粒度角度表示方法表现出卓越的精度和速度,并且在 HRSC2016、DOSR、UCAS-AOD、DIOR-R 和 DOTA 数据集上都有出色的表现。此外,在嵌入式设备上的实验中,该方法展现出了实际应用价值。

④ 针对样本标签单一的问题,提出了基于方法任务解耦知识蒸馏的遥感图像目标检测方法。该方法解耦了目标分类、位置回归、方向定位、标签分配等四个子任务进行分离蒸馏,利用解耦知识传递策略使得轻量级模型弥补特征知识缺失;构建了角度距离-纵横比实例离散量化权重,提高了轻量化模型对于方向和形状预测的敏感性;设计了样本分配对齐,以显式约束复杂教师模型和轻量化学生模型在动态对齐系数之间的分布距离,从而减少锚点分配空间对齐错位的情况。实验结果表明,所提方法能够在不改变模型参数量和浮点计算量的前提下缩小复杂模型和轻量化模型的性能差距,在红外数据源以及其他扩展数据源上取得了优异的检测结果,提高了轻量化模型对于特征表达能力弱的目标的识别精度。

⑤ 针对样本标签缺失的问题,提出了一种多源主动微调网络光学遥感图像目标自动标注和检测方法,实现了标签缺失数据集中目标的自动标记和检测。该方法以车辆目标为例,使用迁移学习的方法实现待检数据集中相似车辆的自动标注;

区别于传统的人工标注,主动微调网络借助于多源数据,实现了地面物体与地面的有效分离,从而构建出非相似车辆候选集,进而借助于主动深度分类网络,筛选出"有价值的"车辆样本。最终检测器的生成是在上述构建的车辆目标以及已有数据集中的车辆样本共同构建的车辆训练集上实现的,微调独立于已知数据集的预训练网络。在两个公开的数据集和一个非公开的立体航空图像数据集上的实验结果表明,本书提出的方法达到了预期的目标,该方法是目标自动标注的一个探索性工作,可为之后的工作提供一个可行的方向。

8.2 展　　望

光学遥感图像目标检测是一个新兴的交叉学科方向,应用需求旺盛、发展前景广阔,本书聚焦于不同标签条件下,数据驱动的机器学习方法在光学遥感图像目标检测中面临的关键问题,提出了针对性解决方案并取得了一定的研究进展。然而,受限于时间与精力,仍有诸多内容有待完善和研究。

光学遥感图像包含丰富的地形地貌、水系路网、建筑设施等地理要素信息,现有的遥感图像目标检测方法更多地关注图像和目标本身,单纯基于图像处理的手段进行目标检测,较少考虑到目标所处的场景和环境以及目标与各种地理要素之间的关联。因此,未来可以结合地理要素信息辅助遥感图像目标检测,打通遥感图像智能解译的上下游环节,实现更精准、更全面、更个性化的遥感数据资源的高效利用。

光学遥感图像目标检测方法逐渐呈现出智能化、轻量化、实时化的发展趋势,高效率地在计算资源受限的星载、机载、无人机载等遥感平台上实现在轨的实时目标检测具有重要意义。在智能化方面,随着大模型预训练的兴起,领域内越发看重遥感数据和预训练的重要性。凭借遥感领域积累的数据体量,通过上游大模型预训练,可以实现性能更好、鲁棒性更强的基础骨干网络,并将其应用于下游的不同细化领域,只在小数据集上进行微调,即可获得高性能的专一算法,这为后续遥感图像目标检测算法的发展提供了新的思路。在轻量化和实时化方面,本书主要从特征低维度向量表示和知识蒸馏的角度进行了研究,不同体量模型的剪枝、量化等方面的研究还有待进一步探索。例如,可以利用模型量化建立浮点与定点数据间的映射,将占据更多空间的浮点型模型参数转换为占用空间更少的定点数据类型,从而缩小模型尺寸、减少内存开销、降低运行功耗、加快推理速度。

参考文献

[1] LI K, WAN G, CHENG G, et al. Object Detection in Optical Remote Sensing Images: A Survey and a New Benchmark[J]. ISPRS journal of photogrammetry and remote sensing, 2020, 159: 296-307.

[2] WU X, LI W, HONG D, et al. Deep Learning for Unmanned Aerial Vehicle-based Object Detection and Tracking: A Survey[J]. IEEE Geoscience and Remote Sensing Magazine, 2021, 10(1): 91-124.

[3] LEFEVRE S, WEBER J, SHEEREN D. Automatic Building Extraction in VHR Images Using Advanced Morphological Operators[C]. In Proc. IEEE Int. Conf. on Joint Urban Remote Sensing Event (JURSE), April 2007: 1-5.

[4] STANKOV K, HE D. Detection of Buildings in Multispectral Very High Spatial Resolution Images Using the Percentage Occupancy Hit-or-Miss Transform[J]. IEEE J. Sel. Topics Appl. Earth Observ. Remote Sens, 2014, 7 (10): 4069-4080.

[5] WEBER J, LEFEVRE S. Spatial and Spectral Morphological Template Matching[J]. Image Vision Com-put, 2012, 30(12): 934-945.

[6] FISCHLER A, ELSCHLAGER A. The Representation and Matching of Pictorial Structures[J]. IEEE Trans. Comput, 1973, C-22(1): 67-92.

[7] JAIN A, ZHONG Y, DUBUISSON-JOLLY M. Deformable Template Models: A review[J]. Signal Process, 1998, 71(2): 109-129.

[8] LIU G, SUN X, KUN F, et al. Interactive Geospatial Object Extraction in High Resolution Remote Sensing Images Using Shape-based Global

Minimization Active Contour Model [J]. Pattern Recogn Lett, 2013, 34 (10): 1186-1195.

[9] NIU X. A Semi-automatic Framework for Highway Extraction and Vehicle Detection Based on A Geometric Deformable Model [J]. ISPRS J. Photogramm. Remote Sens, 2006, 61 (3): 170-186.

[10] LHOMME S, HE D, WEBER C, et al. A New Approach to Building Identification from Very-High-Spatial-Resolution Images [J]. Int. J. Remote. Sens, 2009, 30(5): 1341-1354.

[11] SIRMACEK B, UNSALAN C. Urban-Area and Building Detection Using SIFT Keypoints and Graph Theory [J]. IEEE Trans. Geosci. Remote Sens, 2009, 47(4): 1156-1167.

[12] LOWE G. Distinctive Image Features from Scale-Invariant Keypoints [J]. Int. J. Comput. Vis, 2004, 60(2): 91-110.

[13] BALTSAVIAS P. Object Extraction and Revision by Image Analysis Using Existing Geodata and Knowledge: Current Status and Steps Towards Operational Systems [J]. ISPRS J. Photogramm. Remote Sens, 2004, 58(3): 129-151.

[14] WEIDNER U, FORSTNER W. Towards Automatic Building Extraction from High-Resolution Digital El-evation Models [J]. ISPRS J. Photogramm. Remote Sens, 1995, 50(4): 38-49.

[15] HUERTAS A, NEVATIA R. Detecting Buildings in Aerial Images [J]. Comput Vis Graph Image Process, 1988, 41(2): 131-152.

[16] MCGLONE J, SHUFELT A. Projective and Object Space Geometry for Monocular Building Extraction [C]. In Proc. IEEE Int. Conf. on Computer Vision and Pattern Recognition (CVPR), June 1994: 54-61.

[17] OK O, SENARAS C, YUKSEL B. Automated Detection of Arbitrarily Shaped Buildings in Complex Environments From Monocular VHR Optical Satellite Imagery [J]. IEEE Trans. Geosci. Remote Sens, 2013, 51(3): 1701-1717.

[18] IRVIN B, JR K. Methods for Exploiting the Relationship Between Buildings and Their Shadows in Aerial Imagery [J]. IEEE Trans. Syst. Man. Cybern, 1989, 19(6): 1564-1575.

[19] LIOW Y, PAVLIDIS T. Use of Shadows for Extracting Buildings in Aerial Images [J]. Comput. Gr. Image Process, 1989, 49 (2): 242-277.

[20] PENG J, LIU Y C. Model and Context driven Building Extraction in Dense Urban Aerial Images [J]. Int. J. Remote. Sens, 2005, 26(7): 1289-1307.

[21] BLASCHKE T. Object based Image Analysis for Remote Sensing [J]. ISPRS J. Photogramm. Remote Sens, 2010, 65(1): 2-16.

[22] MARTHA T, KERLE W, CEES J. Segment Optimization and Data-Driven Thresholding for Knowledge-Based Landslide Detection by Object-Based Image Analysis [J]. IEEE Trans. Geosci. Remote Sens, 2011, 49 (12): 4928-4943.

[23] GOODIN G, ANIBAS L, BEZYMENNYI M. Mapping Land Cover and Land Use From Object-based Classification: An Example From a Complex Agricultural Landscape [J]. Int J Remote Sens, 2015, 36 (18): 4702-4723.

[24] CONTRERAS D, BLASCHKE T, TIEDE D, etal. Monitoring Recovery After Earthquakes Through the Integration of Remote Sensing, GIS, and Ground Observations: The Case of L'Aquila (Italy) [J]. Cartogr Geogr Inf. Sc, 2016, 43(2): 115-133.

[25] WITHARANA C, CIVCO L. Optimizing Multi-resolution Segmentation Scale Using Empirical Methods: Exploring the Sensitivity of the Supervised Discrepancy Measure Euclidean Distance 2 (ED2) [J]. ISPRS J. Photogramm. Remote Sens, 2014, 87: 108-121.

[26] KIM M, MADDEN M, WARNER T. Estimation of Optimal Image Object Size for The Segmentation of Forest Stands With Multispectral IKONOS Imagery [M]. Cham: Springer International Publishing, 2008.

[27] ARDILA P, BIJKER W, TOLPEKIN V, et al. Context-sensitive Extraction of Tree Crown Objects in Urban Areas Using VHR Satellite Images [J]. Int J Appl Earth Obs Geoinf, 2012, 15(4): 57-69.

[28] LIZARAZO I. Accuracy Assessment of Object-based Image Classification: Another STEP [J]. Int J Remote Sens, 2014, 35(16): 6135-6156.

[29] YU J, AN J, LIU Z. A Novel Edge Detection Algorithm Based on Global

Minimization Active Contour Model for Oil Slick Infrared Aerial Image [J]. IEEE Trans. Geosci. Remote Sens, 2011, 49(6): 2005-2013.

[30] CALVIN H, MITCH B, SALAH S. Multi-class Predictive Template for Tree Crown Detection [J]. ISPRS J. Photogramm. Remote Sens, 2012, 68(3): 170-183.

[31] JANSSEN F, MIDDELKOOP H. Knowledge-based Crop Classification of a Landsat Thematic Mapper Image [J]. ISPRS J. Photogramm. Remote Sens, 1992, 13(15): 2827-2837.

[32] SOLBERG S. Contextual Data Fusion Applied to Forest Map Revision [J]. IEEE Trans. Geosci. Remote Sens, 2002, 37(3): 1234-1243.

[33] MOON H, CHELLAPPA R, ROSENFELD A. Performance Analysis of a Simple Vehicle Detection Algorithm [J]. Image Vision Comput, 2002, 20(1): 1-13.

[34] WANG J. A Knowledge-Based Vision System for Detecting Land Changes at Urban Fringes [J]. IEEE Trans. on Geosci. Remote Sens, 1993, 31(1): 136-145.

[35] DALAL N, TRIGGS B. Histograms of Oriented Gradients for Human Detection [C]. In Proc. IEEE Int. Conf. on Computer Vision and Pattern Recognition (CVPR), Jun 2005: 886-893.

[36] ZHANG W, SUN X, FU K, et al. Object Detection in High-Resolution Remote Sensing Images Using Rotation Invariant Parts Based Model [J]. IEEE Geosci. Remote Sens. Lett, 2014, 11(1): 74-78.

[37] MORANDUZZO T, MELI F. A SIFT-SVM Method for Detecting Cars in UAV Images [C]. In Proc. IEEE. Int. Conf. on Geoscience and Remote Sensing Symposium (IGARSS), July 2012: 6868-6871.

[38] CSURKA G, DANCE C R, FAN L, et al. Visual Categorization with Bags of Keypoints [C]. In Proc. IEEE. European Conf. on Computer Vision (ECCV), May 2002: 1-2.

[39] YANG Y, SHAWN N. Geographic Image Retrieval Using Local Invariant Features [J]. IEEE Trans. Geosci. Remote Sens, 2013, 51(2): 818-832.

[40] OJALA T, PIETIKAINEN M, MAENPAA T. Multiresolution Grayscale and Rotation Invariant Texture Classification with Local Binary

Patterns [J]. IEEE Trans. Pattern Anal. Mach. Intell, 2002, 24(7): 971-987.

[41] HAN J, ZHOU P, ZHANG D, et al. Efficient, Simultaneous Detection of Multi-class Geospatial Targets Based on Visual Saliency Modeling and Discriminative Learning of Sparse Coding [J]. ISPRS J. Photogramm. Remote Sens, 2014, 89(1): 37-48.

[42] CHEN Y, NASRABADI M, TRAN D. Simultaneous Joint Sparsity Model for Target Detection in Hyper-spectral Imagery [J]. IEEE Geosci. Remote Sens. Lett, 2011, 8(4): 676-680.

[43] NAOTO Y, AKIRA I. Object Detection Based on Sparse Representation and Hough Voting for Optical Remote Sensing Imagery [J]. IEEE J. Sel. Top. Appl. Earth Obs. Remote Sens, 2015, 8(5): 2053-2062.

[44] ZHANG L, ZHANG L, TAO D, et al. Sparse Transfer Manifold Embedding for Hyperspectral Target Detection [J]. IEEE Trans. Geosci. Remote Sens, 2014, 52(2): 1030-1043.

[45] AYTEKIN, ZÖNGÜR U, HALICI U. Texture-Based Airport Runway Detection [J]. IEEE Geosci. Remote Sens. Lett, 2013, 10(3): 471-475.

[46] CAGLAR S, METE O, FATOS V, et al. Building Detection With Decision Fusion [J]. IEEE J. Sel. Topics Appl. Earth Observ. Remote Sens, 2013, 6(3): 1295-1304.

[47] PING Z, WANG R. A Multiple Conditional Random Fields Ensemble Model for Urban Area Detection in Remote Sensing Optical Images [J]. IEEE Trans. Geosci. Remote Sens, 2007, 45(12): 3978-3988.

[48] HELMUT G, NGUYEN T, GRUBER B, et al. On-line Boosting-based Car Detection From Aerial Images [J]. ISPRS J. Photogramm. Remote Sens, 2008, 63(3): 382-396.

[49] ZHAO Y, YANG J. Hyperspectral Image Denoising via Sparse Representation and Low-Rank Constraint [J]. IEEE Trans. Geosci. Remote Sens, 2015, 53(1): 296-308.

[50] QIAN Y, YE M, ZHOU J. Hyperspectral Image Classification Based on Structured Sparse Logistic Regression and Three-Dimensional Wavelet Texture Features [J]. IEEE Trans. Geosci. Remote Sens, 2013, 51(4):

2276-2291.

[51] ZHANG Y, DU B, ZHANG L. A Sparse Representation-Based Binary Hypothesis Model for Target Detection in Hyperspectral Images [J]. IEEE Trans. Geosci. Remote Sens, 2015, 53(3): 1346-1354.

[52] CAO L, LUO J, HUANG S. Heterogeneous Feature Machines for Visual Recognition [C]. In Proc. IEEE. Int. Conf. on Computer Vision (ICCV), Sep 2009: 1095-1102.

[53] WANG H, NIE F, HUANG H, et al. Heterogeneous Visual Features Fusion via Sparse Multimodal Machine [C]. In Proc. IEEE Int. Conf. on Computer Vision and Pattern Recognition (CVPR), Jun 2013: 3097-3102.

[54] KEMBHAVI A, HARWOOD D, LARRY D. Vehicle Detection Using Partial Least Squares [J]. IEEE Trans. Pattern Anal. Mach. Intell, 2011, 33(6): 1250-1265.

[55] MASASHI S. Dimensionality Reduction of Multimodal Labeled Data by Local Fisher Discriminant Analysis [J]. J Mach Learn Res, 2007, 8(1): 1027-1061.

[56] BHARATH H, JITENDRA M, DEVA R. Discriminative Decorrelation for Clustering and Classification [C]. In Proc. IEEE. European Conf. on Computer Vision (ECCV), Oct 2012: 459-472.

[57] ANDRZEJ M, WALDEMAR R. Principal Components Analysis (PCA) [J]. Comput. Geosci., 1993, 19(3): 303-342.

[58] CORINNA C, VLADIMIR V. Support-Vector Networks [J]. Mach. Learn, 1995, 20(3): 273-297.

[59] FAVARO P, VEDALDI A. AdaBoost [M]. Computer Vision: A Reference Guide. Cham: Springer International Publishing, 2021.

[60] COVER T, HART P. Nearest Neighbor Pattern Classification [J]. IEEE Trans Inf Theory, 1967, 13(1): 21-27.

[61] LAFFERTY J. Conditional Random Fields: Probabilistic Models for Segmenting and Labeling Sequence Data [C]. In Proc. Int. Conf. on Machine Learning(ICML), Jun 2001: 282-289.

[62] KUMAR S, HEBERT M. Discriminative Random Fields: A Discriminative Framework for Contextual Interaction in Classification [C]. In Proc. IEEE Int.

Conf. on Computer Vision(ICCV), Oct 2003: 1150-1157.

[63] WRIGHT J, ALLEN Y, ESH A, et al. Robust Face Recognition Via Sparse Representation [J]. IEEE Trans. Pattern Anal. Mach. Intell, 2009, 31(2): 210-227.

[64] JAIN A, MAO J, MOHIUDDIN K. Artificial Neural Networks: A Tutorial[J]. Computer, 1996, 29(3): 31-44.

[65] LIU L, SHI Z. Airplane Detection Based on Rotation Invariant and Sparse Coding in Remote Sensing Images [J]. Optik, 2014, 125 (18): 5327-5333.

[66] HONG D, YOKOYA N, GE N, et al. Learnable Manifold Alignment (LeMA): A Semi-supervised Cross-modality Learning Framework for Land Cover and Land Use Classification [J]. ISPRS J. Photogramm. Remote Sens, 2019, 147: 193-205.

[67] SCHAPIRE R, SINGER Y. Improved Boosting Algorithms Using Confidence-rated Predictions [J]. Mach. Learn, 1999, 37(3): 297-336.

[68] FRIEDMAN J, HASTIE T, TIBSHIRANI R. Additive Logistic Regression: a Statistical View of Boosting [J]. Ann Stat, 1998, 28: 2000.

[69] MEKHALFA F, NACEREDDINE N. Gentle Adaboost Algorithm for Weld Defect Classification [C]. In Proc. IEEE Int. Conf. on Signal Processing: Algorithms, Architectures, Arrangements, and Applications (SPA), Poznan, Poland, 2017: 301-306.

[70] SELIM A. Detection of Compound Structures Using a Gaussian Mixture Model with Spectral and Spatial Constraints [J]. IEEE Trans. Geosci. Remote Sens, 2014, 52(10): 6627-6638.

[71] CSABA B, MAHA S, ZOLTAN K, et al. Multilayer Markov Random Field Models for Change Detection in Optical Remote Sensing Images [J]. ISPRS J. Photogramm. Remote Sens, 2015, 107: 22-37.

[72] DONG Y, BO D, ZHANG L. Target Detection Based on Random Forest Metric Learning [J]. IEEE J. Sel. Topics Appl. Earth Observ. Remote Sens, 2017, 8(4): 1830-1838.

[73] ZHEN L, TAO F, HONG H, et al. Bi-Temporal Texton Forest for Land

Cover Transition Detection on Remotely Sensed Imagery [J]. IEEE Trans. Geosci. Remote Sens, 2013, 52(2): 1227-1237.

[74] ZHANG L, ZHANG L, TAO D, et al. A Multifeature Tensor for Remote-Sensing Target Recognition [J]. IEEE Geosci. Remote Sens. Lett, 2011, 8(2): 374-378.

[75] ZHAO T, RAM N. Car Detection in Low Resolution Aerial Images [J]. Image Vis. Comput, 2003, 21 (8): 693-703.

[76] WILSON E, TUFTS D W. Multilayer Perceptron Design Algorithm[C]. In Proc. IEEE Int. Conf. Workshop on Neural Networks for Signal Processing, Ermioni, Greece, 1994: 61-68.

[77] MURTHY G R, GABBOUJ M. On the Design of Hopfield Neural Networks: Synthesis of Hopfield Type Associative Memories [C]. In Proc. IEEE Int. Joint Conf. on Neural Networks (IJCNN), Killarney, Ireland, 2015: 1-8.

[78] TANG J, DENG C, HUANG G, et al. Extreme Learning Machine for Multilayer Perceptron [J]. IEEE Trans. Neural Netw. Learn. Syst., 2016, 27(4):809-821.

[79] CHRISTIAN S, ALEXANDER T, DUMITRU E. Deep Neural Networks for Object Detection [C]. In Proc. IEEE Int. Conf. on Neural Information Processing Systems (NIPS), Dec 2013:1-9.

[80] CHUA L. CNN: A Vision Of Complexity[J]. Int. J. Bifurc. Chaos, 1997, 7(10): 2219-2425.

[81] RUMELHART D, HINTON G, WILLIAMS R. Learning Representations by Back-Propagating Errors [J]. Nature, 1986, 323: 533-536.

[82] HINTON E, SALAKHUTDINOV R. Reducing the Dimensionality of Data with Neural Networks [J]. Science, 2006, 313(5786): 504-507.

[83] KRIZHEVSKY A, SUTKEVER I, HINTON E. ImageNet Classification with Deep Convolutional Neural Net-works [C]. In Proc. IEEE Int. Conf. on Neural Information Processing Systems(NIPS), Dec 2012: 1097-1105.

[84] KAREN S, ANDREW Z. Very Deep Convolutional Networks for Large-Scale Image Recognition [C]. In Proc. IEEE Int. Conf. on Computer

Vision and Pattern Recognition(CVPR), June 2014: 1-14.

[85] TAIGMAN Y, YANG M, RANZATO M, et al. DeepFace: Closing the Gap to Human-Level Performance in Face Verification [C]. In Proc. IEEE Int. Conf. on Computer Vision and Pattern Recognition (CVPR), Jun 2014: 1701-1708.

[86] OUYANG W, PING L, ZENG X, et al. DeepID-Net: Multi-stage and Deformable Deep Convolutional Neural Networks for Object detection [C]. In Proc. IEEE Int. Conf. on Computer Vision and Pattern Recognition(CVPR), Sep 2014: 1-13.

[87] HE K, ZHANG X, REN S, et al. Deep Residual Learning for Image Recognition[C]. In Proc. IEEE Int. Conf. on Computer Vision and Pattern Recognition (CVPR). 2016: 770-778.

[88] FARHADI A, REDMON J. Yolov3: An incremental improvement[C]. In Proc. IEEE Int. Conf. on Computer Vision and Pattern Recognition (CVPR), Jun 2018, 1804: 1-6.

[89] LIN T Y, DOLLÁR P, GIRSHICK R, et al. Feature Pyramid Networks for Object Detection[C]. In Proc. IEEE Int. Conf. on Computer Vision and Pattern Recognition (CVPR). 2017: 2117-2125.

[90] LIU S, QI L, QIN H, et al. Path Aggregation Network for Instance Segmentation[C]. In Proc. IEEE Int. Conf. on Computer Vision and Pattern Recognition (CVPR). 2018: 8759-8768.

[91] GIRSHICK R, DONAHUE J, DARRELL T, et al. Rich Feature Hierarchies for Accurate Object Detection and Semantic Segmentation [C]. In Proc. IEEE Int. Conf. on Computer Vision and Pattern Recognition (CVPR). 2014: 580-587.

[92] KULKARNI A, CALLAN J. Selective Search: Efficient and Effective Search Of Large Textual Collections [J]. ACM Transactions on Information Systems (TOIS), 2015, 33(4): 1-33.

[93] GIRSHICK R. Fast r-cnn [C]. In Proc. Int. Conf. on International Conference on Computer Vision (ICCV). 2015: 1440-1448.

[94] REN S, HE K, GIRSHICK R, et al. Faster r-cnn: Towards Real-time Object Detection with Region Proposal Networks[J]. Advances In Neural

Information Processing Systems, 2015, 28.

[95] CHEN X, XIANG S, LIU C, et al. Aircraft Detection by Deep Belief Nets[C]. In Proc. 2nd IAPR Asian Conf. Pattern Recognit., Nov. 2013: 54-58.

[96] CHEN X, XIANG S, LIU C, et al. Vehicle Detection in Satellite Images by Hybrid Deep Convolutional Neural Networks [C]. In Proc. Asian Conf. on Pattern Recognition (ACPR), Nov 2013: 181-185.

[97] CHENG G, HAN J, ZHOU P, et al. Multi-Class Geospatial Object Detection and Geographic Image Classification Based On Collection Of Part Detectors[J]. ISPRS J. Photogramm. Remote Sens, 2014, 98: 119-132.

[98] ZOU Z, SHI Z. Ship Detection in Spaceborne Optical Image With SVD Networks [J]. IEEE Trans. Geosci. Remote Sens, 2016, 54 (10): 5832-5845.

[99] REDMON J, DIVVALA S, GIRSHICK R, et al. You Only Look Once: Unified, Real-time Object Detection [C]. Proceedings of the IEEE Conference on Computer Vision and Pattern Recognition. 2016: 779-788.

[100] LIN T, GOYAL P, GIRSHICK R, et al. Focal Loss for Dense Object Detection[C]. In Proc. IEEE Int. Conf. on Computer Vision (ICCV), Oct. 2017: 1-9.

[101] TIAN Z, SHEN C, CHEN H, et al. FCOS: Fully Convolutional One-Stage Object Detection[C]. In Proc. IEEE Int. Conf. on Computer Vision (ICCV), Seoul, Korea (South), 2019: 9626-9635.

[102] LIU W, ANGUELOV D, ERHAN D, et al. SSD: Single Shot MultiBox Detector[C]. In Proc. IEEE. European Conf. on Computer Vision (ECCV), Oct 2016: 1-17.

[103] REDMON J, FARHADI A. YOLO9000: Better, Faster, Stronger[C]. Proceedings of the IEEE Conference on Computer Vision and Pattern Recognition. 2017: 7263-7271.

[104] IOFFE S, SZEGEDY C. Batch Normalization: Accelerating Deep Network Training By Reducing Internal Covariate Shift[C]// Proc. Int. Conf. on Machine Learning (ICML). 2015(37): 448-456.

[105] BOCHKOVSKIY A, WANG C Y, LIAO H Y M. Yolov4：Optimal Speed and Accuracy of Object Detection[J]. ArXiv preprint arXiv：2004. 10934，2020.

[106] Ultralytics. yolov5：v3[EB/OL]. （2025-1-13）[2025-03-13]. https：//github.com/ultralytics/yolov5.

[107] WANG C Y, LIAO H Y M, WU Y H, et al. CSPNet：A New Backbone That can Enhance Learning Capability of CNN[C]. In Proc. IEEE Int. Conf. on Computer Vision and Pattern Recognition (CVPR) Workshops. 2020：390-391.

[108] ZHENG Z, WANG P, LIU W, et al. Distance-LoU loss：Faster and Better Learning for Bounding Box Regression[C]. In Proc. AAAI Conference on Artificial Intelligence：vol. 34：07. 2020：12993-13000.

[109] REZATOFIGHI H, TSOI N, GWAK J, et al. Generalized Intersection over Union：A Metric and a Loss for Bounding Box Regression[C]. In Proc. IEEE Int. Conf. on Computer Vision and Pattern Recognition (CVPR). Jun 2019：658-666.

[110] ZOPH B, LE Q V. Neural Architecture Search with Reinforcement Learning[C]// Proc. Int. Conf. on Learning Representations (ICLR)，Nov 2017：1-16.

[111] DUAN K, BAI S. XIE L, et al. CenterNet：Keypoint Triplets for Object Detection[J]. In Proc. IEEE Int. Conf. on Computer Vision (ICCV)，Seoul, Korea (South)，2019：6568-6577.

[112] ZHANG S, CHI C, YAO Y, et al. Bridging the Gap between Anchor-based and Anchor-free Detection via Adaptive Training Sample Selection[C]. In Proc. IEEE Int. Conf. on Computer Vision and Pattern Recognition (CVPR). 2020：9759-9768.

[113] MegEngine. yolovX：[EB/OL]. （2023-02-28）[2025-03-13]. https：//github.com/Megvii-BaseDetection/YOLOX.

[114] GE Z, LIU S, LI Z, et al. OTA：Optimal Transport Assignment for Object Detection[C]// Proc. IEEE Int. Conf. on Computer Vision and Pattern Recognition (CVPR). 2021：303-312.

[115] LI C, ZHANG B, LI L, et al. YOLOv6：A Single-Stage Object Detection

Framework for Industrial Applications [C]. In Proc. Int. Conf. on International Conference on Learning Representations (ICLR). May 2024:1-20.

[116] WANG C Y, BOCHKOVSKIY A, LIAO H. YOLOv7: Trainable bag-of-freebies Sets New state-of-the-art for real-time Object Detectors[C]. In Proc. IEEE Int. Conf. on Computer Vision and Pattern Recognition (CVPR). Jun 2023:7464-7475.

[117] VARGHESE R, SAMBATH M. YOLOv8: A Novel Object Detection Algorithm with Enhanced Performance and Robustness[C]. In Proc. IEEE Int. Conf. on Advances in Data Engineering and Intelligent Computing Systems (ADICS), Chennai, India, 2024: 1-6.

[118] XU S, WANG X, LV W, et al. PP-YOLOE: An Evolved Version of YOLO[EB/OL]. (2022-03-30)[2024-12-31]. https://arxiv.org/abs/2203.16250.

[119] ZHANG F, DU B, ZHANG L, et al. Weakly Supervised Learning Based on Coupled Convolutional Neural Networks for Aircraft Detection [J]. IEEE Trans. Geosci. Remote Sens, 2016, 54(9): 5553-5563.

[120] ZHONG Y, HAN X, ZHANG L. Multi-class Geospatial Object Detection Based on a Position-sensitive Balancing Framework for High Spatial Resolution Remote Sensing Imagery [J]. ISPRS J. Photogramm. Remote Sens, 2018, 138: 281-294.

[121] Heitz G, Koller D. Learning Spatial Context: Using Stuff to Find Things[C]//Computer Vision-ECCV 2008: 10th European Conference on Computer Vision, Marseille, France, October 12-18, 2008, Proceedings, Part I 10. Springer Berlin Heidelberg, 2008: 30-43.

[122] TANNER F, COLDER B, PULLEN C, et al. Overhead Imagery Research Data Set—An Annotated Data Library Amp: Tools to Aid in The Development of Computer Vision Algorithms [C]. In Proc. IEEE Int. Conf. on Applied Imagery Pattern Recognition (AIPR), Oct 2009: 1-8.

[123] LIU Z, YUAN L, WENG L, et al. A High Resolution Optical Satellite Image Dataset for Ship Recognition and Some New Baselines[C].

International Conference On Pattern Recognition Applications and Methods: vol. 2. 2017: 324-331.

[124] ZHU H, CHEN X, DAI W, et al. Orientation Robust Object Detection in Aerial Images Using Deep Convolutional Neural Network[C]. 2015 IEEE International Conference on Image Processing (ICIP). 2015: 3735-3739.

[125] XIA G, BAI X, DING J, et al. DOTA: A Large-scale Dataset for Object Detection in Aerial Images [C]. In Proc. IEEE Int. Conf. on Computer Vision and Pattern Recognition (CVPR), Jun 2018: 3974-3983.

[126] SUN Y, CAO B, ZHU P, et al. Drone-Based RGB-Infrared Cross-Modality Vehicle Detection via Uncertainty-Aware Learning[J]. IEEE Transactions on Circuits and Systems for Video Technology, 2022, 32(10): 6700-6713.

[127] CHENG G, WANG J, LI K, et al. Anchor-Free Oriented Proposal Generator for Object Detection[J]. IEEE Transactions on Geoscience and Remote Sensing, 2022, 60: 1-11.

[128] HAN Y, YANG X, PU T, et al. Fine-Grained Recognition for Oriented Ship Against Complex Scenes in Optical Remote Sensing Images[J]. IEEE Transactions on Geoscience and Remote Sensing, 2021, 60: 1-18.

[129] ZHOU D, FANG J, SONG X, et al. Iou Loss for 2d/3d Object Detection[C]. 2019 International Conference on 3D Vision (3DV). 2019: 85-94.

[130] EVERINGHAM M, VAN G L, WILLIAMS C K, et al. The Pascal Visual Object Classes Challenge 2007 (VOC2007) [J]. International Journal of Computer Vision, 2007, 88: 303-338.

[131] EVERINGHAM M, ESLAMI S, GOOL V, et al. The Pascal Visual Object Classes Challenge[J]. International Journal of Computer Vision, 2012, 111(1): 98-136.

[132] WU X, HONG D, TIAN J, et al. ORSIm Detector: A Novel Object Detection Framework in Optical Remote Sensing Imagery Using Spatial-Frequency Channel Features [J]. IEEE Trans. Geosci. Remote Sens, 2019, 54 (3): 1519-1531.

[133] WU X, HONG D, GHAMISI P, et al. MsRi-CCF: Multi-Scale and Rotation-Insensitive Convolutional Channel Features for Geospatial Object Detection [J]. Remote Sens. , 2018, 10(12): 1990.

[134] WU X, HONG D, CHANUSSOT J, et al. Fourier-based Rotation-invariant Feature Boosting: An Efficient Framework for Geospatial Object Detection [J]. IEEE Geosci. Remote Sens. Lett, 2019(99): 1-5.

[135] DRUCKER H, CORTES C. Boosting Decision Trees[J]. Advances in neural information processing systems, 1995, 8.

[136] ZHANG C, SAMY B, MORITZ H, et al. Deep Learning Requires Rethinking Generalization [C]. In Proc. Int. Conf. on Learning Representations (ICLR), Apr 2017: 1-14.

[137] ZHANG K, HUTTER M, JIN H. A New Local Distance-based Outlier Detection Approach for Scattered Real-world Data [C]. In Proc. Int. Conf. on Pacific Asia Knowledge Discovery and Data Mining (PAKDD), Apr 2009: 813-822.

[138] OTEY E, GHOTING A, PARTHASARATHY S. Fast Distributed Outlier Detection in Mixed-attribute Data Sets [J]. Data Min Knowl Discov, 2006, 12(2-3): 203-228.

[139] KNORR M, NG T, TUCAKOV V. Distance-based Outliers: Algorithms and Applications [J]. VLDB J, 2000, 8(3): 237-253.

[140] HU W, GAO J, LI B, et al. Anomaly Detection Using Local Kernel Density Estimation and Context-Based Regression [J]. IEEE Trans. on Knowl. Data. En, 2018: 1.

[141] KRIEGEL P, SCHUBERT E, ZIMEK A. Loop: Local Outlier Probabilities [C]. In Proc. Int. Conf. on In-formation and Knowledge Management (CIKM), Nov 2009: 1649-1652.

[142] THANGAVEL K, MOHIDEEN K. Semi-supervised K-means Clustering for Outlier Detection in Mammo-gram Classification [C]. In Proc. IEEE Int. on Trendz in Information Sciences Computing (TISC), Dec 2010: 68-72.

[143] MA J, ZHAO J, TIAN J, et al. Regularized Vector Field Learning with Sparse Approximation for Mismatch Removal [J]. Pattern Recognit, 2017, 46(12): 3519-3532.

[144] DING J, XUE N, LONG Y, et al. Learning RoI Transformer for Oriented Object Detection in Aerial Images[C]. Proceedings of the IEEE/CVF Conference on Computer Vision and Pattern Recognition. 2019: 2849-2858.

[145] YANG X, YANG J, YAN J, et al. Scrdet: Towards More Robust Detection for Small, Cluttered and Rotated Objects[C]. Proceedings of the IEEE/CVF International Conference on Computer Vision. 2019: 8232-8241.

[146] YANG X, YAN J, FENG Z, et al. R3Det: Refined Single-Stage Detector with Feature Refinement for Rotating Object[C]. Proceedings of the AAAI Conference on Artificial Intelligence: vol. 35: 4. 2021: 3163-3171.

[147] XU Y, FU M, WANG Q, et al. Gliding Vertex on the Horizontal Bounding Box for Multi-oriented Object Detection[J]. IEEE Transactions On Pattern Analysis and Machine Intelligence, 2020, 43(4): 1452-1459.

[148] XIE X, CHENG G, WANG J, et al. Oriented R-CNN for Object Detection[C]. Proceedings of the IEEE/CVF International Conference on Computer Vision (ICCV). 2021: 3520-3529.

[149] WANG G, WANG X, FAN B, et al. Feature Extraction by Rotation-Invariant Matrix Representation for Object Detection in Aerial Image [J]. IEEE Geosci. Remote Sens. Lett, 2017(99): 1-5.

[150] DENG Z, HAO S, ZHOU S, et al. Multi-scale Object Detection in Remote Sensing Imagery with Convolutional Neural Networks [J]. ISPRS J. Photogramm. Remote Sens, 2018, 145 (A): 3-22.

[151] DAI J, QI H, XIONG Y, et al. Deformable Convolutional Networks [C]. In Proc. IEEE Int. Conf. on Computer Vision and Pattern Recognition (CVPR), Jul 2017: 1-12.

[152] LIU Y, WANG W, LI Q, et al. DCNet: A Deformable Convolutional Cloud Detection Network for Remote Sensing Imagery [J]. IEEE Geoscience and Remote Sensing Letters, 2021, 19: 1-5.

[153] FISHER Y, VLADLEN K. Multi-Scale Context Aggregation by Dilated Convolutions [C]. In Proc. Int. Conf. on Learning Representations

(ICLR), May 2016.

[154] WAN S, LI X, JIN P, et al. A Contextual Deep Neural Network with Dilated Convolutions for Object Detection in Remote Sensing Images [C]. In Proc. SPIE Int. Conf. on Digital Image Processing (ICDIP), Aug 2018: 1-5.

[155] CHEN C, GONG W, CHEN Y, et al. Object Detection in Remote Sensing Images Based on a Scene-Contextual Feature Pyramid Network [J]. Remote Sens, 2019, 11(3): 339.

[156] SAINING X, ROSS G, PIOTR D, et al. Aggregated Residual Transformations for Deep Neural Net-works [C]. In Proc. IEEE Int. Conf. on Computer Vision and Pattern Recognition (CVPR), Jul 2017: 5987-5995.

[157] OZUYSAL M, CALONDER M, LEPETIT V, et al. Fast Keypoint Recognition Using Random Ferns [J]. IEEE Trans. Pattern Anal. Mach. Intell, 2010, 32(3): 448-461.

[158] ANDREA V, MATTHEW B, ANDREW Z. Learning Equivariant Structured Output SVM Regressors [C]//In Proc. IEEE Int. Conf. on Computer Vision (ICCV), Nov 2011: 959-966.

[159] SCHMIDT U, ROTH S. Learning Rotation Aware Features: From Invariant Priors to Equivariant De-scriptors [C]. In Proc. IEEE Int. Conf. on Computer Vision and Pattern Recognition (CVPR), Jul 2012: 2050-2057.

[160] LIU K, SKIBBE H, SCHMIDT T, et al. Rotation-invariant HOG Descriptors Using Fourier Analysis in Polar and Spherical Coordinates [J]. International Journal of Computer Vision (IJCV), 2014, 106: 342-364.

[161] HAN J, DING J, XUE N, et al. Redet: A Rotation-Equivariant Detector for Aerial Object Detection[C]. Proceedings of the IEEE/CVF Conference On Computer Vision and Pattern Recognition. 2021: 2786-2795.

[162] QIAN W, YANG X, PENG S, et al. Learning Modulated Loss for Rotated Object Detection[C]. Proceedings of the AAAI Conference On

Artificial Intelligence, vol. 35, 3. 2021: 2458-2466.

[163] MA J, SHAO W, YE H, et al. Arbitrary-oriented Scene Text Detection via Rotation Proposals[J]. IEEE Transactions on Multimedia, 2018, 20(11): 3111-3122.

[164] YANG X, YAN J. Arbitrary-oriented Object Detection with Circular Smooth Label[C]. European Conference on Computer Vision. 2020: 677-694.

[165] YANG X, HOU L, ZHOU Y, et al. Dense Label Encoding for Boundary Discontinuity Free Rotation Detection[C]. Proceedings of the IEEE/CVF Conference on Computer Vision and Pattern Recognition. 2021: 15819-15829.

[166] YANG X, YAN J, MING Q, et al. Rethinking Rotated Object Detection with Gaussian Wasserstein Distance Loss[C]. International Conference on Machine Learning. 2021: 11830-11841.

[167] BRADSKI G. The OpenCV Library[J]. Dr. Dobb's Journal of Software Tools, 2000.

[168] GIBSON B, ROGERS T, ZHU X. Human Semi-Supervised Learning [J]. Top Cogn Sci, 2013, 5(1):132-72.

[169] LEE D. Pseudo-Label: The Simple and Efficient Semi-Supervised Learning Method for Deep Neural Networks [C]. In Proc. Int. Conf. on Machine Learning (ICML), Jun 2013: 1-6.

[170] GUSTAVO C, BANDOS M T V, ZHOU D. Semi-Supervised Graph-Based Hyperspectral Image Classifi-cation [J]. IEEE Trans. Geosci. Remote Sens, 2007, 45(10): 3044-3054.

[171] HAN J, ZHANG D, CHENG G, et al. Object Detection in Optical Remote Sensing Images Based on Weakly Supervised Learning and High-Level Feature Learning [J]. IEEE Trans. Geosci. Remote Sens, 2015, 53(6): 3325-3337.

[172] ZHANG F, DU B, ZHANG L. Saliency-Guided Unsupervised Feature Learning for Scene Classification [J]. IEEE Trans. Geosci. Remote Sens, 2014, 53(4): 2175-2184.

[173] CAI L, XU Y, HE L, et al. An Effective Segmentation for Noise-Based Image Verification Using Gamma Mixture Models [C]. In Proc. Asian

Conf. on Computer Vision (ACCV), Sep 2009: 21-32.

[174] VENKATESH P, HARI D, SANTOSH H, et al. Tracking Multiple Moving Objects Using Gaussian Mixture Model [J]. Int J Softw eng know, 2013, 3(2): 114-119.

[175] WU X, CAI L, JI R. Gamma Mixture Models for Outlier Removal [C]. In Proc. IEEE Int. Conf. on Image Processing (ICIP), Oct 2018: 828-832.

[176] UEDA N, NAKANO R. Deterministic Annealing EM Algorithm [J]. Neural Networks, 1998, 11(2):271-282.

[177] LAWLESS J F. Statistical Method and Models for Lifetime Data[M]. New York:Wiley, 1982.

[178] DANG H, WEERAKKODY G. Bounds for the Maximum Likelihood Estimates in Two-Parameter Gamma Distribution [J]. J. Math. Anal. Appl, 2000, 245(1): 1-6.

[179] AMARI S. Backpropagation and Stochastic Gradient Descent Method [J]. Neurocomputing, 1993, 5(4-5): 185-196.

[180] DOLLAR P, BELONGIE S, BELONGIE S, et al. Fast Feature Pyramids for Object Detection [J]. IEEE Trans. Pattern Anal. Mach. Intell, 2014, 36(8): 1532-1545.

[181] RUDERMAN D, BIALEK W. Statistics of Natural Images: Scaling in the Woods [J]. Phys. Rev. Lett, 1994, 73(6): 814-817.

[182] LIN M. Network in Network [J]. arXiv preprint arXiv: 1312.4400, 2013.

[183] TOMASZ M, ABHINAV G, ALEXEI E. Ensemble of Exemplar-SVMs for Object Detection and Beyond [C]. In Proc. IEEE Int. Conf. on Computer Vision (ICCV), Nov 2011: 89-96.

[184] YANG B, YAN J, LEI Z, et al. Convolutional Channel Features[C]. In Proc. IEEE. Int. Conf. on Computer Vision (ICCV), Dec 2015: 82-90.

[185] XU S, FANG T, LI D, et al. Object Classification of Aerial Images with Bag of Visual Words [J]. IEEE Geosci. Remote Sens. Lett, 2010, 7(2): 366-370.

[186] BREHAR R, VANCEA C, NEDEVSCHI S. Pedestrian Detection in

Infrared Images Using Aggregated Chan-nel Features [C]. In Proc. IEEE. Conf. on Image Processing (ICIP), Sep 2014: 127-132.

[187] YANG S, LUO P, LOY C C, et al. Wider Face: A Face Detection Benchmark[C]//Proceedings of the IEEE conference on computer vision and pattern recognition. 2016: 5525-5533.

[188] TUERMER S, KURZ F, REINARTZ P, et al. Airborne Vehicle Detection in Dense Urban Areas Using HoG Features and Disparity Maps [J]. IEEE J. Sel. Topics Appl. Earth Observ. Remote Sens, 2013, 6 (6): 2327-2337.

[189] ZHAO A, FU K, SUN H, et al. An Effective Method Based on ACF for Aircraft Detection in RemoteSensing Images [J]. IEEE Geosci. Remote Sens. Lett, 2017, 14(5):744-748.

[190] GIANNAKIS B. Signal Reconstruction from Multiple Correlations: Frequency and Time Domain Ap-proaches [J]. J. Opt. Soc. Am. A, 1989, 6(5): 682-697.

[191] BREIMAN L. Random Forests [J]. Mach. Learn, 2001, 45(1): 5-32.

[192] HE K, ZHANG X, REN S, et al. Spatial Pyramid Pooling in Deep Convolutional Networks for Visual Recognition[J]. IEEE Transactions on Pattern Analysis and Machine Intelligence, 2015, 37(9): 1904-1916.

[193] PASZKE A, GROSS S, MASSA F, et al. PyTorch: An Imperative Style, High-Performance Deep Learning Library [C]. In Proc, IEEE Int, Neural Information Processing Systems (NeurIPS). Aug 2019,721:8026-8037.

[194] ZHANG H, CISSE M, DAUPHIN Y N, et al. Mixup: Beyond Empirical Risk Minimization [J]. ArXiv preprint arXiv: 1710.09412, 2017.

[195] EVERINGHAM M, GOOL V, WILLIAMS C, et al. The Pascal Visual Object Classes (Voc) Challenge[J]. Int. J. Comput. Vis., 2010, 88: 303-338.

[196] EVERINGHAM M, ESLAMI S, GOOL V, et al. The Pascal Visual Object Classes Challenge: A Retrospective[J]. Int. J. Comput. Vis., 2015, 111(1): 98-136.

[197] YANG X, YANG X, YANG J, et al. Learning High-Precision Bounding Box for Rotated Object Detection via Kullback-Leibler Divergence[C] // In Proc. IEEE Int. Neural Information Processing Systems (NeurIPS), Dec 2021, 1405: 18381-18394.

[198] JIANG Y, ZHU X, WANG X, et al. R2CNN: Rotational Region CNN for Orientation Robust Scene Text Detection[J]. ArXiv preprint arXiv: 1706.09579, 2017.

[199] YI J, WU P, LIU B, et al. Oriented Object Detection in Aerial Images with Box Boundary-aware Vectors[C]. Proceedings of the IEEE/CVF Winter Conference on Applications of Computer Vision. 2021: 2150-2159.

[200] WANG J, YANG W, LI H C, et al. Learning Center Probability Map for Detecting Objects in Aerial Images[J]. IEEE Transactions on Geoscience and Remote Sensing, 2020, 59(5):4307-4323.

[201] HAN J, DING J, LI J, et al. Align Deep Features for Oriented Object Detection[J]. IEEE Transactions on Geoscience and Remote Sensing, 2021.

[202] LI W, CHEN Y, HU K, et al. Oriented Reppoints for Aerial Object Detection[C]. Proceedings of the IEEE/CVF Conference On Computer Vision and Pattern Recognition. 2022: 1829-1838.

[203] YANG X, YAN J, LIAO W, et al. Scrdet++: Detecting Small, Cluttered and Rotated Objects via Instance-Level Feature Denoising and Rotation Loss Smoothing[J]. IEEE Transactions on Pattern Analysis and Machine Intelligence, 2022.

[204] MING Q, ZHOU Z, MIAO L, et al. Dynamic Anchor Learning for Arbitrary-Oriented Object Detection[J]. ArXiv preprint arXiv: 2012.04150.

[205] PAN X, REN Y, SHENG K, et al. Dynamic Refinement Network for Oriented and Densely Packed Object Detection[C]. Proceedings of the IEEE/CVF Conference on Computer Vision and Pattern Recognition. 2020: 11207-11216.

[206] MING Q, MIAO L, ZHOU Z, et al. Optimization for Arbitrary-

Oriented Object Detection via Representation Invariance Loss[J]. IEEE Geoscience and Remote Sensing Letters, 2021, 19: 1-5.

[207] ZHAO P, QU Z, BU Y, et al. Polardet: A Fast, More Precise Detector for Rotated Target in Aerial Images[J]. International Journal of Remote Sensing, 2021, 42(15): 5831-5861.

[208] HUANG Z, LI W, XIA X G, et al. A General Gaussian Heatmap Label Assignment for Arbitrary-Oriented Object Detection [J]. IEEE Transactions on Image Processing, 2022, 31: 1895-1910.

[209] YANG X, ZHOU Y, ZHANG G, et al. The KFIoU Loss for Rotated Object Detection[C]// Proc. Int. Conf. on Learning Representations (ICLR), Jan 2022, 10:42.

[210] ZHOU X, WANG D, KRÄHENBÜHL P. Objects as Points[J]. ArXiv preprint arXiv:1904.07850, 2019.

[211] LIU Z, LIN Y, CAO Y, et al. Swin Transformer: Hierarchical Vision Transformer Using Shifted Windows[C]. Proceedings of the IEEE/CVF International Conference on Computer Vision. 2021: 10012-10022.

[212] HOWARD A, ZHMOGINOV A, CHEN L C, et al. Inverted Residuals and Linear Bottlenecks: Mobile Networks for Classification, Detection and Segmentation[C]. CVPR. 2018.

[213] LI C, LI L, GENG Y, et al. YOLOv6 v 3.0: A Full-Scale Reloading [J]. arXiv preprint arXiv:2301.05586, 2023.

[214] DING X, ZHANG X, MA N, et al. Repvgg: Making vgg-style convnets great again[C]. Proceedings of the IEEE/CVF Conference on Computer Vision and Pattern Recognition. 2021: 13733-13742.

[215] LI X, WANG W, WU L, et al. Generalized Focal Loss: Learning Qualified and Distributed Bounding Boxes for Dense Object Detection[J]. Advances in Neural Information Processing Systems, 2020, 33: 21002-21012.

[216] ZHENG Z, YE R, WANG P, et al. Localization Distillation for Dense Object Detection[C]. Proceedings of the IEEE/CVF Conference on Computer Vision and Pattern Recognition. 2022: 9407-9416.

[217] HINTON G, VINYALS O, DEAN J. Distilling the Knowledge in a

Neural Network[J]. arXiv preprint arXiv:1503.02531, 2015.

[218] FENG C, ZHONG Y, GAO Y, et al. Tood: Task-Aligned One-Stage Object Detection [C]. 2021 IEEE/CVF International Conference on Computer Vision (ICCV). 2021: 3490-3499.

[219] ZHANG H, WANG Y, DAYOUB F, et al. Varifocalnet: An Iou-Aware Dense Object Detector[C]. Proceedings of the IEEE/CVF Conference on Computer Vision and Pattern Recognition. 2021: 8514-8523.

[220] WANG H, HUANG Z, CHEN Z, et al. Multigrained Angle Representation for Remote-Sensing Object Detection [J]. IEEE Transactions on Geoscience and Remote Sensing, 2022, 60: 1-13.

[221] ZHANG H, CISSE M, DAUPHIN Y, et al. Mixup: Beyond Empirical Risk Management [C]. 6th Int. Conf. Learning Representations (ICLR). 2018: 1-13.

[222] SHU C, LIU Y, GAO J, et al. Channel-Wise Knowledge Distillation for Dense Prediction [C]. Proceedings of the IEEE/CVF International Conference on Computer Vision. 2021: 5311-5320.

[223] HUANG Z, WANG N. Like What You Like: Knowledge Distill via Neuron Selectivity Transfer[J]. arXiv preprint arXiv:1707.01219, 2017.

[224] ZAGORUYKO S, KOMODAKIS N. Paying More Attention to Attention: Improving the Performance of Convolutional Neural Networks via Attention Transfer[J]. arXiv preprint arXiv:1612.03928, 2016.

[225] PARK W, KIM D, LU Y, et al. Relational Knowledge Distillation[C]. Proceedings of the IEEE/CVF Conference on Computer Vision and Pattern Recognition. 2019: 3967-3976.

[226] CHEN P, LIU S, ZHAO H, et al. Distilling Knowledge via Knowledge Review[C]. Proceedings of the IEEE/CVF Conference on Computer Vision and Pattern Recognition. 2021: 5008-5017.

[227] HUANG Z, LI W, TAO R. Multimodal Knowledge Distillation for Arbitrary-Oriented Object Detection in Aerial Images[C]. ICASSP 2023-2023 IEEE International Conference on Acoustics, Speech and Signal Processing (ICASSP). 2023: 1-5.

[228] YUAN M, WANG Y, WEI X. Translation, Scale and Rotation: Cross-

Modal Alignment Meets RGB-Infrared Vehicle Detection[C]. European Conference on Computer Vision. 2022: 509-525.

[229] HE K, GKIOXARI G, DOLLÁR P, et al. Mask r-cnn[C]. Proceedings of the IEEE/CVF International Con-ference On Computer Vision. 2017: 2961-2969.

[230] CAI Z, VASCONCELOS N. Cascade R-CNN: High Quality Object Detection and Instance Segmentation [J]. IEEE transactions on pattern analysis and machine intelligence, 2019, 43(5): 1483-1498.

[231] CHEN K, PANG J, WANG J, et al. Hybrid Task Cascade for Instance Segmentation [C]. Proceedings of the IEEE/CVF Conference on Computer Vision and Pattern Recognition. 2019: 4974-4983.

[232] HUANG Z, LI W, XIA X G, et al. Task-Wise Sampling Convolutions for Arbitrary-Oriented Object Detection in Aerial Images[J]. IEEE Transactions on Neural Networks and Learning Systems, 2024.

[233] ULTRALYTICS. Ultralytics YOLO Vision[EB/OL]. (2025-1-30)[2025-2-12]. https://github.com/ultralytics/yolov5.

[234] MEGVII. Megvii-BaseDetection YOLOX [EB/OL]. (2024-11-20)[2025-2-14]. https://github.com/Megvii-BaseDetection/YOLOX.

[235] YUAN M, WEI X. C^2 former: Calibrated And Complementary Transformer for Rgb-Infrared Object Detection[J]. IEEE Trans. Geosci. Remote. Sens., 2024(62): 1-12.

[236] QIAN X, WU B, CHENG G, et al. Building a Bridge of Bounding Box Regression Between Oriented and Horizontal Object Detection in Remote Sensing Images[J]. IEEE Transactions on Geoscience and Remote Sensing, 2023, 61: 1-9.

[237] XU C, DING J, WANG J, et al. Dynamic Coarse-to-fine Learning for Oriented Tiny Object Detection [C]. Proceedings of the IEEE/CVF Conference on Computer Vision and Pattern Recognition. 2023: 7318-7328.

[238] LYU C, ZHANG W, HUANG H, et al. RTMDet: An Empirical Study of Designing Real-Time Object Detectors[J]. arXiv preprint arXiv:2212.07784, 2022.

[239] WANG X, WANG G, DANG Q, et al. PP-YOLOE-R: An Efficient Anchor-Free Rotated Object Detector [J]. arXiv preprint arXiv: 2211.02386, 2022.

[240] LIU F, CHEN R, ZHANG J, et al. ESRTMDet: An End-to-End Super-Resolution Enhanced Real-Time Rotated Object Detector for Degraded Aerial Images[J]. IEEE Journal of Selected Topics in Applied Earth Observations and Remote Sensing, 2023, 16: 4983-4998.

[241] HUANG Z, LI W, XIA X G, et al. LO-Det: Lightweight Oriented Object Detection in Remote Sensing Images[J]. IEEE Transactions on Geoscience and Remote Sensing, 2022, 60: 1-15.

[242] PANG Y, ZHANG Y, KONG Q, et al. SOCDet: A Lightweight and Accurate Oriented Object Detection Network for Satellite On-Orbit Computing[J]. IEEE Transactions on Geoscience and Remote Sensing, 2023, 61: 1-15.

[243] MARUYAMA Y, TASHIRO A, YAMAZAKI F. Use of Digital Surface Model Constructed from Digital Aerial Images to Detect Collapsed Buildings during Earthquake [J]. Procedia Eng, 2011, 14: 552-558.

[244] Li Y, Zhu L, Gong P, et al. A Refined Marker Controlled Watershed for Building Extraction from DSM and Imagery[J]. International Journal of Remote Sensing, 2010, 31(6): 1441-1452.

[245] JOHENNEKEN M, DRAK A, HERPERS R, et al. Multimodal Segmentation Neural Network to Determine the Cause of Damage to Grasslands[C]. In Proc. Int. Conf. on Software, Telecommunications and Computer Networks (SoftCOM). IEEE, 2021: 1-6.

[246] ACHANTA R, SHAJI A, SMITH K, et al. SLIC Superpixels Compared to State-of-the-art Superpixel Methods [J]. IEEE Trans. Pattern Anal. Mach. Intell, 2012, 34(11): 2274-2282.

[247] ESTER M, KRIEGEL H, SANDER J, et al. A Density-based Algorithm for Discovering Clusters in Large Spatial Databases with Noise [C]. In Proc. Int. Conf. on Knowledge Discovery and Data Mining (KDD), Aug 1996: 226-231.

[248] GSTAIGER V, TIAN J, KIEFL R, et al. 2D vs. 3D Change Detection

Using Aerial Imagery to Support Crisis Management of Large-Scale Events [J]. Remote Sens, 2018, 10(12): 2054.

[249] CHRISTIAN S, SERGEY I, VINCENT V, et al. Inception-v4, Inception-ResNet and the Impact of Residual Connections on Learning [C]. In Proc. IEEE Int. Conf. on Computer Vision and Pattern Recognition (CVPR), Aug 2016: 1-12.

[250] PANG J, SUN W, REN J, et al. Cascade Residual Learning: A Two-stage Convolutional Neural Net-work for Stereo Matching [C]. In Proc. IEEE Int. Conf. on Computer Vision and Pattern Recognition (CVPR), Jul 2018: 1-9.

[251] NING C, ZHOU H, SONG Y, et al. Inception Single Shot MultiBox Detector for Object Detection [C]. In Proc. IEEE Int. Conf. on Multimedia Expo Workshops (ICMEW), July 2017: 549-554.

[252] DAI J, LI Y, HE K, et al. R-FCN: Object Detection via Region-based Fully Convolutional Net-works [C]. In Proc. IEEE Int. Conf. on Computer Vision and Pattern Recognition (CVPR), Jun 2016: 379-387.